明解
統計力学

Understanding Statistical Mechanics

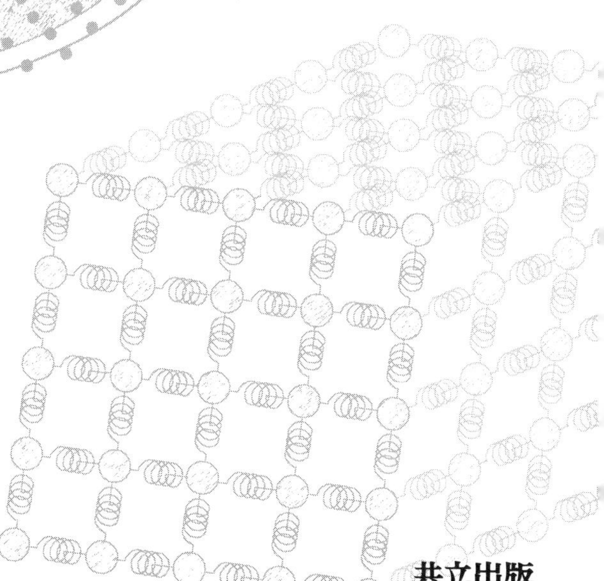

糸井千岳
糸井充穂
鈴木正 著

共立出版

まえがき

本書では，現在すでに確立されている平衡統計力学について学習する．ここでは統計力学とはどのような学問かについて述べ，学習の方法を方向づける．

統計力学の研究対象は熱力学と同様，気体，液体，固体などに代表される巨視的な系である．熱力学では，単位を mol とする物質量という熱力学量で巨視系の大きさを表すが，物質量 1 mol は Avogadro 数（約 6.02×10^{23}）個の分子数を意味する．統計力学では熱力学で扱うような巨視系を非常にたくさんの原子や分子からなる系であると考えて，そのような系に力学や量子力学を適用し，熱力学量に対応する物理量を計算し，系の熱力学的な性質を予測しようとする学問である．統計力学ではこれらの粒子の力学的または量子力学的な状態を微視的状態といい，これに対して熱力学的な状態を巨視的状態という．力学や量子力学では原子や分子の各粒子の状態の完全な記述とそれらの任意の時間での予測が原理的には可能であるが，実際にはこのようにたくさんの粒子数をもつ系の状態の予測は不可能となる．そのため，統計力学では微視的な状態の完全な予測は諦め，粒子数が多いゆえに得られる巨視的状態の予測を目標とする．具体的には，これらの微視的状態量を確率変数であると考え，あるいくつかの仮定からその確率分布の法則を導き，巨視的状態量の期待値を求めてその予測とする．その予測によって，熱力学で知られている結果を説明できるかどうかにより，それらの仮定の正当性を判断するのである．そのため，統計力学を理解するためには，力学，量子力学だけでなく熱力学を理解していることが必要となる．統計力学 (statistical mechanics) という言葉は，アメリカの数学者であり物理学者である Gibbs（ギッブス）の命名のようである．一般に統計学では，実験や調査で集められたデータから，確率論に基づいていろいろなデータの予測を行う．たとえば統計学は選挙の開票速報で当選確実を予測したり，保険会社が支払う保証に見合うように徴収する保険料を定めたりするが，それらは確率論に基づいて過去から現在までに取得している調査データを解析することによって行われる．統計力学では力学や量子力学と確率論に基づいて，実験から抽出された熱力学の法則を解析することにより巨視的状態の予測を行うことから，そのような命名が理解できる．

本書では，まず 1 章で数学の準備と熱力学の復習を簡単に行い（熱力学の詳細は，本書の姉妹本『明解 熱力学』を参照），2 章で小正準分布（ミクロカノニカル分布），3 章で正準分布（カノニカル分布），4 章で大正準分布（グランドカノニカル分布）を学習する．1 章では，統計力学で用いる確率，積分や熱力学がまとめられているが，1 章を読み飛ばして 2 章以降を読みながら必要に応じてこの章を参照してもよい．2 章の小正準分布では，平衡統計力学の原理に基づく基本的な理論と熱力学との整合性が議論される．そこでは，自由粒子や調和振動子と理想気体，2 準位系，長距離相互作用 Ising（イジング）模型などが取り扱われる．3 章，4 章で解説する正準分布と大正準分布は理論的には小正準分布から導かれるが，平衡統計力学を実際に使用する際，小正準分布より実用的である．3 章では正準分布によって，自由粒子，弱く相互作用する粒子，2 準位系，1 次元 Ising 模型，長距離相互作用 Ising 模型，磁性体の相転移，調和振動子，固体の格子振動に対する量子統計力学，電磁場の量子統計力学である熱放射などが取り扱われる．4 章では，大正準分布によって，量子力学に従う同種粒子である Fermi（フェルミ）気体や Bose（ボーズ）気体が取り扱われる．いずれの章も標準的な問題が例題や章末問題として掲載されているので，問題を解いて統計力学の具体的な理解に役立ててほしい．また，初めて統計力学を学ぶ読者で，できるだけ早く最小限の統計力学全体を勉強したい場合，読み飛ばしても構わない部分には (*) の印を付けてある．これらの部分は読み飛ばしても，学部 3 年生のレベルで統計力学を理解することが可能である．これらは数学的であったり，計算が煩雑であったりするが，本書の特徴的な部分であり，重要な概念も含まれているので，全体を読み通した後で，また立ち返って勉強してほしい．これらの部分には，弱く相互作用する気体，相転移と自発的対称性の破れ，電磁場の量子論などが含まれる．

本書の執筆にあたり，量子統計力学の理解に重要な，漸近公式 (4.48) の洗練された証明をご教授いただいた本橋洋一氏に感謝の意を表する．また，本書の刊行を調整してくださった共立出版の大久保早紀子氏および編集部の方々に厚く御礼申し上げる．

2023 年 11 月

糸井千岳・糸井充穂・鈴木正

目 次

注）早く全体を知りたい場合，(∗) を付けた節や項は読み飛ばしが可能である.

第1章

統計力学のための準備

この章では，統計力学のための数学および熱力学の準備を行う．統計力学を早く勉強したい読者は，この章を飛ばして，2 章以降を読む過程で必要に応じてこの章を参照してもよい．

1.1 統計力学について

熱力学は，気体や液体の実験から求められる様々な熱力学量の間の関係を論理的に整理することによって得られた，普遍的な原理や法則から成る洗練された学問である．統計力学では気体などの巨視的な系をたくさんの粒子の集団と考え，それらの粒子に対する力学や量子力学によって，系の集団としての熱力学的な性質を導くことを目的とする．熱力学で取り扱う気体の物質量は mol で表されるので，Avogadro（アボガドロ）数 ($\simeq 6.02 \times 10^{23}$) 程度の粒子数 N からなる集団を力学や量子力学で取り扱うことになる．たとえば，力学に従う N 個の力学的状態はそれらの位置と運動量

$$(\vec{r}_1, \vec{r}_2, \cdots, \vec{r}_N, \vec{p}_1, \vec{p}_2, \cdots, \vec{p}_N)$$

で与えられる．このような力学的状態は統計力学では微視的状態とよばれる．通常の力学では，$6N$ 個の時間の未知関数を，微分方程式を解いて初期条件を代入することで求め，物理量の時間発展を精密に予測するが，このようにたくさんの位置と運動量すべての時間発展の予測は不可能である．また，それができたとしても，得られた $6N$ 次元ベクトルの時間発展を与えるような大規模なデータから粒子の集団としての性質を把握するためには，集団の性質を表す何らかの量を抽出することが必要となる．統計力学では，力学で行われているよ

うな精密な力学的状態の予測を諦め，最も実現しそうな力学的状態がどのような状態であるかを確率論に従って予測し，巨視的状態量とよばれる集団としての性質を表す量を計算することを目標とする．平衡状態にある気体の熱力学量はすべて巨視的状態量である．たとえば，気体の圧力，物質量，絶対温度，内部エネルギーなどはすべて巨視的状態量である．系が平衡状態になくても集団としての状態を巨視的状態とよぶこともある．気体からなる系が平衡状態にあるとき，その熱力学的状態はその物質量または粒子数と内部エネルギーと体積のみから一意的に定まるが，それに対応する微視的状態は一意ではなく数多く存在する．統計力学では，熱力学の内部エネルギーは気体粒子の全エネルギーであると考えるが，全エネルギー E は各粒子のエネルギーの総和なので E を定めてもそれを各粒子に分配する仕方は非常にたくさんあるし，たとえそれを 1 つ定めたとしてもそれに対応する力学的状態は多く存在するのである．そこで，統計力学では系の微視的状態の精密な予測をやめ，いくつかの仮定から N 粒子の微視的状態が従う確率法則を導き，ある程度の正確さで様々な巨視的状態量やそれらの間の関係を予測する．

確率論には「大数の法則」という基本定理があり，この定理によれば N 個の確率変数の算術平均がその期待値に一致する確率は N の増大とともに 1 に近づく．統計力学では微視的状態量であるたくさんの力学変数を確率変数と考え，それらの従う確率分布をいくつかの仮定から導く．さらに巨視的状態量はそれらたくさんの確率変数の関数からなる和であるから，大数の法則に従うと考えられる．巨視的状態量の観測値は期待値に一致するはずであるから，それらの従う確率分布による期待値や標準偏差を計算することが重要になる．統計力学の予測が実験結果から得られている熱力学を説明できることから仮定の正当性が検証され，その結果，熱力学の法則を微視的な力学または量子力学および確率論の観点から理解することができるのである．

この章において以下では，統計力学で使われる確率論といくつかの積分について補足する．

1.2　確率と統計についての補足

ここでは高校数学程度の確率論の知識に少しだけ補足を加え，大数の法則について解説する．この章では事象 A が起る確率を P(A) で表すことにする．A

は命題でも構わない．A が命題または条件の場合は，P(A) は，命題 A，または条件 A が成り立つ確率を表す．実数または実数の数ベクトルを値としてとる確率変数 X に対する条件 $\mathrm{A}(X)$ が実現する確率 $\mathrm{P}(\mathrm{A}(X))$ は $0 \leq \mathrm{P}(\mathrm{A}(X)) \leq 1$ の範囲で定義され，条件 $\mathrm{A}(X)$ が起る確からしさを表す．統計力学では，ある力学的な系の力学的状態が確率変数である．

● 確率変数が離散的なとき

系は離散的な状態 $j = 1, 2, 3, \cdots$ のいずれか 1 つをとっているとし，ある状態 j をとっている確率を $p(j)$ とするとき，p は次のような性質をもつ．

(1) $p(j)$ のとりうる範囲は $0 \leq p(j) \leq 1$.

(2) 規格化条件：系はどれかの状態をとっているので

$$\sum_{j=1}^{\infty} p(j) = 1.$$

(3) 状態 j の関数 $a(j)$ の期待値は

$$\langle a \rangle = \sum_{j=1}^{\infty} a(j) p(j).$$

(4) 状態 j の関数 $a(j)$ の偏差を $\delta a = a(j) - \langle a \rangle$ で定義する．偏差の期待値は

$$\langle \delta a \rangle = \langle (a - \langle a \rangle) \rangle = \langle a \rangle - \langle a \rangle = 0,$$

となって，いつでも消える．偏差の 2 乗の期待値 $\langle \delta a^2 \rangle$ を $a(j)$ の分散といい，Δ^2 と書く．

$$\Delta^2 = \langle \delta a^2 \rangle = \langle (a - \langle a \rangle)^2 \rangle = \langle a^2 \rangle - \langle a \rangle^2 = \sum_{j=1}^{\infty} (a - \langle a \rangle)^2 p(j).$$

分散の平方根 $\Delta = \sqrt{\langle \delta a^2 \rangle}$ は $a(j)$ の標準偏差またはゆらぎとよばれる．

一般に，系の量子力学的な状態はいくつかの量子数の組 $\vec{j} = (j_1, j_2, \cdots, j_n)$ で表される．量子数 $\vec{j}$ に対する確率が $p(\vec{j}) = p_1(j_1) p_2(j_2) \cdots p_n(j_n)$ のように積で書かれるならば $j_1, j_2, \cdots, j_n$ は確率変数として独立であるという．自由粒子の集団の量子数の組は独立な確率変数となることが，次章以降で $\vec{j}$ に対する具体的な分布を求めることによってわかる．

確率変数が連続的なとき

状態変数 x が連続的である場合，確率密度関数 $f(x)$ が用いられる．

(1) $x_1 < x < x_2$ となる確率は

$$\mathrm{P}(x_1 < x < x_2) = \int_{x_1}^{x_2} f(x)dx,$$

と表される．

(2) 確率変数が $-\infty < x < \infty$ である確率が1ならば，次の規格化条件が成り立つ

$$\int_{-\infty}^{\infty} f(x)dx = 1.$$

(3) x の関数 $a(x)$ の期待値は

$$\langle a \rangle = \int_{-\infty}^{\infty} a(x)f(x)dx.$$

(4) x の関数 $a(x)$ の偏差を $\delta a = a(x) - \langle a \rangle$ で定義する．偏差の期待値は

$$\langle \delta a \rangle = \langle (a - \langle a \rangle) \rangle = \langle a \rangle - \langle a \rangle = 0,$$

となって，いつでも消える．偏差の2乗の期待値 $\langle \delta a^2 \rangle$ を $a(x)$ の分散といい，Δ^2 と書く．

$$\Delta^2 = \langle \delta a^2 \rangle = \langle (a - \langle a \rangle)^2 \rangle = \langle a^2 \rangle - \langle a \rangle^2 = \int_{-\infty}^{\infty} (a(x) - \langle a \rangle)^2 f(x)dx.$$

分散の平方根 $\Delta = \sqrt{\langle \delta a^2 \rangle}$ は $a(x)$ の標準偏差またはゆらぎとよばれる．

古典力学的な粒子の状態変数は位置と運動量からなる．1粒子の古典力学的な状態は6次元のベクトル $(\vec{r}, \vec{p})$ で表され，N 粒子からなる系の古典力学的な状態は，$6N$ 次元ベクトル $(\vec{r}_1, \vec{r}_2, \cdots, \vec{r}_N, \vec{p}_1, \vec{p}_2, \cdots, \vec{p}_N)$ で表されるため，積分は多重積分となる．自由粒子の各変数は互いに確率変数として独立である．すなわち，確率密度関数は $6N$ 個の関数の積に分解される．これは次の章以降に具体的な分布を導くことによって，得られる．

1.2.1　大数の法則

統計力学では Avogadro 数 $(\sim 6.02 \times 10^{23})$ 程度のたくさんの粒子を調べ

る．このようにたくさんの自由度が関わる現象において，統計学においては「たくさんの確率変数の和からなる確率変数が，その期待値から大きく外れる確率は小さい」という大数の法則がよく知られている．すなわち，たくさんの粒子からなる系の全エネルギーなど各粒子の物理量の和の測定値は，その期待値に一致するのである．以下ではその法則を保証する定理について解説する．

1.2.2 Chebyshev（チェビシェフ）の不等式

定理

確率変数 X の期待値は μ，標準偏差は Δ であるとする．ある正の数を a とするとき，$|X-\mu|>a$ となる確率には次の上界が存在する．

$$\mathrm{P}(|X-\mu|>a) \leq \frac{\Delta^2}{a^2}. \tag{1.1}$$

この不等式は Chebyshev の不等式とよばれる．

【証明】

真偽関数 I を次のように定義する．真偽関数は任意の命題 A を 1 または 0 に写像する関数であり，真の命題 A に対して $I(A)=1$，真でない偽の命題 A に対して $I(A)=0$ の値をとる．

$$I(A)=\begin{cases} 0 & (A\text{ は偽}) \\ 1 & (A\text{ は真}). \end{cases} \tag{1.2}$$

ある正の数を a，実数を x とする．命題 $|x|>a$ は $|x|>a$ の場合に真であり，$|x|\leq a$ の場合に偽であることから，関数 $I(|x|>a)$ は x について $|x|=a$ に不連続性をもつ階段関数であり，次を満たす．

$$I(|x|>a)=\begin{cases} 0 & (|x|\leq a) \\ 1 & (|x|>a). \end{cases} \tag{1.3}$$

このとき，関数 $I(|x|>a)$ は，次のような 2 次関数による上界が存在する．

$$I(|x|>a) \leq \frac{x^2}{a^2}.$$

期待値が μ で標準偏差が Δ の確率変数 X に対して $x=X-\mu$ を代入し両辺の期待値をとると，

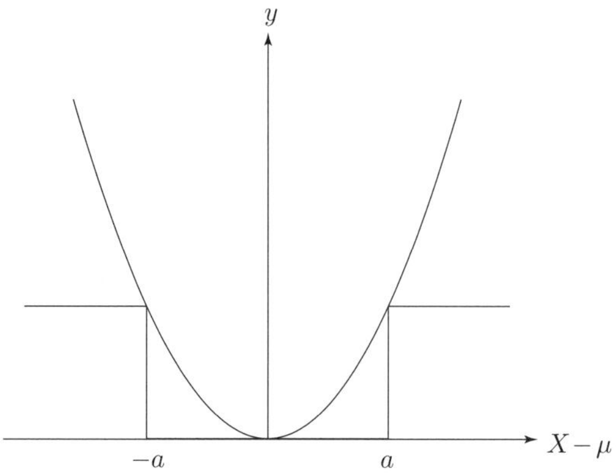

図 1.1　階段関数 $y = I(|X-\mu| > a)$ の 2 次関数 $y = \frac{(X-\mu)^2}{a^2}$ による上界

$$\mathrm{P}(|X-\mu| > a) = \langle I(|X-\mu| > a)\rangle \le \frac{\langle (X-\mu)^2\rangle}{a^2} = \frac{\Delta^2}{a^2}.$$

これは Chebyshev の不等式 (1.1) である．証明終わり．

● 例（独立な確率変数の算術平均）

独立な N 個の 確率変数 X_j $(j = 1, 2, 3, \cdots, N)$ のそれぞれの期待値は μ_j，標準偏差は Δ_j であるとする．このとき，これらの確率変数の算術平均を $X = \dfrac{1}{N}\displaystyle\sum_{j=1}^{N} X_j$，その期待値を $\langle X\rangle = \mu$ とおき，それぞれの分散 Δ_j^2 の算術平均を $\Delta^2 = \dfrac{1}{N}\displaystyle\sum_{j=1}^{N}\Delta_j^2$ とおくとき，任意の正の数 a に対して，次が成り立つ．

$$\mathrm{P}(|X-\mu| > a) \le \frac{\Delta^2}{Na^2}. \tag{1.4}$$

よって，$N \gg 1$ ならば，X がその期待値 μ から離れる確率は非常に小さくなる．

【証 明】

X の期待値は

$$\mu = \langle X \rangle = \frac{1}{N}\sum_{j=1}^{N}\langle X_j \rangle.$$

また X の分散は，次のようにそれぞれの分散によって表され，$i \neq j$ であれば X_i，X_j は独立なので $\langle X_i X_j \rangle = \mu_i \mu_j$ である．

$$\langle (X-\mu)^2 \rangle = \frac{1}{N^2}\sum_{i=1}^{N}\sum_{j=1}^{N}(\langle X_i X_j \rangle - \mu_i \mu_j) \tag{1.5}$$

$$= \frac{1}{N^2}\sum_{j=1}^{N}(\langle X_j^2 \rangle - \mu_j^2) = \frac{1}{N^2}\sum_{j=1}^{N}\Delta_j^2 = \frac{\Delta^2}{N}. \tag{1.6}$$

したがって，X の期待値は μ であり，分散は $\frac{\Delta^2}{N}$ であるから，Chebyshev の不等式 (1.1) によって，

$$\mathrm{P}(|X-\mu| > a) \leq \frac{\Delta^2}{Na^2},$$

が得られる．証明終わり．

このように，独立確率変数 $X_1, X_2, X_3, \cdots, X_N$ の算術平均

$$X = \frac{1}{N}\sum_{j=1}^{N}X_j,$$

が期待値から離れる確率は N が大きいと非常に小さくなる．すなわち，N が大きいならば，実際に X を観測すると期待値 $\langle X \rangle$ に近い値が得られる．確率変数が従うこの法則を大数の法則という．

例題（2 項分布）　ある硬貨を 1 回投げて表の出る確率が p であるとする．この硬貨を N 回投げたとき，表が k $(\leq N)$ 回だけ出る確率は 2 項分布

$$P_k = \frac{N!}{k!(N-k)!}p^k(1-p)^{N-k},$$

で与えられる．確率変数 k の期待値 $\langle k \rangle$ と分散 Δ^2 を求めよ．また，$N \gg 1$ とするとき，大数の法則によって実際に表が出る割合 k/N と期待値との差 $k/N - \langle k \rangle/N$ は小さくなることを説明せよ．

解答　2 項分布に従う k の期待値は

$$\langle k\rangle = \sum_{k=0}^{N} kP_k = \sum_{k=0}^{N} \frac{N!}{k!(N-k)!} kp^k q^{N-k},$$

である．ただし $q = 1 - p$ とおいた．右辺は p，q を独立変数として扱うと

$$\sum_{k=0}^{N} \frac{N!}{k!(N-k)!} kp^k q^{N-k} = p\frac{\partial}{\partial p} \sum_{k=0}^{N} \frac{N!}{k!(N-k)!} p^k q^{N-k},$$

と書くことができる．2 項定理によって右辺の和を実行することにより

$$\langle k\rangle = p\frac{\partial}{\partial p}(p+q)^N = Np(p+q)^{N-1} = Np, \qquad (1.7)$$

と求まる．ただし，p についての偏微分を実行したあとで $q = 1 - p$ とおいた．期待値 $\langle k^2\rangle$ も同様に

$$\begin{aligned}\langle k^2\rangle &= \sum_{k=0}^{N} \frac{N!}{k!(N-k)!} k^2 p^k q^{N-k} = p\frac{\partial}{\partial p} p\frac{\partial}{\partial p} \sum_{k=0}^{N} \frac{N!}{k!(N-k)!} p^k q^{N-k} \\ &= p\frac{\partial}{\partial p} Np(p+q)^{N-1} = Np(1-p) + N^2p^2,\end{aligned}$$

と計算できるので，k の分散は

$$\Delta^2 = \langle k^2\rangle - \langle k\rangle^2 = Np(1-p) + N^2p^2 - (Np)^2 = Np(1-p), \qquad (1.8)$$

と求まる．実際に表が出る割合 k/N の期待値は $\langle k\rangle/N = p$ であり，その分散は $\Delta^2/N^2 = p(1-p)/N$ である．Chebyshev 不等式 (1.1) によれば

$$\mathrm{P}(|k/N - \langle k\rangle/N| > a) \le \frac{\Delta^2}{a^2N^2} = \frac{p(1-p)}{Na^2},$$

となって，$N \gg 1$ で $a^2 \le N^{-\alpha}$ $(0 \le \alpha < 1)$ の場合には，実際に表が出る割合 k/N が期待値 $\langle k\rangle/N = p$ から任意に設定した a だけ離れる確率は非常に小さくなる．

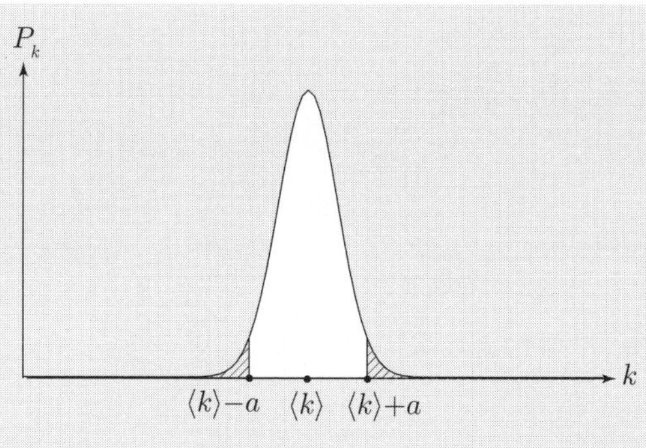

図 1.2　2 項分布 P_k のグラフ．斜線部分の面積は $\mathrm{P}(|k-\langle k\rangle| > a)$ を表す．

1.2.3　Paley-Zygmund（ペイリー・ジグムンド）不等式 (*)

Chebyshev 不等式の逆向きの不等式として次の Paley-Zygmund 不等式が知られている．

定理

半正定値確率変数 $X \geq 0$ と任意の $0 < c < 1$ に対して

$$\mathrm{P}(X \geq c\langle X\rangle) \geq (1-c)^2 \frac{\langle X\rangle^2}{\langle X^2\rangle}. \tag{1.9}$$

【証 明】

1 を真偽関数 (1.2) によって分解し

$$\langle X\rangle = \langle XI[X \geq c\langle X\rangle]\rangle + \langle XI[X < c\langle X\rangle]\rangle \leq \langle XI[X \geq c\langle X\rangle]\rangle + c\langle X\rangle.$$

右辺の $c\langle X\rangle$ を左辺に移項して

$$(1-c)\langle X\rangle \leq \langle XI[X \geq c\langle X\rangle]\rangle.$$

確率変数 X の関数 $f(X)$, $g(X)$ はベクトルと考えることができ，その積の期待値 $\langle f(X)g(X)\rangle$ は $f(X)$ と $g(X)$ の内積と考えることができる．このとき Cauchy-Schwarz（コーシー・シュワルツ）不等式 $\langle f(X)g(X)\rangle^2 \leq \langle f(X)^2\rangle\langle g(X)^2\rangle$ が成り立つので，上の不等式から

$$
\begin{aligned}
(1-c)^2\langle X\rangle^2 &\le \langle XI[X \ge c\langle X\rangle]\rangle^2 \le \langle X^2\rangle\langle I[X \ge c\langle X\rangle]^2\rangle \\
&= \langle X^2\rangle \mathrm{P}(X \ge c\langle X\rangle),
\end{aligned}
$$

が得られる．よって，不等式 (1.9) が得られる．証明終わり．

例題　期待値 μ，分散 Δ^2 の確率変数 X と $0 < c < 1$ に対して，不等式 (1.9) を用いて次の不等式を証明せよ．

$$
\mathrm{P}[(X-\mu)^2 \ge c\Delta^2] \ge \frac{(1-c)^2\Delta^4}{\langle (X-\mu)^4\rangle}. \tag{1.10}
$$

解答　期待値 μ，分散 Δ^2 の確率変数 X と $0 < c < 1$ に対して，確率変数 $Z = (X-\mu)^2$ を Paley-Zygmund 不等式 (1.9)

$$
\mathrm{P}(Z \ge c\langle Z\rangle) \ge (1-c)^2\frac{\langle Z\rangle^2}{\langle Z^2\rangle}, \tag{1.11}
$$

に代入すると次が得られる．

$$
\mathrm{P}[(X-\mu)^2 \ge c\Delta^2] \ge \frac{(1-c)^2\Delta^4}{\langle (X-\mu)^4\rangle}. \tag{1.12}
$$

この不等式は 3 章で取り扱う「自発的対称性の破れ」という現象の理解に応用することができる．

1.3　積分

ここでは，統計力学で使われる Stirling（スターリング）の公式，ガンマ関数，任意次元空間中の球の体積を定めるいくつかの定積分について補足する．

1.3.1　Stirling（スターリング）の公式

十分大きな整数 $N \gg 1$ に対して，次の近似式が成り立つ．これを Stirling の公式という．

$$
\log N! \simeq N\log N - N. \tag{1.13}
$$

【導出】

次の不等式

$$\int_1^N \log x dx < \sum_{n=1}^{N} \log n < \int_0^N \log(x+1) dx$$

の両辺の積分を計算することにより $N \gg 1$ ならば Stilring の公式 (1.13) を示すことができる．もう少し精密な評価をすると

$$\log N! \sim N \log N - N + \log \sqrt{2\pi N}, \tag{1.14}$$

となることが知られている．章末問題 1.2 を参照せよ．

例題 一郎，二郎，三郎，$\cdots$，N 郎の中から M 人を選ぶ場合の数が最大になる M を求めよ．ただし，$N, M \gg 1$ として Stirling の公式を用いてもよい．

解答 N 人の中から M 人を選ぶ場合の数は

$$W(M) = \frac{N!}{M!(N-M)!}$$

である．M についての差分を求めると

$$W(M+1) - W(M) = \frac{N!}{(M+1)!(N-M-1)!} - \frac{N!}{M!(N-M)!} \tag{1.15}$$

$$= \frac{N!}{M!(N-M-1)!}\left(\frac{1}{M+1} - \frac{1}{N-M}\right) = \frac{N!(N-1-2M)}{(M+1)!(N-M)!}. \tag{1.16}$$

$N-1-2M < 0$ ならば $W(M+1) < W(M)$ である．よって，N が偶数ならば $M = \frac{N}{2}$ で $W(M)$ は最大値をとり，N が奇数ならば $W(\frac{N-1}{2}) = W(\frac{N+1}{2})$ が最大となる．

別解 対数関数は単調増加関数であるから，$\log W(M)$ の最大値を与える M は $W(M)$ の最大値を与える M に一致する．Stirling の公式により

$$\log W(M) \simeq \log N! - M \log M + M - (N-M)\log(N-M) + N - M.$$

M で微分すると

$$\frac{d}{dM}\log W(M) \simeq -\log M + \log(N-M) = \log\left(\frac{N}{M}-1\right).$$

$\frac{N}{M}=2$ でこの導関数が消えるので，$M=\frac{N}{2}$ で $W(M)$ は最大となる．この別解では M を連続変数に近似しているため，M を離散変数として取り扱うほど精密なことがわからず，N の偶奇性による分類はできない．

1.3.2　Gauss（ガウス）積分と Gauss 分布

正の定数を a とする次の積分を Gauss 積分という．

$$\int_{-\infty}^{\infty} e^{-ax^2}dx. \tag{1.17}$$

以下のようにして次の Gauss 積分の公式を導こう．

Gauss 積分の公式 1

正の定数を a とするとき，

$$I = \int_{-\infty}^{\infty} dx e^{-ax^2} = \sqrt{\frac{\pi}{a}}. \tag{1.18}$$

【導出】

計算したい積分は 1 次元空間での積分であるが，2 次元空間の積分に変換することによって，値を計算することができる．次の 2 次元空間の積分は 2 つの 1 次元空間での積分の積で表される．

$$\int_a^b\int_c^d f(x)g(y)dxdy = \int_a^b f(x)dx\int_c^d g(y)dy.$$

Gauss 積分の 2 乗を極座標 $(x,y)=(r\cos\theta, r\sin\theta)$ に変換することにより，積分を実行すると

$$\begin{aligned} I^2 &= \int_{-\infty}^{\infty}dx\int_{-\infty}^{\infty}dy e^{-ax^2-ay^2} = \int_0^{\infty}drr\int_0^{2\pi}d\theta e^{-ar^2} \\ &= 2\pi\int_0^{\infty}drre^{-ar^2} = \left[-\frac{\pi}{a}e^{-ar^2}\right]_0^{\infty} = \frac{\pi}{a}. \end{aligned}$$

以上のことにより，$a>0$ として Gauss 積分の公式 (1.18) が示された．

Gauss 積分の公式 2

正の定数を a として

$$\int_{-\infty}^{\infty} x^2 e^{-ax^2} dx = \frac{1}{2a}\sqrt{\frac{\pi}{a}}.$$

【導出 1】

部分積分の公式により

$$\int_{-\infty}^{\infty} x^2 e^{-ax^2} dx = \left[-\frac{x}{2a}e^{-ax^2}\right]_{-\infty}^{\infty} + \frac{1}{2a}\int_{-\infty}^{\infty} e^{-ax^2} dx = \frac{1}{2a}\sqrt{\frac{\pi}{a}}, \tag{1.19}$$

と求まる．

【導出 2】

$$\int_{-\infty}^{\infty} x^2 e^{-ax^2} dx = -\int_{-\infty}^{\infty} \frac{\partial}{\partial a} e^{-ax^2} dx = -\frac{\partial}{\partial a}\int_{-\infty}^{\infty} e^{-ax^2} dx = -\frac{\partial}{\partial a}\sqrt{\frac{\pi}{a}}$$
$$= \frac{\sqrt{\pi}}{2} a^{-\frac{3}{2}}, \tag{1.20}$$

となって，導出 1 の結果と一致する．

注意　以下の注意は細かいことなので，気にならない人は読み飛ばしてよい．導出 2 において，a による偏微分と x による積分の順序の交換を行う必要がある．順序の交換をしても結果が変わらないことは，Lebesgue（ルベーグ）積分に対する次の Lebesgue の優収束定理を用いると証明される．Lebesgue 積分は，本書で用いられる初等関数に対して通常の Riemann（リーマン）積分に一致する [1]．

Lebesgue の優収束定理 $^{(*)}$

ある 2 変数関数 $f(x,y)$ は次の条件 (1)，(2) を満たすとする．

(1) 関数 $f(x,y)$ は x について無限区間を許す積分区間 (x_1, x_2) で可積分であり，次の極限

$$f(x) = \lim_{y \to c} f(x,y),$$

が $x_1 < x < x_2$ なる各点 x で存在する．
(2) 区間 (x_1, x_2) における可積分関数 $F(x)$ があり，$x_1 < x < x_2$ なるすべての x と，c 近傍のすべての $y(\neq c)$ に対して

$$|f(x,y)| \leq F(x),$$

であるとする．

条件 (1)，(2) を満たす $f(x,y)$ に対し，極限と積分を交換してもその値は変わらず，次が成り立つ．

$$\lim_{y\to c}\int_{x_1}^{x_2} f(x,y)dx = \int_{x_1}^{x_2} \lim_{y\to c} f(x,y)dx = \int_{x_1}^{x_2} f(x)dx.$$

この定理を用いて，公式2の導出2の正当性を確かめるため，任意の実数 x と，$-a/2 < y$ かつ $y \neq 0$ なる y の関数 $f(x,y)$ を

$$f(x,y) = -\frac{1}{y}[e^{-(a+y)x^2} - e^{-ax^2}]$$

と定義し，関数 $F(x)$ を

$$F(x) = f(x, -a/2) = \frac{2}{a}(e^{-ax^2/2} - e^{-ax^2}),$$

で定義すると $F(x)$ は $(-\infty, \infty)$ で可積分である．また，$f(x,y)$ の y についての単調減少性 $\dfrac{\partial}{\partial y}f(x,y) = \dfrac{e^{-x^2(y+a)}}{y^2}(1 - e^{x^2 y} + x^2 y) \leq 0$ により，次の不等式が成り立つ

$$\begin{aligned}|f(x,y)| = f(x,y) &= -\frac{1}{y}[e^{-(a+y)x^2} - e^{-ax^2}] = \frac{1}{y}(1 - e^{-yx^2})e^{-ax^2} \\ &\leq f(x, -a/2) = F(x).\end{aligned}$$

したがって，この定理の条件が満たされ，$f(x) = \lim_{y\to 0} f(x,y) = -\dfrac{\partial}{\partial a}e^{-ax^2} = x^2 e^{-ax^2}$ により公式の正当性が保証される．

Gauss 積分の公式 3

$$\int_{-\infty}^{\infty} e^{-ax^2+bx}dx = \sqrt{\frac{\pi}{a}}e^{\frac{b^2}{4a}}.$$

【導出】

被積分関数の指数を次のように平方完成し

$$-ax^2+bx=-a\Big(x-\frac{b}{2a}\Big)^2+\frac{b^2}{4a},$$

$y=x-\frac{b}{2a}$ と変数変換すると次のように Gauss 積分を実行することができる

$$\begin{aligned}\int_{-\infty}^{\infty}e^{-ax^2+bx}dx&=\int_{-\infty}^{\infty}dx\exp\Big[-a\Big(x-\frac{b}{2a}\Big)^2+\frac{b^2}{4a}\Big]\\&=\int_{-\infty}^{\infty}dy\exp\Big[-ay^2+\frac{b^2}{4a}\Big]=\sqrt{\frac{\pi}{a}}e^{\frac{b^2}{4a}}.\end{aligned}$$

● Gauss 分布

確率変数 x $(-\infty<x<\infty)$ の確率密度関数が

$$f(x)=\frac{1}{\sqrt{2\pi\Delta^2}}e^{-\frac{(x-\mu)^2}{2\Delta^2}} \tag{1.21}$$

で与えられるとき，x は期待値 μ，標準偏差 Δ の Gauss 分布に従う確率変数であるという．

公式

確率変数 x が期待値 μ，標準偏差 Δ の Gauss 分布に従うならばその期待値と分散は次のようになる

$$\langle x\rangle=\mu, \tag{1.22}$$

$$\langle(x-\mu)^2\rangle=\Delta^2. \tag{1.23}$$

【導出】

期待値の定義を次のように書き，

$$\langle x\rangle=\int_{-\infty}^{\infty}x\frac{1}{\sqrt{2\pi\Delta^2}}e^{-\frac{(x-\mu)^2}{2\Delta^2}}dx$$

変数変換 $y=x-\mu$ により

$$\langle x\rangle=\int_{-\infty}^{\infty}(y+\mu)\frac{1}{\sqrt{2\pi\Delta^2}}e^{-\frac{y^2}{2\Delta^2}}dy=\mu.$$

分散もこの変数変換と Gauss 積分の公式 2 によって

$$\langle (x-\mu)^2 \rangle = \int_{-\infty}^{\infty} y^2 \frac{1}{\sqrt{2\pi\Delta^2}} e^{-\frac{y^2}{2\Delta^2}} dy = \Delta^2,$$

が得られる．

分散の公式 (1.23) は次のように導出してもよい．関数 $Z(a)$ を

$$Z(a) = \int_{-\infty}^{\infty} e^{-a(x-\mu)^2} dx, \tag{1.24}$$

で定義する．$y = x - \mu$ とおくと，

$$Z(a) = \int_{-\infty}^{\infty} e^{-ay^2} dy = \sqrt{\frac{\pi}{a}},$$

である．また，

$$\begin{aligned} \frac{\partial}{\partial a} \log Z(a) &= \frac{1}{Z(a)} \frac{\partial Z(a)}{\partial a} = \frac{1}{Z(a)} \frac{\partial}{\partial a} \int_{-\infty}^{\infty} e^{-a(x-\mu)^2} dx \\ &= \frac{-1}{Z(a)} \int_{-\infty}^{\infty} (x-\mu)^2 e^{-a(x-\mu)^2} dx = -\langle (x-\mu)^2 \rangle, \end{aligned} \tag{1.25}$$

であるから，次が得られる

$$\langle (x-\mu)^2 \rangle = -\frac{\partial}{\partial a} \log Z(a) = -\frac{\partial}{\partial a} \log \sqrt{\frac{\pi}{a}} = \frac{\partial}{\partial a} \left(\frac{1}{2} \log a - \log \sqrt{\pi} \right) = \frac{1}{2a}. \tag{1.26}$$

この式で $a = \frac{1}{2\Delta^2}$ とすると，分散の公式 (1.23) が得られる．このように，規格化の関数 $Z(a)$ の対数をとって微分し，確率変数の期待値を計算する方法は，統計力学ではよく使われる．あとの章で，$\log Z(a)$ は重要な熱力学関数を表していることを解説する．

1.3.3　ガンマ関数

定義（ガンマ関数）

正の実数 s に対して，ガンマ関数を次の積分で定義する．

$$\Gamma(s) = \int_0^{\infty} dy y^{s-1} e^{-y}. \tag{1.27}$$

公式

ガンマ関数は次の関数等式を満たす.

$$\Gamma(s+1) = s\Gamma(s). \tag{1.28}$$

【導出】

部分積分により

$$\Gamma(s+1) = \int_0^\infty dy y^s e^{-y} = \left[-y^s e^{-y}\right]_0^\infty + \int_0^\infty dy s y^{s-1} e^{-y} = s\Gamma(s),$$

となって，公式が得られる.

注意 $\Gamma(1) = 1$ が示されるので，s が正の整数ならば，$\Gamma(s) = (s-1)!$ となる．章末問題 1.2 を参照せよ.

1.3.4 n 次元球の体積

公式

半径 a の n 次元球の体積を

$$D_n(a) = \int \cdots \int_{\sum_{j=1}^n x_j^2 < a^2} dx_1 \cdots dx_n, \tag{1.29}$$

で定義するとき,

$$D_n(a) = a^n D_n(1) \tag{1.30}$$

である.

【証明】

$x_j = a y_j$ と変数変換することにより

$$D_n(a) = \int \cdots \int_{\sum_{j=1}^n x_j^2 < a^2} dx_1 \cdots dx_n = a^n \int \cdots \int_{\sum_{j=1}^n y_j^2 < 1} dy_1 \cdots dy_n$$
$$= a^n D_n(1),$$

が示される．証明終わり.

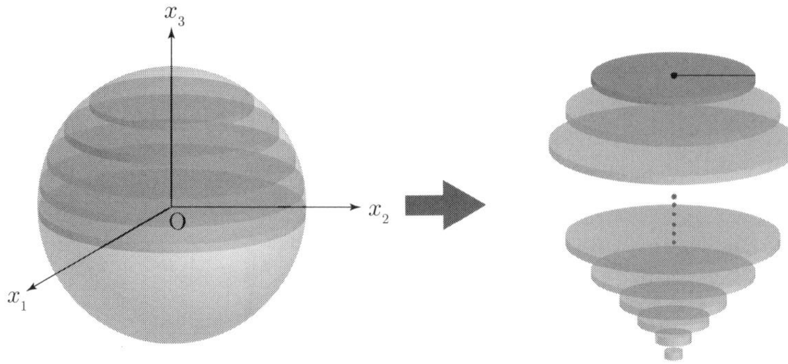

図 1.3　3 重積分 $D_3(a)$ を，円板の面積 $D_2(\sqrt{a^2-x_3^2})$ の x_3 による積分で表す．

$D_n(1)$ の値は

$$D_n(1) = \frac{\pi^{\frac{n}{2}}}{\Gamma(\frac{n}{2}+1)}, \tag{1.31}$$

で与えられる（章末問題 1.5 参照）．これは小正準分布で導かれる自由粒子のエントロピーの示量性の証明に必要となるが，それ以外の理想気体の熱力学的な性質は $D_n(a)$ が a^n に比例することだけから導かれる．

統計力学の理論的な理解には，次の漸化式が重要となる．

公式

$D_n(a)$ を D_{n-1} によって表すと，

$$D_n(a) = \int_{-a}^{a} dx_n D_{n-1}\Big(\sqrt{a^2-x_n^2}\Big). \tag{1.32}$$

【証 明】

変数 x_n についての積分を最後に行うことにする．変数 x_n を任意に固定すると，変数 $x_1, \cdots, x_{n-1}$ についての積分範囲は半径 $\sqrt{a^2-x_n^2}$ の球となるので，$D_n(a)$ は次のように D_{n-1} で表すことができる．

$$D_n(a) = \int\cdots\int_{\sum_{j=1}^{n} x_j^2 < a^2} dx_1\cdots dx_n = \int\cdots\int_{\sum_{j=1}^{n-1} x_j^2 < a^2 - x_n^2} dx_1\cdots dx_n$$

$$= \int_{-a}^{a} dx_n D_{n-1}\left(\sqrt{a^2 - x_n^2}\right).$$

よって，公式が得られた．図 1.3 に 3 次元の $D_3(a)$ を円板に分解する様子を示す．証明終わり．

1.4　熱力学のまとめ

統計力学を学習するためには初等的な熱力学を理解していることが望ましい．巨視的な物体の熱的，力学的な性質は熱力学の法則に従う．本書で扱う平衡統計力学はすでに完成された学問で，研究する対象は熱力学と同様，巨視的な物体の熱力学的性質である．統計力学においては力学と確率論から演繹的に結論を導く過程で熱力学の法則の知識が必要となる．ここでは，統計力学学習のために必要な熱力学について簡単にまとめる．統計力学を学んでいこうとする読者は熱力学を十分に理解していると考えられるので，まとめに目を通して確認する程度でもよいと思われる．

1.4.1　熱力学の状態と物理量

● 平衡状態

流体を容器に閉じ込め，一定の力学的環境および熱的環境のもとに置き，外から何もせずに放置すると系は巨視的に変化しなくなる．この状態を平衡状態とよぶ．熱力学において，系の熱力学的状態は平衡状態でのみ定義される．平衡状態とは何かを説明するために，系のおかれる一定に固定された環境について解説する．たとえば一定の温度（室温），一定の大気圧のもとで，熱力学系である室温より低い温度の水をコップに入れて十分な時間放置すると，冷たかった水は室温と同じ温度になる．これは一定の大気圧と一定の室温という固定された環境の中で十分な時間放置された水が，部屋の中の空気と平衡状態になったということだ．一般に熱力学系は固定された環境のもとで十分な時間放置されると周りの環境と平衡状態になる．本書では，環境を力学的環境と熱的環境に分類し，それぞれを一定とする環境の固定を，次のように単純な 2 通りの場合に限定して議論を行う．

力学的環境

力学的環境を一定にするには次のどちらか一方を採用する．

定積環境

流体を閉じ込める容器の容積が常に一定に保たれるとき，その流体は定積環境にあるという．定積環境は閉じ込め容器の容積 V [m^3] によって定められる．

定圧環境

流体を閉じ込める容器の圧力が常に一定に保たれるとき，その流体は定圧環境にあるという．定圧環境は閉じ込め圧力 P [Pa] によって定められる．

熱的環境

熱的環境を一定にするには次のどちらか一方を採用する．

断熱環境

流体を閉じ込める容器が熱を通さない理想的な材質でできていて，外との熱のやり取りがいっさいないとき，その流体は断熱環境にあるという．

等温環境

流体がある一定の絶対温度に保たれる 1 つの熱源のみと接触しているとき，その流体は等温環境にあるという．等温環境は熱源の任意の値に固定された絶対温度 T [K] によって定められる．流体を単一の容器に閉じ込め，定積環境または定圧環境，かつ，断熱環境または等温環境において十分な時間放置することにより平衡状態が達成できる．流体の基本状態量である圧力，絶対温度，体積などの熱力学的な状態量は，平衡状態にある流体に対してのみ定義される．

体積

ある容器に閉じ込められた流体の体積 V [m^3] は閉じ込める容器の容積と一致していて，それをもって流体の体積を測定することができる．系の体積は熱力学の物理量であり，系の状態を表す基本状態量の一つである．熱力学では蒸気機関やガソリンエンジンなどの熱機関なども想定しているため，容器はたとえばピストンとシリンダーからなり，容器の容積は自由に変化させることが可能である．SI 単位と CGS 単位系で，体積は $1\ \mathrm{m}^3 = 10^6\ \mathrm{cm}^3$ である．

● 物質量と粒子数

現在の SI 単位において，Avogadro 定数は $N_{\mathrm{A}} = 6.02214076 \times 10^{23}\ \mathrm{mol}^{-1}$ と定義されている．この数値は精度無限大の数値であるから，9 桁の数字の後に 0 が無限に続くと考えなければならない．以前は Avogadro 定数は測定によって定めるべき定数であったが，現在の SI 単位においては，この数値で定義され，測定すべき値ではない．N_{A} 個の同一の分子からなる流体の物質量を 1 mol であると定義する．物質量は熱力学特有の物理量であり，熱力学系の状態を表す基本状態量の一つである．統計力学では，巨視的物体を微視的な粒子の集団と考えるため，物質量よりむしろ粒子数を物理量として採用することが多い．流体が単一の元素でできている場合に，流体の種類と物質量を定めると，その流体の質量は決定される．分子量 M の分子からなる物質量 n [mol] の流体の質量は Mn[g] である．

● 温度

温度測定は温度計によって行われるが，温度計も熱力学系である．注目している系と温度計を平衡状態にすることによって，系の温度を測定できる．3 つの系 A，B，C を考える．系 A と系 B が平衡状態にあり，系 B と系 C が平衡状態にあるとき，系 A と系 C も平衡状態にある．この経験的な法則は熱力学第 0 法則とよばれることがある．2 つ以上の系が平衡状態にあるとき，それらすべての系の温度は等しい．

系の温度は温度計で測定され，温度計ごとに温度目盛りが定義される．現在，手に入る温度計の目盛りは，絶対温度から定義される温度目盛りに統一されている．本書では，始めから SI 単位で定められている絶対温度の単位 K（ケルビン）を温度の単位とする．絶対温度を T [K] とするとその値は $T \geq 0$ を満たす実数である．絶対温度は後で導入される理想気体温度=熱力学的温度に一致する．現在では Boltzmann（ボルツマン）定数 $k = 1.380649 \times 10^{-23}$ J/K が精度無限大として定義され，1K は 1.380649×10^{-23}J に相当する温度と定義される．Boltzmann 定数は以前は測定対象であったが，現在，その数値を確定させることによって，熱力学的温度の単位 K を定義している．

● 圧力

圧力は力学的に定義される物理量であり，熱力学系の状態を表す基本状態量の一つである．流体の圧力は閉じ込めた容器の壁の単位面積に流体が作用する

力として力学的に定義される．圧力の SI 単位は Pa（パスカル）で

$$1\ \mathrm{Pa} = 1\ \mathrm{N/m^2} = 1\ \mathrm{kg\ m^{-1}s^{-2}}.$$

である．

これ以後，何も断らなければ，物理量の単位には SI 単位を用いる．

● 示量変数と示強変数

ある熱力学系 A とまったく同じ状態にある熱力学系 B を考える．その 2 つの系を合体させて 1 つの系を作った系 C を考える．このとき C で得られる熱力学量の結果から熱力学量を次の 2 つに分類する．

示量変数

C の熱力学量がいつも A の熱力学量の 2 倍になる変数を示量変数という．たとえば，物質量，体積，内部エネルギー，エントロピーなどは示量変数である．

示強変数

C の熱力学量が A のものと変わらない変数を示強変数という．絶対温度，圧力，内部エネルギー密度などは示強変数である．熱力学の変数は示量変数または示強変数のどちらかである．

注意　同じ系を 2 つ合わせることを一般化して，すべての示量変数が $c\ (>0)$ 倍になるような複合系を考えることができる．

● 熱力学的状態と状態方程式

物質量 n [mol] が一定であり，混合物でない純粋な物質からなる流体に対して，圧力 P，体積 V，絶対温度 T から定まる (n, P, T, V) を熱力学的状態とよぶ．またこれら 4 変数の間には状態方程式とよばれる関係式がそれぞれの物質ごとに成り立つ．この状態方程式の存在により，n，P，V，T のうち 3 つが定まると，残りの 1 つは一意的に定まる．このことから，流体の熱力学的状態は物質量 n が一定であれば，圧力 P，体積 V，温度 T のうち 2 つの変数を定めれば決定される．また，後で導入される熱力学的状態をあらわす関数も，いくつかの変数のうち 2 つを定めれば決定される．

状態方程式は実験によって導出されるが，多粒子系の力学と統計理論から導くことも原理的に可能である．このような理論が統計力学である．状態方程式

があると圧力は物質量 n，体積 V，温度 T の関数 $P(n,T,V)$ で表される．このときすべての示量変数が $a\ (>0)$ 倍になるような複合系を考えるとき，示強変数 P，T は変わらないことに注意すると，

$$P(an,T,aV)=P(n,T,V)$$

である．この等式はどんな $a>0$ に対しても成り立つので，$a=V^{-1}$ を代入しても成り立つ．よって

$$P(n,T,V)=P(n/V,T,1),$$

となり，圧力は n/V と T のみの関数であることがわかる．

● 例，理想気体の状態方程式

水素 (H_2)，ヘリウム (He)，窒素 (N_2)，酸素 (O_2) など，一般の実在する気体の状態方程式は希薄な場合には近似的に理想気体の状態方程式となる．物質量 n [mol] の理想気体の状態方程式は次で与えられる．

$$PV=nRT. \tag{1.33}$$

図 1.4 は，この状態方程式にしたがう P，T を V の関数として図示している．ただし，気体定数 R は Avogadro 定数 $N_{\mathrm{A}}=6.02214076\times10^{23}\mathrm{mol}^{-1}$ と Boltzmann 定数 $k=1.380649\times10^{-23}$ J/K の積 $R=N_{\mathrm{A}}k$ [J/(K mol)] により無限大精度で定義される．その値は

$$\begin{aligned}R&=6.02214076\times10^{23}\mathrm{mol}^{-1}\times1.380649\times10^{-23}\mathrm{J/K}\\&=8.31446261815324\ \mathrm{JK}^{-1}\mathrm{mol}^{-1}.\end{aligned} \tag{1.34}$$

この値は 0 でない 15 桁の数値で与えられているが，精度は無限大なので 15 桁の数字の後に 0 が無限に続くと考えなければならない．以後，近似値 $R\sim8.31$ J/(K mol) を用いることが多い．

理想気体が実在するとして，理想気体を温度計として使用することを考える．温度を測りたい物体と理想気体を一定の環境下で平衡状態にし，理想気体の圧力 P [Pa]，体積 V [m^3]，物質量 n [mol] を測定すれば $T=PV/(nR)$ [K] でその物体の温度を定められる．これは理想気体を温度計にできることを示す．しかし，理想気体は実際には存在しないので実在気体から理想気体温度計を作

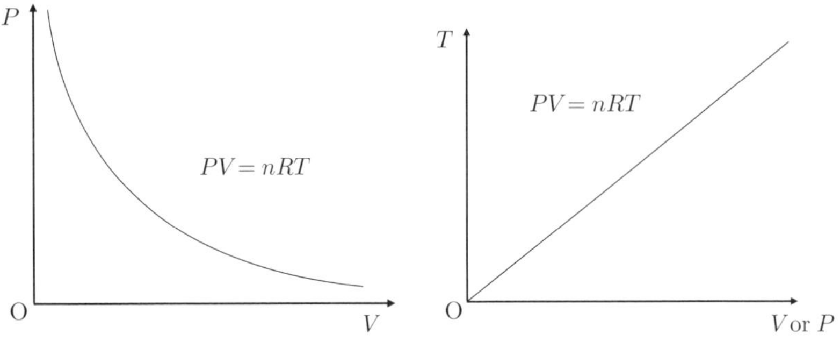

図 1.4　理想気体の圧力 P，絶対温度 T と体積 V の関係．左図は $T=$ 一定，右図は P or $V=$ 一定であるとした．

成するためには，実在気体がどのように理想気体に漸近するかを考えなければならない．あらゆる気体は希薄ならば，近似的に理想気体の状態方程式を満たすが，その漸近形は次のようなビリアル展開

$$PV = nRT\left[1 + b_2(T)\frac{n}{V} + b_3(T)\left(\frac{n}{V}\right)^2 + \cdots\right],$$

で表される．ただし，$b_k(T)$ はその気体によって定まる温度の関数で，第 k-ビリアル係数とよばれる．図 1.5 には，種々の気体の状態が密度の減少に従って理想気体の状態に近づく様子が図示されている．ビリアル展開による状態方程式は希薄な極限で理想気体に一致する．次の関係に注意せよ．

$$\lim_{n/V\to 0}\frac{PV}{nR} = T.$$

右辺は有限に確定しているので，希薄な極限 $n/V \to 0$ では $P \to 0$ であることも注意しよう．この関係から，実在の気体を用いて理想気体温度計を作ることができる．

● 状態量

純粋物質からなる流体には状態方程式が存在するため，物質量 n を一定とするとき，圧力 P，体積 V，絶対温度 T の 3 変数のうちの 1 つは他の 2 つの変数の関数となる．これらおよびこれらの関数は状態量または熱力学関数とよばれる．したがって状態量は n，V，T から一意的に定まる．気体が始状態から終状態まで変化したとき，状態量の変化は始状態と終状態のみで定まることに

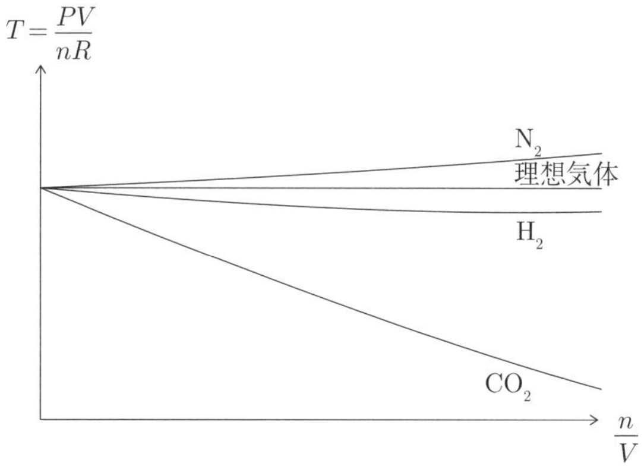

図 1.5 温度一定での状態変化（上から N_2，理想気体，H_2，CO_2）．温度 $T - \frac{n}{V}$ プロットをすると，気体の種類によらず，$\frac{n}{V} = 0$ で温度は 1 点に収束する．

注意せよ．

● 操作

固定した環境を変化させ，最後にまた別の一定環境に固定することを操作という．1 つの固定環境において系が平衡状態にあり，その始状態から，ある操作を行って十分時間が経ったのち終状態になるとき，熱力学が確立していれば始状態と操作を指定することによって終状態を予測することができる．

● 準静的過程と力学的仕事

一般に容器は力学的装置であるから，ピストンの受け取った仕事を測定することが可能である．系の平衡状態を保ちながら無限にゆっくりと変化させる過程を準静的過程という．物質量を固定した準静的過程 $(T_1, V_1) \to (T_2, V_2)$ の途中でも圧力や温度が定まり気体の状態方程式が使えるので，気体の圧力 P が体積，絶対温度 (T, V) の関数となる．このとき，気体のした力学的仕事

$$W = \int_{V_1}^{V_2} P(T, V) dV$$

は T と V の関数関係 $T(V)$ を指定することによって定まる．この積分は関数 $T(V)$ に依存しているために，始状態 (T_1, V_1) と終状態 (T_2, V_2) だけでは定まらないことに注意せよ．このため，以後，状態量でない微小量の表記を，全微分 dW ではなく，$d'W(= PdV)$ と書くことにする．全微分の積分は始状態と

終状態のみで定まり，どんな関数 $T(V)$ に対しても同じ値となることに注意せよ．後で定義される内部エネルギー U やエントロピー S などは状態量なので，それらの変化は dU，dS などと表記される．

● 熱

流体は力学的装置であるピストン，シリンダーなどの容器に閉じ込められているため，流体の行う力学的仕事は，力学的装置が受け取る力学的仕事として力学によって定義される．考えている流体が力学的仕事以外のエネルギーを受け取るとき，それを熱とよぶ．熱はエネルギーであるからその SI 単位は J（ジュール），CGS 単位系では erg（エルグ）である．

● 比熱と熱容量

単位質量の物質からなる系を加熱し，温度を ΔT [K] だけ上げるために必要な熱を $c\Delta T$ [J] とするとき c [J/(K·kg)] はその物質の比熱とよばれる．また，系が物質量 1 mol の物質からなる場合はその物質のモル比熱とよばれる．比熱は示強変数である．これに対して，一般の質量または物質量をもつ系の温度を ΔT だけ上げるために必要な熱量を $C\Delta T$ とするとき C はその系の熱容量とよばれる．熱容量は示量変数である．ある試料の熱容量は，比熱の基準となる物質に試料を接触させて平衡状態にし，前後の温度を測定することによって定めることができる．

注意　比熱や熱容量は負にならない量である $(c,\ C \geq 0)$．物質の比熱や熱容量は系の体積を一定にするか，圧力を一定にするかの条件によって値が異なるため，体積一定での比熱や熱容量を定積比熱または定積熱容量，圧力一定での比熱や熱容量を定圧比熱または定圧熱容量とよんで区別している．気体では定積比熱と定圧比熱は大きく異なるが，液体や固体ではあまり大きく異なることはない．

1.4.2　熱力学第1法則

● 熱力学第1法則

平衡熱力学系には内部エネルギーとよばれる示量的状態量 $U(T,V)$ がただ1つ存在し，ある状態変化 $(T_2,V_2) \to (T_1,V_1)$ によって系に移動したエネルギーはその変化 $U(T_2,V_2) - U(T_1,V_1)$ で表される．

1.4.1 節で与えた熱の定義より，系に移動したエネルギーは系が行った力学的仕事 W と系の吸収した熱 Q を用いて

$$U(T_2, V_2) - U(T_1, V_1) = Q - W, \tag{1.35}$$

と表される．これを熱力学第 1 法則という．この法則は，系の受け取ったエネルギーと内部エネルギーの間の保存法則および，内部エネルギーが状態量であることを主張している．

熱力学第 1 法則

過程 $(T_2, V_2) \to (T_1, V_1)$ で系が行った力学的仕事 W と系の吸収した熱 Q
$\Longrightarrow$　系の内部エネルギーの変化 $U(T_2, V_2) - U(T_1, V_1) = Q - W$

注意　本書では，命題 A，B に対して，「A ならば B」を「A $\Longrightarrow$ B」と表す．

● 積分形

準静的過程に対しては，気体の圧力 $P(T, V)$ が状態の関数として表せるので，気体の絶対温度を気体の体積 V の関数 $T(V)$ として与えたとき，熱力学第 1 法則を次のように表すことができる．

$$Q = U(T_2, V_2) - U(T_1, V_1) + \int_{V_1}^{V_2} P(T(V), V)dV. \tag{1.36}$$

系の吸収した熱 Q も，系の行った力学的仕事 W も関数 $T(V)$ に依存するにも関わらず，その差 $Q - W$ は どんな $T(V)$ に対しても，始めと終わりの状態 (T_1, V_1)，(T_2, V_2) のみで定まることに注意せよ．

● 微分形

無限小の準静的過程 $(T, V) \to (T + dT, V + dV)$ で系の吸収した熱は次のように表される．

$$dU + PdV.$$

注意　これを dQ と書いてはいけない．dQ と書くと Q が (T, V) の関数であることを意味するが，そのような関数は存在しない．

● 内部エネルギーと絶対温度，体積の関係

系の体積を一定に保って温度を変化させるとき，系に力学的仕事の出入りはない．系の定積熱容量 $C_V(T,V)$ は

$$C_V(T,V)=\left(\frac{\partial U}{\partial T}\right)_V.$$

ただし，T についての偏微分を括弧で囲み添字 V を付けたときは，V を一定にして T で偏微分することを表すことにする．これを測定すると，熱力学第1法則によって内部エネルギーの変化は系が吸収した熱で

$$U(T_2,V)-U(T_1,V)=\int_{T_1}^{T_2}C_V(T,V)dT,$$

と表される．したがって熱力学では C_V の測定により一定な各体積 V で，内部エネルギーの温度依存性を決定できる．また，内部エネルギーの体積依存性は，気体を断熱自由膨張させることによって定めることができる．この過程 $(n,T_1,V_1)\to(n,T_2,V_2)$ では系に仕事の出入りがないことから

$$U(n,T_1,V_1)=U(n,T_2,V_2),$$

が得られる．このような実験を繰り返すことによって内部エネルギー $U(n,T,V)$ の V 依存性を知ることができる．

● 理想気体の内部エネルギー

理想気体は断熱自由膨張させても温度が変わらないので，内部エネルギーは絶対温度のみに依存し，体積に依存しない．単原子分子理想気体 n [mol] の定積熱容量は $\frac{3}{2}nR$，2原子分子理想気体 n [mol] の定積熱容量は $\frac{5}{2}nR$，多原子分子理想気体 n [mol] の定積熱容量は $3nR$ である．したがって，単原子分子理想気体 n [mol] の内部エネルギーは

$$U(n,T,V)=\frac{3}{2}nRT,$$

である．2原子分子理想気体 n [mol] の内部エネルギーは

$$U(n,T,V)=\frac{5}{2}nRT,$$

である．多原子分子理想気体 n [mol] の内部エネルギーは

$$U(n,T,V)=3nRT,$$

である．これらの気体の定積熱容量や内部エネルギーは異なるが，皆同じ状態方程式に従う．これらのことは 2 章以降で見るように統計力学によって導くことができる．

● 準静的断熱過程

系を準静的に断熱変化させたとき状態 (T,V) は準静的断熱曲線に沿って変化する．準静的変化の各状態は状態方程式に従うため，準静的断熱曲線は断熱条件

$$dU+P(T,V)dV=0,$$

から決定できる．一般には次の微分方程式

$$\frac{\partial U}{\partial T}dT+\left(\frac{\partial U}{\partial V}+P\right)dV=0,$$

から V と T の関数関係がわかる．

● 理想気体の準静的断熱曲線

n [mol] の理想気体は $PV=nRT$，$U=nc_VT$ を満たすから，断熱条件は

$$nc_VdT+\frac{nRT}{V}dV=0.$$

ただし，モル定積比熱は単原子分子理想気体では $c_V=\frac{3}{2}R$，2 原子分子理想気体では $c_V=\frac{5}{2}R$，多原子分子理想気体では $c_V=3R$，である．これを変形すると

$$\frac{c_V}{R}\frac{dT}{T}+\frac{dV}{V}=0.$$

これを積分することにより

$$\frac{c_V}{R}\log T+\log V=C,$$

したがって，準静的断熱曲線は

$$T^{\frac{c_V}{R}}V=一定,$$

と表される．

1.4.3 熱力学第2法則

ここでは，エントロピーを定義し，エントロピーが従う公式を導出なしにまとめる．さらに熱力学の第2法則としての Planck（プランク）の原理，エントロピー増大の法則および，Kelvin（ケルビン）の原理，最大仕事の原理を列挙する．

● 可逆断熱過程の定義と前提

流体の物質量が過程の途中に変化しないと明らかなとき，n [mol] は省略して流体の状態を内部エネルギー U と体積 V で表す．

定義（可逆断熱過程）

過程の途中で物質量を変えない断熱過程 $(U_1, V_1) \to (U_2, V_2)$ に対して，始状態と終状態を入れ替えた断熱過程 $(U_2, V_2) \to (U_1, V_1)$ が存在するならば，その断熱過程は可逆断熱過程であるといい，存在しなければ不可逆断熱過程であるという．

注意　準静的断熱過程は可逆断熱過程である．これについて説明しよう．任意の準静的断熱過程 $(U_1, V_1) \to (U_2, V_2)$ において，準静的断熱曲線の存在により U_2 は U_1，V_1，V_2 から一意的に定まる．この過程に対して体積を元に戻す準静的断熱過程 $(U_2, V_2) \to (U_3, V_1)$ で U_3 は一意的に定まり，$U_1 = U_3$ でなければならない．$(U_2, V_2) \to (U_1, V_1)$ が断熱過程として存在するので，この過程は可逆である．

● エントロピー

定義（エントロピー）

任意の可逆断熱過程の前後で不変となる示量的状態量 $S(n, U, V)$ を系のエントロピーという．

エントロピー $S(n, U, V)$ はこの定義から熱力学関数としてほぼ一意的に定まってしまう．たとえば理想気体のエントロピーは準静的断熱不変な示量的状態量であることを考察することから次で与えられる．

公式（理想気体のエントロピー）

物質量 n [mol]，内部エネルギー U，体積 V の理想気体のエントロピー $S(n,U,V)$ は，c_V をモル定積比熱，c_0，c_1 を任意の定数として，次のように表される．

$$S(n,U,V) = c_1 nR \log(n^{-\frac{c_V+R}{R}} U^{\frac{c_V}{R}} V) + nc_0. \tag{1.37}$$

以後，$c_0 = 0$，$c_1 = 1$ ととる．この公式から理想気体については次を示すことができる．

● Clausius（クラウジウス）等式

絶対温度 T における準静的等温過程によって理想気体が吸収した熱を $d'Q$ とするとき，系のエントロピー S の変化は次の Clausius 等式を満たす．

$$dS = \frac{d'Q}{T} = \frac{dU + PdV}{T}.$$

理想気体に対して上で与えられた公式を用いれば簡単にこれを示すことができる．さらに，一般の気体と理想気体を接触させることにより一般の気体のエントロピーもこの Clausius 等式を満たすことが導かれる．Clausius 等式によってエントロピーが定義されていると考えてもよい．

● 熱力学的温度

一般の系に対する Clausius 等式から，次の 2 式

$$\left(\frac{\partial S}{\partial U}\right)_V = \frac{1}{T}, \qquad \left(\frac{\partial S}{\partial V}\right)_U = \frac{P}{T},$$

が得られる．第 1 式から定まる温度は熱力学的温度とよばれる．熱力学的温度は温度計ごとに定まる経験温度の目盛りと必ずしも一致するわけではないが，理想気体の絶対温度に一致する．

● エントロピーの単調性

上式でエントロピーの偏微分の右辺は正であるから，エントロピーは内部エネルギーと体積の一方を一定にしたとき強い意味で単調増加である．また，系の定積熱容量は負にならないから，

$$T\left(\frac{\partial S}{\partial T}\right)_V = C_V \geq 0.$$

よって，エントロピーは体積 V を一定としたとき温度 T の単調増加関数であるが，右辺がゼロになることもある．

ここでは不可逆過程に対する以下の原理を前提とする．

前提 Planck の原理（断熱過程の内部エネルギー増大の原理）

過程の途中で流体の物質量を変えない始状態 (U_1, V) から終状態 (U_2, V) への断熱過程が存在する必要十分条件は $U_1 \leq U_2$ である（熱力学第2法則の一つの表現）．これを図式で表すと

Planck の原理（断熱過程の内部エネルギー増大の原理）

断熱過程 $(U_1, V) \to (U_2, V)$ が存在　$\Longleftrightarrow$　$U_1 \leq U_2$

注意　本書では，命題 A，B に対して，「A ならば B」を「A $\Longrightarrow$ B」と表すと 1.4.2 節で述べた．同様に，「B ならば A」を「A $\Longleftarrow$ B」と表し，「 A $\Longrightarrow$ B かつ A $\Longleftarrow$ B 」を「A $\Longleftrightarrow$ B」と表す．

もし，$U_1 > U_2$ となるような断熱過程 $(U_1, V) \to (U_2, V)$ が存在すると，系は外に仕事を行って元の体積に戻るので，燃料のいらないエンジンが作成できてしまう．Planck の原理はそのようなことが不可能であることを主張しているので，受け入れやすい．次のエントロピー増大の法則は Planck の原理を前提にしてエントロピーの単調性から示すことができる．

● エントロピー増大の法則

系がある始状態からある終状態に断熱過程で到達できるための必要十分条件は，系のエントロピーがその前後で減少しないことである（これも熱力学第2法則の一つの表現である）．

この法則を図式で表すと，理想気体のものとまったく同じ形をしていることがわかる．

エントロピー増大の法則

$$\text{断熱過程 } (n, U_1, V_1) \to (n, U_2, V_2) \text{ が存在}$$
$$\iff \quad S(n, U_1, V_1) \le S(n, U_2, V_2)$$

エントロピー増大の法則は Planck の原理の拡張と捉えると理解しやすい．

例題（断熱自由膨張）　物質量 n，絶対温度 T，体積 V の単原子分子理想気体の内部エネルギーは $U = \frac{3}{2}nRT$，エントロピーは $S(U, V) = nR\log(n^{-\frac{5}{2}}U^{\frac{3}{2}}V)$ である．図 1.6 のように容積 V の箱に仕切りを入れ，体積 V_{D} の領域 D と体積 $V - V_{\mathrm{D}}$ の領域に分割する．始めは領域 D に気体を閉じ込め，もう片方を真空にしておく．仕切りを静かに外すと，気体は自由膨張し，下図のように体積 V の部屋の中で平衡状態となった．この変化 $V_{\mathrm{D}} \to V$ で気体は仕事をしていないとするとき，始状態と終状態の間の絶対温度，内部エネルギーおよびエントロピーの変化を答えよ．

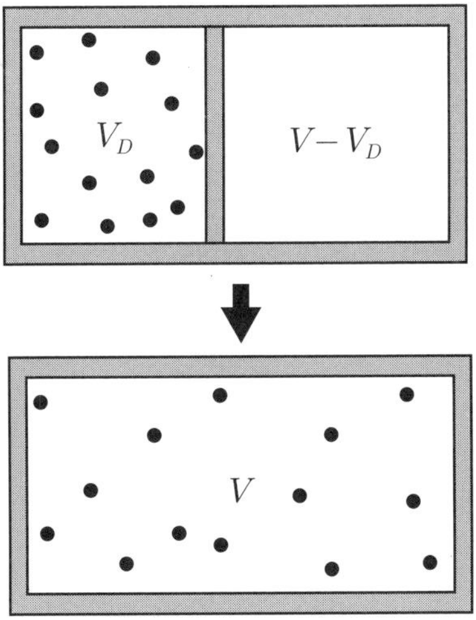

図 1.6　断熱自由膨張

解答　自由膨張で気体は力学的仕事をしないので，この断熱変化の前後で内部エネルギー $U = \frac{3}{2}nRT$ は変わらず，理想気体の絶対温度は変化しない．エントロピーの変化は

$$S(U,V) - S(U,V_{\mathrm{D}}) = nR\log(n^{-\frac{5}{2}}U^{\frac{3}{2}}V) - nR\log(n^{-\frac{5}{2}}U^{\frac{3}{2}}V_{\mathrm{D}})$$
$$= nR\log V/V_{\mathrm{D}},$$

となり，エントロピーは増大する．

以下に挙げる Kelvin の原理と最大仕事の原理はどちらも熱力学第 2 法則の表現である．これらの表現は場合によって使い分けると有用である．

Kelvin の原理

熱機関の 1 周期のサイクル過程において，熱機関が 1 つの熱源から吸収した正の熱すべてを正の力学的仕事にして始状態に戻ることは不可能である（熱力学第 2 法則の一表現）．

最大仕事の原理

絶対温度 T の等温環境におかれた，物質量の変化しない始状態と終状態を定めた気体の膨張過程 $(T,V_1) \to (T,V_2)$ で気体が行う力学的仕事は準静的過程で最大になる（熱力学第 2 法則の一表現）．

● 第 2 種永久機関

熱力学第 1 法則は破らないが第 2 法則を破る永久機関を第 2 種永久機関という．大気や海水などがもっている内部エネルギーを力学的仕事に変換して連続運転できる機関が第 2 種永久機関である．熱力学第 2 法則はこの第 2 種永久機関を禁じている．産業革命の時代から様々な永久機関の創意工夫がなされ，それらのすべてが否定された．現代にいたるまでもそれは続いているようである．

1.4.4 完全な熱力学関数

定義（完全な熱力学関数）

ある熱力学関数によって系の状態方程式が得られ，定積熱容量が体積と絶対温度の関数として任意性なく定まるとき，その熱力学関数は完全であるという．完全な熱力学関数が得られると，熱力学におけるあらゆる状態量の間の関数関係を定めることができる．

● エントロピー $S(U,V)$ の完全性

内部エネルギー U と体積 V の関数としてのエントロピー $S(U,V)$ は完全である．一方，絶対温度 T と体積 V の関数としてのエントロピー $S(T,V)$ は完全な熱力学関数ではない．

【証 明】

Clausius 等式から次の 2 式

$$\left(\frac{\partial S}{\partial U}\right)_V = \frac{1}{T}, \qquad \left(\frac{\partial S}{\partial V}\right)_U = \frac{P}{T},$$

が得られる．第 1 式から内部エネルギー U は温度と体積の関数として定まるので，定積熱容量

$$C_V = \left(\frac{\partial U}{\partial T}\right)_V,$$

が温度と体積の関数として得られる．また，U を第 2 式から消去すると，状態方程式が得られる．よって，エントロピー $S(U,V)$ は完全である．一方，$S(T,V)$ からは次の 2 式が得られる．

$$\left(\frac{\partial S}{\partial T}\right)_V = \frac{1}{T}\left(\frac{\partial U}{\partial T}\right)_V, \qquad \left(\frac{\partial S}{\partial V}\right)_T = \frac{1}{T}\left(\frac{\partial U}{\partial V}\right)_T + \frac{P}{T}.$$

第 1 式から定積熱容量が定まるが，第 2 式は未知の関数との和が得られているだけで圧力を定めることができない．したがって，$S(T,V)$ は完全ではない．証明終わり．

注意 **（エントロピー $S(U,V)$ の重要性）** 1 つの完全な熱力学関数は最大の情報をもち，系のすべての熱力学的性質を決定する．たとえば，物質量，内部エネルギー，体積の関数としてのエントロピー $S(n,U,V)$ は完全であり，すべ

ての状態量の間の関係を決定する．状態方程式が与えられても系の熱容量は決定できないことに注意しよう．エントロピー増大の法則によってエントロピーは系の変化の向きを定めているという重要事項に加え，完全な熱力学関数であるという意味で熱力学の根本を支える非常に重要な関数である．

系の物質量と体積を一定にするとき，エントロピー S は温度 T の単調増加関数であるから，S と T は1対1に対応する．したがって内部エネルギー $U(T,V)$ を T のかわりに S の関数として $U(S,V)$ のように表すことができる．このとき，この関数の完全性を示すことができる．

● 内部エネルギー $U(S,V)$ の完全性

エントロピー S と体積 V の関数 $U(S,V)$ は完全である．

【証 明】

Clausius 等式 $TdS = dU + PdV$ より

$$\left(\frac{\partial U}{\partial S}\right)_V = T, \qquad \left(\frac{\partial U}{\partial V}\right)_S = -P,$$

である．第1式左辺は (S,V) の関数であるから，$S(T,V)$ を知ることができる．それによって定積熱容量が定まり，また，第2式から圧力を決定できるから，$U(S,V)$ は完全である．証明終わり．

注意　一方，$U(T,V)$ から定積熱容量は計算できるが，圧力 P は次ページで定義される Helmholtz 自由エネルギーを用いて後で証明する次のエネルギー方程式

$$\left(\frac{\partial U}{\partial V}\right)_T = -P + T\left(\frac{\partial P}{\partial T}\right)_V, \tag{1.38}$$

に従う．これは微分方程式なので P を定めるには積分定数の任意性がある．よって $U(T,V)$ は完全ではない．

以下では Legendre（ルジャンドル）変換というある関数から別の関数を定義する数学的な道具を導入する．これによって，新しい完全な熱力学関数である Helmholtz 自由エネルギー，Gibbs 自由エネルギー，化学ポテンシャル，グランドポテンシャルなどを定義し，いくつかの熱力学的関係式を得る．

● Helmholtz（ヘルムホルツ）自由エネルギー

定義（Helmholtz 自由エネルギー）

完全な熱力学関数としての内部エネルギー $U(S,V)$ から，式 $U(S,V)-TS$ を最小にする S を代入した

$$F(T,V)=\min_{S}[U(S,V)-TS],$$

によって，Helmholtz 自由エネルギーを定義する．

この場合，右辺を最小にするエントロピー S は次の極値条件

$$\left(\frac{\partial U}{\partial S}\right)_V-T=0,$$

から温度 T と体積 V の関数として定まり，F が (T,V) の関数として定義される．このように，(S,V) の関数 $U(S,V)$ から，S のかわりに，その偏導関数 $T=\frac{\partial U}{\partial S}$ と V の新たな関数 $F(T,V)$ を得る変換は Legendre 変換とよばれる．ある熱力学関数を Legendre 変換して得られる関数は元の関数とは物理的に異なる役割をもつ．その物理的な役割は数学のみからは定まらず，物理的な考察によって明らかになる．

注意 Helmholtz 自由エネルギーは気体の絶対温度 T，体積 V の関数として内部エネルギー $U(T,V)$，エントロピー $S(T,V)$ を与えたとき，式

$$F(T,V)=U(T,V)-TS(T,V)$$

で定まる熱力学関数 $F(T,V)$ と定義することもできる．

● Helmholtz 自由エネルギーの全微分と偏導関数

気体の物質量を一定にした準静的変化 $(T,V)\to(T+dT,V+dV)$ に対して Helmholtz 自由エネルギー F の変化は

$$dF=dU-TdS-SdT=-SdT-PdV,$$

であるから，温度一定のとき，Helmholtz 自由エネルギーの変化 dF は気体の受ける準静的な力学的仕事に等しい．また，その偏導関数は

$$\left(\frac{\partial F}{\partial T}\right)_V=-S,\qquad\left(\frac{\partial F}{\partial V}\right)_T=-P,$$

と表される．したがって，Helmholtz 自由エネルギーが (T,V) の関数として定まるとき，圧力とエントロピーを (T,V) の関数として定めることができる．第 1 式より定積熱容量

$$C_V = T\left(\frac{\partial S}{\partial T}\right)_V = -T\left(\frac{\partial^2 F}{\partial T^2}\right)_V,$$

が得られ，第 2 式は状態方程式を表しているので，Helmholtz 自由エネルギー $F(T,V)$ は完全な熱力学関数である．

〚導出（エネルギー方程式 (1.38)）〛

Helmholtz 自由エネルギーの偏微分は交換可能なので

$$\left(\frac{\partial S}{\partial V}\right)_T = -\left(\frac{\partial}{\partial V}\left(\frac{\partial F}{\partial T}\right)_V\right)_T = -\left(\frac{\partial}{\partial T}\left(\frac{\partial F}{\partial V}\right)_T\right)_V = \left(\frac{\partial P}{\partial T}\right)_V. \tag{1.39}$$

一方，エントロピーに対する Clausius 等式を次のように

$$TdS = \left(\frac{\partial U}{\partial T}\right)_V dT + \left(\frac{\partial U}{\partial V}\right)_T dV + PdV,$$

と表すことにより

$$T\left(\frac{\partial S}{\partial V}\right)_T = \left(\frac{\partial U}{\partial V}\right)_T + P,$$

が得られる．この等式と等式 (1.39) によってエネルギー方程式 (1.38) が得られる．

● Helmholtz 自由エネルギーと最大仕事

系の等温変化 $(T,V) \to (T,V')$ に対する Helmholtz 自由エネルギーの変化 $F(T,V') - F(T,V)$ は，系が等温変化 $(T,V) \to (T,V')$ を準静的にしたときに受けた力学的仕事に等しい．したがって，等温変化 $(T,V) \to (T,V')$ で気体が行う力学的仕事の最大値は Helmholtz 自由エネルギーの変化の逆符号 $-F(T,V') + F(T,V)$ で与えられる．

● Gibbs（ギッブス）自由エネルギー

定義（Gibbs 自由エネルギー）

絶対温度を T，圧力を P とするとき，Gibbs 自由エネルギーは Helmholtz 自由エネルギーの Legendre 変換

$$G(T, P) = \min_V [F(T, V) + PV]$$

で定義される．上式を極小にする V は次の状態方程式を与える．

$$P = -\frac{\partial F}{\partial V}.$$

これを V について解き，$F(T, V) + PV$ の体積 V に代入すると，圧力 P と温度 T の関数としての Gibbs 自由エネルギー $G(T, P) = F(T, V(T, P)) + PV(T, P)$ が得られる．

Gibbs 自由エネルギーの全微分と偏導関数

気体の物質量を一定にした準静的変化 $(T, P) \to (T + dT, P + dP)$ に対して Gibbs 自由エネルギー G の変化は

$$dG = dF + dPV + PdV = -SdT + VdP,$$

と求まるから，その偏導関数は次のように求まる．

$$\left(\frac{\partial G}{\partial T}\right)_P = -S, \qquad \left(\frac{\partial G}{\partial P}\right)_T = V.$$

第 1 式を T で偏微分すると，定積熱容量が P，T の関数として得られ，第 2 式から状態方程式が得られるため，定積熱容量は $P(T, V)$，T の関数として得られる．したがって，Gibbs 自由エネルギーも完全な熱力学関数である．

注意　Gibbs 自由エネルギーの Legendre 逆変換で Helmholtz 自由エネルギーが得られる．

$$F(T, V) = \max_P [G(T, P) - PV].$$

熱力学変数としての物質量

ここでは，内部エネルギーや温度，体積だけでなく物質量も変化する系を取り扱うため，物質量も変数とするように熱力学を拡張する．ある気体からなる系の物質量を n，圧力を P，絶対温度を T，内部エネルギーを U，体積を V，エントロピーを S とする．

注意　物質量，体積は示量変数であり，圧力，絶対温度は示強変数である．物質量を一定とした場合に，完全な示量的熱力学関数 $U(S, V)$，$S(U, V)$，$F(T, V)$，

$G(T,P)$ のうち示強変数だけの関数となるのは $G(T,P)$ のみであることに注意せよ．

● 化学ポテンシャル

物質量 n も熱力学変数とし，Gibbs 自由エネルギー $G(n,P,T)$ を (n,P,T) の関数とすると，G と n は示量変数，P と T は示強変数であることから，

$$G(n,P,T) = nG(1,P,T) = n\mu(P,T),$$

である．ただし，1 mol あたりの Gibbs 自由エネルギーを $G(1,P,T) = \mu(P,T)$ と書いた．この 1 mol あたりの Gibbs 自由エネルギー $\mu(P,T)$ は化学ポテンシャル (chemical potential) とよばれる．物質量 n が一定の場合，Gibbs 自由エネルギーの全微分は

$$dG = -SdT + VdP = nd\mu,$$

であるから，物質量 n も熱力学変数とするならば，Gibbs 自由エネルギーの全微分は，

$$dG = d(n\mu) = nd\mu + \mu dn = -SdT + VdP + \mu dn,$$

と表される．このとき，Helmholtz 自由エネルギー $F = G - PV$，内部エネルギー $U = F + TS$，エンタルピー $H = U + PV$ の全微分は次のようになる．

$$dF = -SdT - PdV + \mu dn, \qquad dU = TdS - PdV + \mu dn,$$
$$dH = TdS + VdP + \mu dn. \tag{1.40}$$

特に，第2式は物質量を変数とする場合に拡張された熱力学第1法則である．

● グランドポテンシャル

Helmholtz 自由エネルギー $F(n,T,V)$ から Legendre 変換によって，物質量 n のかわりに化学ポテンシャル μ が独立変数となる熱力学関数 $\Omega(T,V,\mu)$ を

$$\Omega(T,V,\mu) = \min_n[-n\mu + F(n,T,V)] \tag{1.41}$$

で定義し，グランドポテンシャルとよぶ．$F(n,T,V) = \max_P[n\mu(P,T) - PV]$ であるから $\Omega(T,V,\mu) = -PV$ となって状態方程式が得られる．この関数

$\Omega(T,V,\mu)$ の全微分

$$d\Omega = -n d\mu - S dT - P dV,$$

から次が導かれる.

$$n = -\left(\frac{\partial \Omega}{\partial \mu}\right)_{T,V}, \quad S = -\left(\frac{\partial \Omega}{\partial T}\right)_{\mu,V}, \quad P = -\left(\frac{\partial \Omega}{\partial V}\right)_{\mu,T}.$$

1章の問題

問 1.1　X_n $(n = 1, 2, \cdots, N)$ を独立な確率変数とし，各確率変数の期待値と標準偏差はいずれも μ，Δ であるとする．新しい確率変数を

$$X = \sum_{n=1}^{N} X_n$$

で定義するとき，X の期待値と標準偏差を求めよ．

問 1.2　ガンマ関数 $\Gamma(s)$ について次の問題に答えよ．

(1) $\Gamma(1)$，$\Gamma(1/2)$ を求めよ．

(2) s が自然数のとき $\Gamma(s) = (s-1)!$ を示せ．

(3) 次の定積分をガンマ関数を用いて表せ．ただし $a > 0$ で，$n \geq 0$ は整数である．

$$\int_0^\infty x^{2n+1}\mathrm{e}^{-ax^2}dx, \qquad \int_{-\infty}^\infty x^{2n}\mathrm{e}^{-ax^2}dx, \qquad \int_0^\infty y^n\mathrm{e}^{-ay}dy.$$

(4) 次の公式

$$\lim_{s\to\infty}\frac{\Gamma(s+1)}{s^{s+\frac{1}{2}}e^{-s}\sqrt{2\pi}} = 1$$

を以下のようにして示せ．ガンマ関数を積分で表し，次のように $x = sy$ と置換する

$$\Gamma(s+1) = \int_0^\infty dx x^s e^{-x} = s^{s+1}\int_0^\infty dy e^{-s(y-\log y)}.$$

$y - \log y$ を $y = 1$ の周りで展開すると，Taylor の定理により，ある $0 < \theta < 1$ が存在し，次が成り立つ

$$y - \log y = 1 + \frac{1}{2}(y-1)^2 + \frac{1}{3}(y-1)^3\frac{-1}{(1+\theta(y-1))^3}.$$

これを代入して積分を求める．

さらに，得られた極限によって 1.3.1 項に書かれている Stirling の公式 (1.14) を説明せよ．

問 1.3　正の実数 p，q に対しベータ関数を

$$\mathrm{B}(p,q)=\int_0^1 dx x^{p-1}(1-x)^{q-1} \tag{1.42}$$

で定義する．ベータ関数をガンマ関数で表すと

$$\mathrm{B}(p,q)=\frac{\Gamma(p)\Gamma(q)}{\Gamma(p+q)}$$

となることを次のようにして示せ．

(1) ベータ関数の積分表示において $x=\cos^2\theta$ と置換し，次を示せ．

$$\mathrm{B}(p,q)=2\int_0^{\frac{\pi}{2}}\cos^{2p-1}\theta\sin^{2q-1}\theta d\theta.$$

(2) ガンマ関数の積分表示において $x=t^2$ と置換し次を示せ．

$$\Gamma(s)=2\int_0^{\infty}dte^{-t^2}t^{2s-1}.$$

(3) 上で得られた公式から得られる次の積分

$$\Gamma(p)\Gamma(q)=4\int_0^{\infty}\int_0^{\infty}e^{-x^2-y^2}x^{2p-1}y^{2q-1}dxdy$$

を 2 次元の極座標 $(x,y)=(r\cos\theta,r\sin\theta)$ に変換し

$$\Gamma(p)\Gamma(q)=\Gamma(p+q)B(p,q)$$

を示せ．

問 1.4　n 次元球の体積について次の問いに答えよ．

(1) 半径 a の 1 次元球の体積は次で与えられる．

$$\int_{x^2<a^2}dx\ 1=\int_{-a}^{a}dx\ 1=2a.$$

半径 a の 2 次元球の体積（面積）は，極座標 $(x,y)=(r\cos\theta,r\sin\theta)$ をとることによって

$$\int_{x^2+y^2<a^2}dxdy\ 1=\int_0^a drr\int_0^{2\pi}d\theta\ 1=\int_0^a 2\pi rdr.$$

この積分を実行せよ．また，半径 r の 1 次元球面の面積（長さ）は $2\pi r$ であることに注意せよ．

(2) 半径 a の 3 次元球の体積は，極座標 $(x,y,z)=(r\sin\theta\cos\varphi,$

$r\sin\theta\sin\varphi, r\cos\theta)$ によって

$$\int_{x^2+y^2+z^2<a^2} dxdydz\, 1 = \int_0^a drr^2 \int_0^\pi d\theta \sin\theta \int_0^{2\pi} d\varphi 1 = \int_0^a 4\pi r^2 dr$$

で求められる．積分を実行して球の体積を求めよ．半径 r の 2 次元球面の面積は $4\pi r^2$ であることに注意せよ．

(3) 半径 r の 3 次元球面の面積を $A_3 r^3$ とするとき，半径 a の 4 次元球の体積を求めよ．

問 1.5　半径 a の n 次元球の体積を求めよう．

$$D_n(a) = \int \cdots \int_{\sum_{j=1}^n x_j^2<a^2} dx_1 \cdots dx_n, \tag{1.43}$$

とおくとき，次の問いに答えよ．

(1) $D_1(a)$ を求めよ．

(2) 本文中の公式 $D_n(a) = a^n D_n(1)$ と

$$D_n(a) = \int_{-a}^a dx_n D_{n-1}\left(\sqrt{a^2 - x_n^2}\right),$$

を用いて $D_n(a)$ が次のように表されることを示せ．

$$D_n(a) = a^n D_{n-1}(1) \mathrm{B}\left(\frac{1}{2}, \frac{n+1}{2}\right) = a^n D_{n-1}(1) \frac{\Gamma\left(\frac{1}{2}\right)\Gamma\left(\frac{n+1}{2}\right)}{\Gamma\left(\frac{n+2}{2}\right)}. \tag{1.44}$$

(3) $\Gamma(\frac{1}{2}) = \sqrt{\pi}$ より上で導いた漸化式を解き次を示せ．

$$D_n(a) = \frac{\pi^{\frac{n}{2}}}{\Gamma(\frac{n}{2}+1)} a^n.$$

問 1.6　半径 a の n 次元球の体積を前問とは別の方法で求めよう．

$$D_n(a) = \int \cdots \int_{\sum_{j=1}^n x_j^2<a^2} dx_1 \cdots dx_n, \tag{1.45}$$

とおくとき，公式 (1.32) の証明を参考にして，次の問いに答えよ．

(1) $D_1(a)$，$D_2(a)$，$D_3(a)$ を求めよ．

(2) 次の等式を示せ．

$$D_n(a) = \int\int_{x_{n-1}^2+x_n^2<a^2} dx_n dx_{n-1} D_{n-2}\left(\sqrt{a^2 - x_{n-1}^2 - x_n^2}\right).$$

(3) 極座標 $(x_{n-1}, x_n) = (r\cos\theta, r\sin\theta)$ を用いて，また $r^2 = a^2 s$ とおくことにより

$$D_n(a) = 2\pi \int_0^a drr D_{n-2}(\sqrt{a^2 - r^2}) = \pi a^2 \int_0^1 ds D_{n-2}(a\sqrt{1-s}),$$

を示せ.

(4) 漸化式

$$D_n(1) = \pi D_{n-2}(1) \int_0^1 ds(1-s)^{\frac{n}{2}-1} = \frac{2\pi}{n} D_{n-2}(1),$$

を示せ.

(5) n が偶数と奇数である場合に分類し，漸化式を解くことによって $D_n(1) = \dfrac{\pi^{\frac{n}{2}}}{\Gamma(\frac{n}{2}+1)}$ を示し，$D_n(a)$ を求めよ.

問 1.7　一般の次元の球面の面積を次のようにして求めよう.

(1) n 次元空間での次の Gauss 積分を計算せよ.

$$I = \int_{-\infty}^{\infty} dx_1 \int_{-\infty}^{\infty} dx_2 \cdots \int_{-\infty}^{\infty} dx_n \exp[-a\sum_j^n x_j^2].$$

(2) 極座標でこの積分を計算する．$r^2 = \sum_{j=1}^n x_j^2$ とおいて角度部分の積分から現れる因子を A_{n-1} とおくと，

$$I = A_{n-1} \int_0^\infty drr^{n-1} e^{-ar^2},$$

と表せる．$r^2 = s$ と変数変換して積分を実行し，(1) の結果と見比べて A_{n-1} を求めよ．ただし，ガンマ関数

$$\Gamma(x) = \int_0^\infty dss^{x-1} e^{-s},$$

を用いてよい．A_{n-1} は半径 1 の $n-1$ 次元球面の面積である．図 1.7 には 2 次元球面が図示されている.

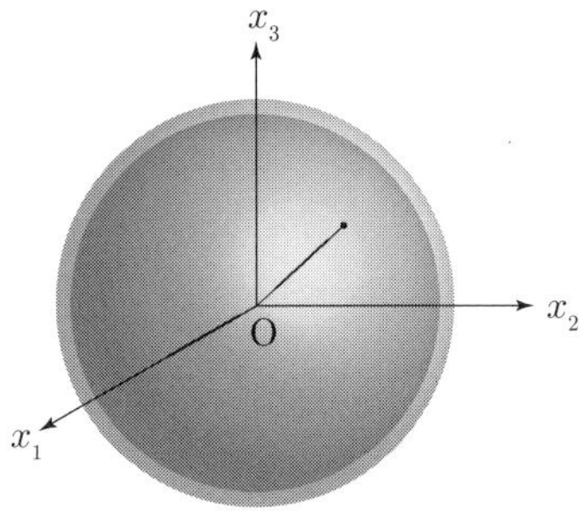

図 1.7　半径 1 の 2 次元球面の面積 $A_2 = 4\pi$ は，球面の立体角に等しい．

第2章

小正準分布（ミクロカノニカル分布）

統計力学とは，気体などの巨視的な系を，Avogadro 数個程度（Avogadro 定数は正確に $N_{\mathrm{A}} = 6.02214076 \times 10^{23}\ \mathrm{mol}^{-1}$）のたくさんの粒子からなる系であると考え，力学や量子力学を用いて記述しようとする学問である．しかし，粒子数があまりに多いので，時刻に応じたそれぞれの粒子の位置や運動量を力学や量子力学に基づいて精密に追跡することは諦め，系が平衡状態に達しているときの熱力学量を求めることを目標とする．粒子の全エネルギーや閉じ込め体積などが与えられたとき，気体の行う仕事やエントロピーなどの巨視的な量である熱力学量を微視的な力学や量子力学と確率論的な考察から計算する．統計力学においては，力学における粒子の力学変数や，量子力学における量子数や固有値はある分布に従う確率変数として取り扱う．たくさんの確率変数の算術平均には前章で解説した大数の法則が適用されるため，その測定値が期待値から離れる確率は非常に小さい．

ここでは小正準分布について学ぶ．この方法では系の体積とエネルギーを一定に保って孤立させ，完全な熱力学関数であるエントロピーを微視的な力学や量子力学に基づいて計算する．完全な熱力学関数であるエントロピーが得られれば，系の熱力学的な情報をすべて得ることができる．この方法は相互作用のある一般の系の具体的な解析には不便ではあるが，理論的な考察には重要である．この方法は次の章で学ぶ，より実用的な正準分布を導くときにも使われる．

2.1 等確率の原理

統計力学では気体などの系を粒子の集団と考え，全粒子の力学的状態を微視的状態とよぶ．たとえば，古典力学に従う N 個の力学的状態はそれらの位置と

運動量

$$(\vec{r}_1, \vec{r}_2, \cdots, \vec{r}_N, \vec{p}_1, \vec{p}_2, \cdots, \vec{p}_N)$$

で与えられる．系の位置と運動量の関数を微視的状態量という．一方，これらの微視的状態量に対して，巨視的状態量を計算することが統計力学の目標になる．たとえば平衡状態にある気体の熱力学の状態量は巨視的状態量である．系が平衡状態になくても集団としての状態を巨視的状態とよぶことがある．気体からなる系が平衡状態にあるとき，その熱力学的状態は粒子数と内部エネルギーと体積によって一意的に定まるが，それに対応する微視的状態は一意でなく数多く存在する．統計力学では，熱力学の内部エネルギーは気体粒子の全エネルギーであると考えるが，全エネルギー E を定めてもそれに対応する力学的状態は非常に多く存在するからである．以下で解説する等確率の原理は，統計力学を導くための前提である．この前提を正確に述べる前に，理解を助けるために簡単な例を挙げる．ある容積 V の箱に古典力学に従う N 個の粒子からなる気体が閉じ込められていて，この箱内部のある領域を D とし，その体積を V_{D} とする．定義によって $V_{\mathrm{D}} < V$ である．ここでは，N 粒子の位置座標 $(\vec{r}_1, \vec{r}_2, \cdots, \vec{r}_N)$ をそれぞれ独立な確率変数として考える．このとき，j 番目の粒子 1 個がこの領域 D 内にある確率は

$$p_{\mathrm{D}} = \frac{V_{\mathrm{D}}}{V} < 1$$

で定まると仮定する．この自然な仮定は次の積分

$$p_{\mathrm{D}} = \frac{V_{\mathrm{D}}}{V} = \int_{\mathrm{D}} \frac{1}{V} d^3 r_j,$$

で表されるため，この粒子の位置の確率密度関数は $\frac{1}{V}$ であり位置によらず一定である．このように確率変数に対して一定の確率密度関数から定まる確率分布は一様分布とよばれる．N 個の粒子の位置 $(\vec{r}_1, \vec{r}_2, \cdots, \vec{r}_N)$ は独立な確率変数であると仮定したことから，その確率密度関数は積 $\frac{1}{V^N}$ で与えられる．したがって，すべての粒子がこの領域 D に含まれている確率は

$$p_{\mathrm{D}}^N = \left(\frac{V_{\mathrm{D}}}{V}\right)^N = \int_{\mathrm{D}} \cdots \int_{\mathrm{D}} \frac{1}{V^N} d^3 r_1 \cdots d^3 r_N, \tag{2.1}$$

である．N が Avogadro 数程度であると $p_{\mathrm{D}} < 1$ であることによりこの確率

は非常に小さくほとんど 0 であるから，N 個の粒子がその箱内の領域 D に集まってしまうことは自然には起らない．さらに，領域 D 内に存在する粒子数が Avogadro 数程度まで多くないとしても，多少のむらが起る確率でさえほぼ 0 となることを確かめることができる．容積 V の箱の中の N 個の粒子のうちの M 個の粒子が箱内の領域 D に存在する確率は 2 項分布で与えられる．

$$P_M = \frac{N!}{M!(N-M)!} p_{\mathrm{D}}^M (1-p_{\mathrm{D}})^{N-M}.$$

D 内に存在する粒子数 M は系の一つの巨視的状態を表す量である．確率 P_M を最大にする M の期待値は 1 章で求めた式 (1.7)

$$\langle M \rangle = Np_{\mathrm{D}} = N\frac{V_{\mathrm{D}}}{V}$$

に一致し，分布が一様になることが最も起りやすい．そればかりでなく，M の標準偏差は 1 章で求めた分散 (1.8) によって

$$\Delta M = \sqrt{Np_{\mathrm{D}}(1-p_{\mathrm{D}})},$$

と得られるから，実際に領域 D 内の粒子数の割合 M/N の標準偏差 $\Delta M/N = \sqrt{p_{\mathrm{D}}(1-p_{\mathrm{D}})/N}$ は，N が大きい場合に非常に小さい．よって，実際の割合 M/N とその期待値 p_{D} の差 $|M/N - p_{\mathrm{D}}|$ が大きくなる確率は大数の法則によって，ほとんど 0 となる．この状況を 1 章の 1.2.2 節で述べた Chebyshev 不等式 (1.1) によって表すと

$$\mathrm{P}(|M/N - p_{\mathrm{D}}| > a) \leq \frac{\Delta^2}{a^2} = \frac{p_{\mathrm{D}}(1-p_{\mathrm{D}})}{Na^2}, \tag{2.2}$$

となる．詳しくは 1.2.2 節における例題（2 項分布）を参考にせよ．別のいい方をすると，箱の中の粒子の可能な力学的状態はたくさんあるが，粒子数密度が一様となる状態がほとんどすべてを占め，そのような典型的な状態の一つがほぼ確率 1 で起る．このことをこの章では詳しく説明する．領域 D にすべての粒子が集まってしまう状態も力学的状態として可能な状態ではあるが，稀な状態であり典型的ではない．このような状態は自然には起らないが，人工的に作り出すことができる．

図のように容積 V の箱に仕切りを入れ，体積 V_{D} の領域 D と体積 $V - V_{\mathrm{D}}$ の領域に分割する．領域 D に気体を閉じ込め，もう片方を真空にしておくこと

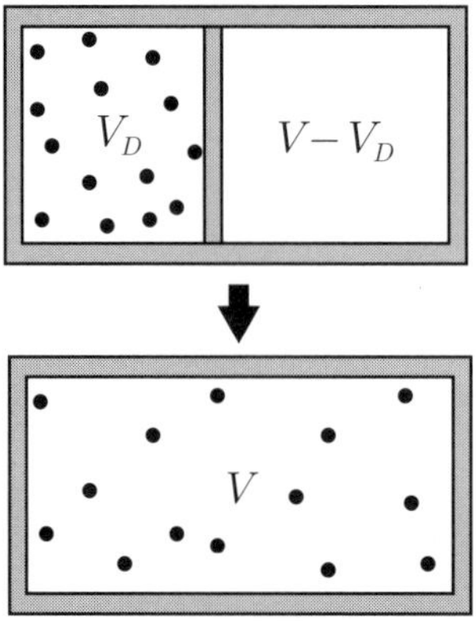

図 2.1　自由粒子の拡散

ができる．容器内の中の粒子は一様に D 内に分布しているが，ひとたび容器の仕切りを取り外すと，粒子たちは体積 V の箱の中にいっせいに飛び出していき，十分な時間が経つと気体の粒子は領域 D を含む箱内すべての領域に一様に分布すると考えられる．熱力学において 1.4.3 項の例題（断熱自由膨張）でも，この現象について最終的な状態は平衡状態であり，このような状態は典型的な状態である．このように，統計力学において，平衡状態とは典型的な状態である．熱力学では断熱環境にある流体の平衡状態は閉じ込め条件のもとでのエントロピー最大を与える状態として実現されることを学ぶが，2.3.3 項で述べるように，統計力学においても同様に平衡状態はエントロピー最大を与え，そのような状態は典型的な状態であり最も実現しやすいと考えられる．また，始め容器の仕切りを取り外してあまり時間が経っていない粒子の状態は平衡状態ではないので，非平衡状態であるという．典型的な状態ではない非平衡状態にある系は環境を固定して十分な時間放置すると典型的な状態である平衡状態に移行することが経験的にわかっている．各粒子の位置が一様分布であると，たくさんの粒子からなる粒子数密度はほぼ確率 1 で一様になるので，そのような典型的な力学的状態が実現すると考えられるのである．

この前置きでは，古典力学に従う粒子の位置座標 $\vec{r}_n$ $(n=1,2,\cdots,N)$ を独立な一様分布に従う確率変数とした．このような前提を N 個の気体分子の古典力学的状態または量子力学的状態に一般化したものを等確率の原理という．以下では，古典力学と量子力学に基づく等確率の原理のそれぞれについて述べる．

2.1.1 等確率の原理（古典力学系）

質量 m をもつ N 個の粒子からなる系を考える．この系の古典力学的な状態は $6N$ 次元ベクトル

$$(\vec{r}_1, \vec{r}_2, \cdots, \vec{r}_N, \vec{p}_1, \vec{p}_2, \cdots, \vec{p}_N)$$

であり，そのハミルトニアンを $H(\vec{r}_1, \vec{r}_2, \cdots, \vec{r}_N, \vec{p}_1, \vec{p}_2, \cdots, \vec{p}_N)$ とする．たとえば，自由粒子に対するハミルトニアンは

$$H(\vec{r}_1, \vec{r}_2, \cdots, \vec{r}_N, \vec{p}_1, \vec{p}_2, \cdots, \vec{p}_N) = \sum_{n=1}^{N} \frac{\vec{p}_n^{\,2}}{2m}.$$

この系は体積 $V = L^3$ の立方体の箱 B 内に孤立して閉じ込められている．n 番目の粒子 $(n = 1, 2, \cdots, N)$ の位置を $\vec{r}_n = (x_n, y_n, z_n)$ とすると，これらの粒子が 1 辺 L の立方体 B の中に閉じ込められている場合には，すべての n に対し，すべての位置座標が，たとえば次のような条件

$$0 < x_n, y_n, z_n < L, \tag{2.3}$$

を満たす．N 粒子のエネルギーは

$$E < H < E + \Delta E, \tag{2.4}$$

であるとする．ただし，E は粒子数 N に比例する示量的な量である．このとき，これらの閉じ込めの条件 (2.3) と (2.4) を満たす，どの力学的状態も一様な確率で実現すると仮定する．この仮定を等確率の原理といって，この原理から次の小正準分布が導かれる．条件 (2.3) と (2.4) を満たす $6N$ 次元空間の領域内のある領域を D とし，系の状態が領域 D 内にある確率は D の体積 W_{D} に比例する．すなわち，条件を満たす力学的状態空間の全領域の体積を

$$\begin{aligned} W_N(E, \Delta E, V) &= \int_{\mathrm{B}, E<H<E+\Delta E} d^3r_1 \cdots d^3r_N d^3p_1 \cdots d^3p_N \\ &= \int_0^L dx_1 \int_0^L dy_1 \cdots \int_0^L dz_N \int_{E<H<E+\Delta E} d^3p_1 \cdots d^3p_N, \end{aligned} \tag{2.5}$$

とし，条件を満たす領域 D の体積を

$$W_{\mathrm{D}} = \int_{\mathrm{D}} d^3r_1 \cdots d^3r_N d^3p_1 \cdots d^3p_N$$

とするとき，系の状態が条件を満たす領域 D 内にある確率は

$$P_{\mathrm{D}} = \frac{W_{\mathrm{D}}}{W_N(E, \Delta E, V)}, \tag{2.6}$$

であるとする．もし D 内に条件を満たさない部分があるならば，W_{D} は D からその部分を取り除いた領域の体積であるとする．

注意　系の熱力学的性質は ΔE に強くは依存せず，たとえば，閉じ込め条件 (2.4) を $0 < H < E$ に変更してしまっても，変わらずに求まる．以後，ΔE を省略して $W_N(E, V)$ と書くことがある．

2.1.2　等確率の原理（量子力学系）

量子力学に従う粒子に対しては，系の定常状態は量子数で定まるエネルギー固有状態である．このとき等確率の原理は次のように表される．

ある閉じ込めポテンシャルによって原点付近に束縛されている N 個の粒子からなる系を考える．この系の微視的な状態 $j (j = 1, 2, 3, \cdots)$ はエネルギー固有値 E_j に属するエネルギー固有状態で定常状態であるとする．この系は外から孤立していて $E < E_j < E + \Delta E$ であり，この条件 $E < E_j < E + \Delta E$ を満たすエネルギー固有状態ならば等しい確率で実現すると仮定する．この仮定を等確率の原理という．条件を満たす状態ならばどの状態も等しい確率で実現するということを表している原理であり，この原理から次の小正準分布を導くことができる．条件を満たす状態を与える量子数 j の数を $W_N(E, \Delta E)$ とする．このとき，この条件を満たす任意の量子数 j で与えられる固有状態を系がとる確率 P_j は

$$P_j = \frac{1}{W_N(E, \Delta E)}$$

であり，条件を満たさない状態 j をとる確率は 0 とする．

注意　状態数は ΔE にも依存するので，$W_N(E, \Delta E)$ と書くべきであるが，後で見るように，巨視的な物理量は ΔE に依存しないため ΔE を省略することがある．

注意　古典力学に従う系において $W_N(E, \Delta E, V)$ は力学的状態空間の領域の体積で

あるが，量子力学系において $W_N(E,\Delta E)$ は状態の数である．これらを同一視したいときには，量子力学の状態数 $W_N(E,\Delta E)$ に微小な領域の体積 h^{3N} をかけたものが古典力学においての力学的状態空間の条件を満たす領域の体積 $W_N(E,\Delta E,V)$ に一致する．

2.2 量子力学による箱の中の自由粒子の取り扱い

2.2.1 1次元空間中の箱に閉じ込められた1粒子

1次元空間中に質量 m の粒子が1個あり，その位置座標を x とする．この粒子が領域 $0 \leq x \leq L$ に閉じ込められているとして量子力学で取り扱う．有界領域に閉じ込めるため，固定端境界条件や周期的境界条件がよく用いられる．

● 固定端境界条件

状態は $\phi(0) = 0 = \phi(L)$ を満たす．エネルギーの固有状態は，正の整数を $j = 1, 2, 3, \cdots$ として，

$$\phi_j(x) = \sqrt{\frac{2}{L}} \sin \frac{\pi j x}{L} \tag{2.7}$$

とすると，この関数は次のエネルギー固有値方程式を満たす．

$$-\frac{\hbar^2}{2m}\frac{d^2}{dx^2}\phi_j(x) = \epsilon_j \phi_j(x).$$

ただし，エネルギー固有値は

$$\epsilon_j = \frac{\hbar^2}{2m}\left(\frac{\pi j}{L}\right)^2,$$

で与えられる．

● 周期的境界条件

状態は $\phi(x) = \phi(x+L)$ を満たす．エネルギーの固有状態は，整数を $j = 0, \pm 1, \pm 2, \cdots$ として，

$$\phi_j(x) = \sqrt{\frac{1}{L}} \exp\left(\frac{2\pi i j x}{L}\right) \tag{2.8}$$

とすると，この関数は次のエネルギー固有値方程式を満たす．

$$-\frac{\hbar^2}{2m}\frac{d^2}{dx^2}\phi_j(x) = \epsilon_j\phi_j(x).$$

ただし，エネルギー固有値は

$$\epsilon_j = \frac{\hbar^2}{2m}\left(\frac{2\pi j}{L}\right)^2,$$

で与えられる．

● 1 次元空間中の箱に閉じ込められた 1 粒子の状態数

1 次元空間の領域 $0 < x < L$ に閉じ込められた粒子を固定端境界条件で取り扱う．1 粒子のエネルギー固有状態は量子数 j で指定され，そのエネルギー固有値は $\epsilon_j = \frac{\hbar^2}{2m}\left(\frac{\pi j}{L}\right)^2$ $(j = 1, 2, 3, \cdots)$ である．エネルギー固有値 ϵ_j が $E < \epsilon_j < E + \Delta E$ となる条件での状態の数は $p = \frac{\pi\hbar j}{L}$ とおき，$dp = \frac{\pi\hbar(j+1)}{L} - \frac{\pi\hbar j}{L} = \frac{\pi\hbar}{L}$ とすることにより，次の積分

$$\sum_{E<\epsilon_j<E+\Delta E} 1 = \sum_{j=j'}^{j''} 1 \simeq \int_{\sqrt{2mE}}^{\sqrt{2m(E+\Delta E)}} \frac{L}{\pi\hbar}dp = \frac{L}{\pi\hbar}(\sqrt{2m(E+\Delta E)}-\sqrt{2mE})$$

で近似的に表すことができる（図 2.2）．これは閉じ込め条件 $0 < x < L$ と $E < \epsilon_j < E + \Delta E$ を満たす古典的な力学的状態の空間における領域の体積を $\pi\hbar$ で割ったものに等しい．ただし $j' = L\frac{\sqrt{2mE}}{\pi\hbar}$，$j'' = L\frac{\sqrt{2m(E+\Delta E)}}{\pi\hbar}$ である．このような 1 次元空間中の 1 粒子の場合は積分で表す計算上の利点はあまりないが，次で扱われるたくさんの粒子に対して有用である．

1 次元空間の領域 $0 < x < L$ に閉じ込められた粒子を周期的境界条件で取り扱う．1 粒子のエネルギー固有状態は量子数 j で指定され，そのエネルギー固有値は $\epsilon_j = \frac{\hbar^2}{2m}\left(\frac{2\pi j}{L}\right)^2$ $(j = 1, 2, 3\cdots)$ である．エネルギー固有値 ϵ_j が $E < \epsilon_j < E + \Delta E$ となる条件での状態の数は $p = \frac{2\pi\hbar j}{L}$ とおき，

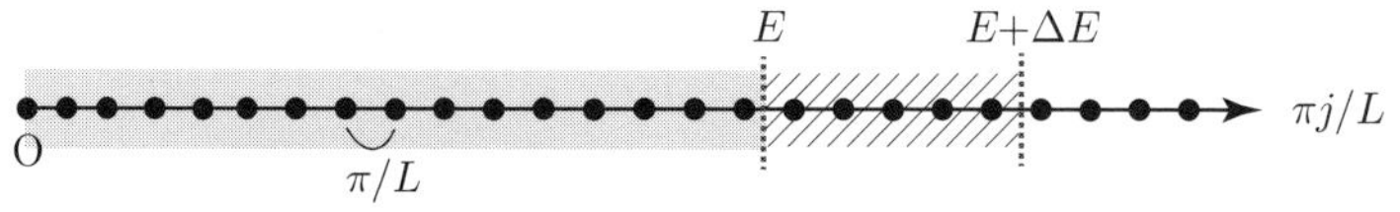

図 2.2　1 次元空間中の固定端境界条件を満たす 1 粒子の $E = \frac{\hbar^2}{2m}\left(\frac{\pi j'}{L}\right)^2$ と $E + \Delta E = \frac{\hbar^2}{2m}\left(\frac{\pi j''}{L}\right)^2$ の間にある j の数 $(j' < j < j'')$

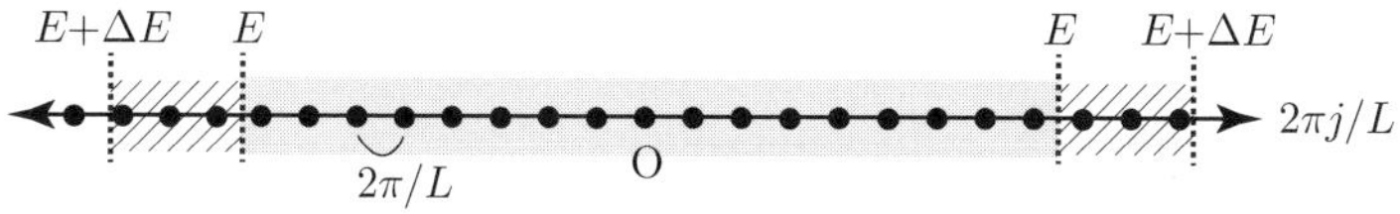

図 2.3 1 次元空間中の周期的境界条件を満たす 1 粒子の $E = \frac{\hbar^2}{2m}\left(\frac{2\pi j'}{L}\right)^2$ と $E + \Delta E = \frac{\hbar^2}{2m}\left(\frac{2\pi j''}{L}\right)^2$ の間にある j の数 $(j' < j < j'')$

$dp = \frac{2\pi\hbar(j+1)}{L} - \frac{2\pi\hbar j}{L} = \frac{2\pi\hbar}{L}$ とすることにより，次の積分

$$\sum_{E<\epsilon_j<E+\Delta E} 1 = \sum_{j=j'}^{j''} 1 + \sum_{j=-j''}^{-j'} 1 \simeq 2\int_{\sqrt{2mE}}^{\sqrt{2m(E+\Delta E)}} \frac{L}{2\pi\hbar}dp$$
$$= \frac{2L}{2\pi\hbar}(\sqrt{2m(E+\Delta E)} - \sqrt{2mE})$$

で近似的に表すことができる（図 2.3）．これは閉じ込め条件 $0 < x < L$ と $E < \epsilon_j < E + \Delta E$ を満たす古典的な力学的状態の空間における領域の体積を $h = 2\pi\hbar$ で割ったものに等しい．ただし $j' = L\frac{\sqrt{2mE}}{2\pi\hbar}$，$j'' = L\frac{\sqrt{2m(E+\Delta E)}}{2\pi\hbar}$ である．このような 1 次元空間中の 1 粒子の場合は積分で表す計算上の利点はあまりないが，次で扱われるたくさんの粒子に対して有用である．

● 1 次元空間での Bernoulli（ベルヌーイ）の公式

粒子を閉じ込める領域の長さを準静的に $L \to L + dL$ と変化させるとき，状態 j の粒子は壁を通じて外に $-\frac{\partial\epsilon_j}{\partial L}dL$ の仕事を行う．どちらの境界条件においても，粒子のエネルギー固有値 ϵ_j は L^{-2} に比例するので

$$L\frac{\partial\epsilon_j}{\partial L} = -2\epsilon_j$$

を満たす．粒子が壁を押す力 f とエネルギー固有値 ϵ_j に対し次が成り立つ．

$$fL = 2\epsilon_j.$$

2.2.2 3 次元空間中の箱に閉じ込められた粒子

3 次元空間中の 1 辺の長さが L の立方体に閉じ込められた 1 粒子のエネルギー固有状態は，量子数を $\vec{j} = (j_x, j_y, j_z)$ として，1 次元の固有状態 (2.7) または (2.8) の積で与えられる．

$$\Phi_{\vec{j}}(x,y,z)=\phi_{j_x}(x)\phi_{j_y}(y)\phi_{j_z}(z).$$

ただし，対応する境界条件の固有状態 ϕ_{j_a} と量子数 j_a $(a=x,y,z)$ を選ばなければならない．固有値方程式は

$$-\frac{\hbar^2}{2m}\left(\frac{\partial^2}{\partial x^2}+\frac{\partial^2}{\partial y^2}+\frac{\partial^2}{\partial z^2}\right)\Phi_{\vec{j}}(x,y,z)=\epsilon(\vec{j})\Phi_{\vec{j}}(x,y,z),$$

であり，エネルギー固有値は 1 次元のエネルギー固有値の和

$$\epsilon(\vec{j})=\epsilon(j_x)+\epsilon(j_y)+\epsilon(j_z),$$

によって与えられる．

● 3 次元空間中の箱に閉じ込められた N 粒子の状態数

1 辺 L の立方体に N 個の粒子を閉じ込める．記述を簡単にするため，周期的境界条件のもとで系の $3N$ 個の整数からなる量子数を 1 列に並べて番号を付け直し $(\vec{j}_1,\vec{j}_2,\cdots,\vec{j}_N)=(i_1,\cdots,i_{3N})$ とする．

$$E(i_1,i_2,\cdots,i_{3N})=\sum_{n=1}^{3N}\epsilon(i_n)$$

である．

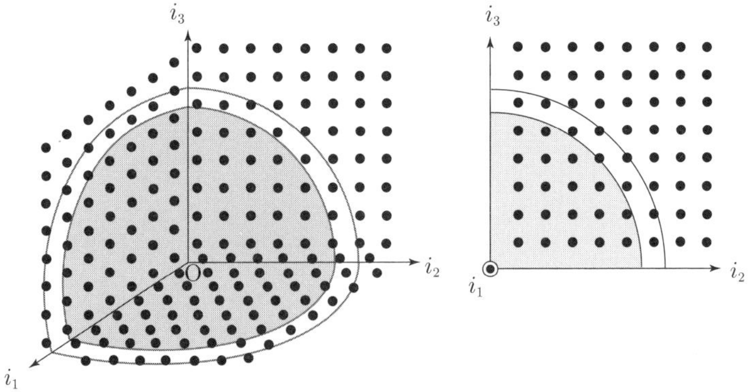

図 2.4　3 次元空間中の固定端境界条件を満たす 1 粒子の $E<\frac{\hbar^2}{2m}\left(\frac{\pi\vec{i}}{L}\right)^2<E+\Delta E$ を満たす $\vec{i}$. 内側の球面はエネルギー固有値が E, 外側の球面は $E+\Delta E$ である境界面を表す．右図は，ある正の整数を n として，$i_1=n$ での断面図である．

この系のエネルギー固有値が E と $E+\Delta E$ の間にある状態の数を表す和を次のように積分で近似することにより求めることができる．

$$\sum_{i_1=-\infty}^{\infty}\sum_{i_2=-\infty}^{\infty}\cdots\sum_{i_{3N}=-\infty}^{\infty} I\Big(E<\sum_{n=1}^{3N}\frac{\hbar^2}{2m}\big(\frac{2\pi i_n}{L}\big)^2<E+\Delta E\Big)$$
$$\simeq\left(\frac{L}{2\pi\hbar}\right)^{3N}\int\cdots\int_{E<\sum_{n=1}^{3N}\frac{p_n^2}{2m}<E+\Delta E} dp_1\cdots dp_{3N}.$$

ただし，関数 I は真偽関数 (1.2) である．図 2.4 に固定端境界条件を満たす 1 粒子のエネルギー固有値を図示する．

したがって，系のエネルギー固有値が E と $E+\Delta E$ の間にある状態の数を求めると，対応する古典力学的な状態空間の領域の体積から定義された状態数 $W_N(V,E)$ と近似的に一致し，以前，式 (2.11) で導入していた係数が $2\pi\hbar=h$ である理由が示される．すなわち，3 次元空間中の箱に閉じ込められた N 粒子の古典力学的状態空間の体積 h^{3N} の微小領域に量子力学的状態が 1 つ存在する．

● 3 次元空間での Bernoulli（ベルヌーイ）の公式

粒子を閉じ込める領域の長さをゆっくり $L\to L+dL$ のように変化させるとき，粒子を閉じ込めた箱の体積 $V=L^3$ は $V+3L^2dL$ と変化するから，$dV=3L^2dL$ である．このとき，状態 $\vec{j}$ の粒子は壁を通じて外に $-\frac{\partial\epsilon(\vec{j})}{\partial L}dL$ の仕事を行う．粒子のエネルギー固有値は L^{-2} に比例するため，

$$V\frac{\partial\epsilon(\vec{j})}{\partial V}=\frac{1}{3}L\frac{\partial\epsilon(\vec{j})}{\partial L}=-\frac{2}{3}\epsilon(\vec{j})$$

を満たす．N 粒子のエネルギー固有値

$$E=\sum_{l=1}^{3N}\epsilon(j_l)$$

に対しても

$$V\frac{\partial E}{\partial V}=-\frac{2}{3}E$$

が成り立つ．気体が壁を押す圧力を P とし，体積 V を dV だけ変化させたときに気体のした仕事は PdV であるから，

$$PV = \frac{2}{3}E$$

が成り立つ.

2.2.3 古典力学的自由粒子の状態数

古典力学に従う自由粒子に対し，閉じ込め条件を満たす領域の体積を求めてみよう.

系の閉じ込め条件を力学変数である (1) 位置座標，(2) 運動量に対して不等式で表すと，

$$(1)\quad 0 < x_n < L, \qquad 0 < y_n < L, \qquad 0 < z_n < L, \qquad (n = 1, 2, 3, \cdots, N), \tag{2.9}$$

$$(2)\quad E < \sum_{n=1}^{N} \frac{\vec{p}_n^{\,2}}{2m} < E + \Delta E, \tag{2.10}$$

と表される. この領域の体積は次の積分で表される.

$$W_N(E, \Delta E, V) = \int_0^L dx_1 \int_0^L dy_1 \cdots \int_0^L dz_N \int \cdots \int_{E<\sum_{n=1}^{N} \frac{\vec{p}_n^{\,2}}{2m}<E+\Delta E} d^3\vec{p}_1 \quad \cdots d^3\vec{p}_N.$$

この積分は $3N$ 次元球の体積 $D_{3N}(\sqrt{2mE}) = D_{3N}(1)(2mE)^{\frac{3N}{2}}$ を用いて

$$\begin{aligned} W_N(E, \Delta E, V) &= V^N[D_{3N}(\sqrt{2m(E+\Delta E)}) - D_{3N}(\sqrt{2mE})] \\ &= V^N D_{3N}(1)(2mE)^{\frac{3N}{2}}[(1 + \Delta E/E)^{\frac{3N}{2}} - 1] \\ &\simeq V^N D_{3N}(1)(2mE)^{\frac{3N}{2}} \frac{3N}{2E}\Delta E, \end{aligned} \tag{2.11}$$

と表される. 前章の章末問題で見たように，$D_n(1) = \pi^{\frac{n}{2}}/\Gamma(n/2+1)$ であるが，この値はエントロピーの示量性を示すのに必要となる.

2.3 小正準分布と熱力学の対応

2.3.1 分布関数

容積 V の容器の中に，系がエネルギー E と $E+\Delta E$ の間で閉じ込められているとし，等確率の原理から定まる，系の状態が従う確率分布を小正準分布という．小正準分布はミクロカノニカル分布ともいう．量子力学ではエネルギー固有状態をラベルする量子数 j を確率変数と考え，系が条件 $E < E_j < E+\Delta E$ を満たす状態 j にある確率は次の一様分布

$$P_j = \frac{1}{W_N(E, \Delta E, V)}$$

で与えられ，条件 $E < E_j < E+\Delta E$ を満たさない j に対しては

$$P_j = 0$$

とする．古典力学においては力学変数 $(\vec{r}_1, \cdots, \vec{r}_N, \vec{p}_1, \cdots, \vec{p}_N)$ を確率変数とし，その確率密度関数は領域 (2.9)，(2.10) にある力学変数に対して次の一様分布

$$f(\vec{r}_1, \vec{r}_2, \cdots, \vec{r}_N, \vec{p}_1, \vec{p}_2, \cdots, \vec{p}_N) = \frac{1}{W_N(E, \Delta E, V)},$$

そうでない力学変数に対して，

$$f(\vec{r}_1, \vec{r}_2, \cdots, \vec{r}_N, \vec{p}_1, \vec{p}_2, \cdots, \vec{p}_N) = 0,$$

で定まる．

2.3.2 自由粒子のエントロピー

1 章で熱力学における理想気体について説明したように，気体の希薄な極限でその熱力学量は気体の種類によらずに理想気体のものになる．希薄になればなるほど，気体粒子の間の距離は長くなるため粒子どうしの相互作用は弱くなると考えられる．気体の希薄な極限は，力学的には気体粒子どうしの相互作用がない自由粒子であると考えることができる．自由粒子の Boltzmann エントロピーは，体積 V とハミルトニアンの値に対する制限 $E < H < E+\Delta E$ に

よる閉じ込め条件を満たす系の状態数，または領域の体積 $W_N(E, \Delta E, V)$ を用いて

$$S = k \log W_N(E, \Delta E, V), \tag{2.12}$$

と定義される．一般に，$(E, \Delta E, V)$ で定まる閉じ込め条件を満たす状態の数は E，V の増加に対して指数関数的に増加するので，対数をとって表している．定数 k は Boltzmann 定数であり，精度無限大で正確に 1. 380649 $\times 10^{-23}$ J/K ($\times 10^{-16}$ erg /K) である．

自由粒子の状態数 (2.11) を Boltzmann エントロピーの式 (2.12) に代入すると

$$S(N, E, V) = k \log W_N(E, \Delta E, V) \simeq Nk \log E^{\frac{3}{2}} V + \text{constant}.$$

ただし，$N \gg 1$ より $\frac{3}{2}N - 1 \simeq \frac{3}{2}N$ を用いている．また定数項は $D_{3N}(1)$，ΔE などの定数に依存していて，重要な部分は $W_N(E, \Delta E, V) \simeq V^N E^{\frac{3}{2}N}$ という近似式だけから導かれる．以下で見るように，エントロピーからエネルギーも状態方程式も導かれるが，$D_{3N}(1)$ や ΔE には依存しない．理想気体の熱力学ではエントロピーの変化のみから物理的に重要な状態方程式や内部エネルギーが得られ，定数項は任意に選ぶことができる．統計力学では，熱力学で扱っていた理想気体は，粒子の間に相互作用のない自由粒子であるとする．熱力学での内部エネルギー U を自由粒子のエネルギー E と同一視し，Boltzmann 定数 k と Avogadro 定数 N_{A} によって気体定数が $R = N_{\mathrm{A}} k$ と表されるとすると，Boltzmann エントロピーは熱力学における理想気体のエントロピーに定数項を除いて一致する．熱力学的温度を T，気体の圧力を P としてエントロピーが Clausius 等式

$$dS = \frac{dE + PdV}{T} \tag{2.13}$$

を満たすと仮定すると，熱力学で確立している理想気体の結果が導かれることを以下で確かめる．次項では必ずしも自由ではない一般の粒子に対して，その Boltsmann エントロピーが熱力学でのエントロピーと一致することの正当性を議論する．熱力学において考察したように，外から閉じ込め容器の容積を変化させて系に力学的な仕事をさせたり，加熱してエネルギーを変化させる

ことを考える．このような準静的な操作によって生じる閉じ込め条件の変化 $(V, E) \to (V + dV, E + dE)$ に対して全微分の公式から Boltzmann エントロピーは

$$dS = \left(\frac{\partial S}{\partial V}\right)_E dV + \left(\frac{\partial S}{\partial E}\right)_V dE,$$

のように変化する．これに上で得られた結果を代入すると

$$dS = Nk\frac{dV}{V} + \frac{3}{2}Nk\frac{dE}{E}$$

である．箱の体積を一定に保ち，自由粒子のエネルギーを変化させるとき，粒子は力学的な仕事を受けないので，dE は粒子が吸収した熱と考えられる．この場合，熱力学的温度を T として Clausius 等式は $dE = TdS$ となる．これより自由粒子のエネルギーと温度の関係

$$E = \frac{3}{2}NkT$$

が導かれ，始めに仮定したことを反映して熱力学で得られている理想気体の内部エネルギーが得られる．次項で自由粒子とは限らない一般の粒子のエネルギー E と Boltzmann エントロピー S から定まる

$$T = \left(\frac{\partial E}{\partial S}\right)_V$$

が温度であることを解説する．次に E を一定に保って体積を変化させるとき，系の行った力学的な仕事は，粒子の圧力を P とすると Clausius 等式 $PdV = TdS$ を与え，

$$PV = NkT,$$

となって理想気体の状態方程式が導かれる．以上見てきたように，熱力学において実在気体の希薄な極限として得られる理想気体が，統計力学においては気体粒子間の相互作用がなくなる自由粒子であると考えると，統計力学は熱力学で得られている理想気体の性質を再現することができる．統計力学における自由粒子のエネルギー E と熱力学における理想気体の内部エネルギー U が $E = U$ であると仮定すれば N，E，V の関数としての Boltzmann エントロピーは熱力学のエントロピーに一致する．したがって熱力学で定義されている熱力学的温

度を T とすると Boltzmann エントロピーも Clausius 等式を満たす．N，T，V の関数としての自由粒子のエネルギー E は熱力学で知られた理想気体の内部エネルギーと一致し，自由粒子の圧力は理想気体の状態方程式を満たすことが導かれる．このように，小正準分布から得られるエントロピー $S(N,E,V)$ は，粒子数 N，エネルギー E，体積 V の関数なので完全な熱力学関数であり，理想気体の熱力学的情報を完全に与える．ここで仮定したことは良さそうであるから，次項では一般の気体に対しても Boltzmann エントロピーと熱力学のエントロピーが一致することについて議論する．

注意　**（エントロピーの絶対零度極限について）**　以上のように求めた自由粒子の状態数から定義されるエントロピーの絶対零度極限は，数学的に存在しないことに注意せよ．量子力学では，箱の中の自由粒子に対して基底状態が一意的に存在するが，ここで用いた積分による近似のせいで，エネルギー $E=\frac{3}{2}NkT$ の絶対零度極限は 0 であり，状態数の下限も 1 ではなく 0 となる．したがって，絶対零度極限でエントロピーは負に発散する．このような積分による状態数の近似は，高温の場合でないと良い近似とならない．後に扱う，離散的な力学変数をもつ系や，自由粒子を完全に量子力学で扱う場合のエントロピーは，絶対零度極限で 0 に収束し，正しく振る舞うことがわかる．

2.3.3　一般の気体に対する Clausius 等式

ここでは，必ずしも自由ではない一般の N 粒子を考える．体積 V の箱の中に閉じ込められた N 粒子のエネルギーを E，状態数を $W_N(E,V)$ とする．以下 $W=W_N(E,V)$ と略記する．統計力学における Boltzmann エントロピーを $S=k\log W$ で定義するとき，変数 E，V，W の偏微分は次を満たす．

$$\left(\frac{\partial W}{\partial V}\right)_E=\left[\left(\frac{\partial V}{\partial W}\right)_E\right]^{-1}, \tag{2.14}$$

$$\left(\frac{\partial V}{\partial W}\right)_E\left(\frac{\partial W}{\partial E}\right)_V\left(\frac{\partial E}{\partial V}\right)_W=-1. \tag{2.15}$$

加熱したり，粒子を閉じ込めている容器の容積を変化させたりする準静的操作による閉じ込め条件の変化 $(E,V)\to(E+dE,V+dV)$ に対して

$$dS=\frac{k}{W}\left(\frac{\partial W}{\partial E}\right)_V dE+\frac{k}{W}\left(\frac{\partial W}{\partial V}\right)_E dV$$

であるから，上の公式を用いると

$$dS = \frac{k}{W}\left(\frac{\partial W}{\partial E}\right)_V \left[dE - \left(\frac{\partial E}{\partial V}\right)_W dV\right]$$
$$= \left(\frac{\partial}{\partial E} k \log W\right)_V \left[dE - \left(\frac{\partial E}{\partial V}\right)_W dV\right],$$

が得られる．小正準分布で定義された Boltzmann エントロピーが Clausius 等式

$$dS = \frac{dE + PdV}{T} \tag{2.16}$$

を満たすことと，熱力学的温度 T と圧力 P が

$$\left(\frac{\partial}{\partial E} k \log W\right)_V = \frac{1}{T}, \tag{2.17}$$

$$\left(\frac{\partial E}{\partial V}\right)_W = -P \tag{2.18}$$

で与えられることは同等である．これらが正当化されれば統計力学的に定義された Boltzmann エントロピーは熱力学におけるエントロピーと同一視でき Clausius 等式を満たす．以下ではこのことを説明する．

はじめに圧力に対する結果 (2.18) について考えよう．2.2 節において自由粒子の Bernoulli の公式を導いたが，同様のことを一般の粒子に対しても考えることができる．外力による準静的な閉じ込め容器の容積の変化は，閉じ込めポテンシャルの変化に対応し，系の E と $E+\Delta E$ の間の状態数 $W = W_N(E, \Delta E, V)$ を変えないようにエネルギー固有値の変化をもたらす．これは量子力学における断熱定理として知られている．この場合，それによるエネルギー固有値の変化を通じて系に流入するエネルギーは気体粒子の受け取る仕事 $-PdV$ に等しいから圧力についての結果 (2.18) が得られる．

次に，熱力学的温度に関する結果 (2.17) を理解するため，熱力学系の平衡化に関する統計力学的な解釈を説明する．始めは孤立させられていたこの気体からなる 2 つの系が，熱を通す壁によって接触させられ十分な時間の後に平衡状態になったとする．各系の粒子数を N_1，N_2，エネルギーを E_1，E_2 とし 2 つの系の複合系は孤立しているので，$E_1 + E_2 = E$ は一定であるとする．統計力学で平衡状態は，系が起りうるたくさんの微視的状態の中の典型的な微視的状態をとっていると考える．2 つの系の微視的状態数が最大となるような，エネルギー E_1，E_2 のみが実現するので，全体の状態数が最大になると解釈する．

そうでない微視的状態が実現する確率はほぼゼロに等しい．それぞれの系の状態数を $W_{N_1}(E_1)$，$W_{N_2}(E_2)$ として全体の状態数の対数

$$S(E_1, E_2) = k \log W_{N_1}(E_1) W_{N_2}(E_2) = k \log W_{N_1}(E_1) + k \log W_{N_2}(E_2) \tag{2.19}$$

を，$E_1 + E_2 = E$ が一定であるとして最大にする条件は

$$0 = \frac{dS}{dE_1} = \frac{\partial S}{\partial E_1} + \frac{\partial S}{\partial E_2}\frac{dE_2}{dE_1}, \tag{2.20}$$

により

$$\frac{\partial S}{\partial E_1} = \frac{\partial S}{\partial E_2}, \tag{2.21}$$

と書かれる．この統計力学からの平衡の条件が熱力学の平衡条件に一致しているためには両辺が温度のみの関数でなければならない．それぞれを T_1，T_2 の逆数であるとして

$$\frac{1}{T_1} = \frac{\partial S}{\partial E_1} = \frac{\partial S}{\partial E_2} = \frac{1}{T_2}, \tag{2.22}$$

とおくと，平衡条件は $T_1 = T_2$ となる．たとえば片方の系1が自由粒子であるとすると，前項で解説したようにこの系は理想気体であり，T_1 は熱力学的温度であるから，T_2 も熱力学的温度に一致する．このことは，統計力学的に定義された Boltzmann エントロピーと等式 (2.17) が定義する温度 T が熱力学的温度であることを示している．したがって Boltzmann エントロピーは Clausius 等式を満たすので，熱力学におけるエントロピーと同一視することができる．今後，Boltzmann エントロピーと熱力学のエントロピーは同一のものであるとする．

2.3.4　エントロピー増大の法則の統計力学的な理解

たとえば，理想気体において断熱変化 $(E, 2V) \to (E, V)$ が起る確率は

$$\frac{W_N(E, V)}{W_N(E, 2V)} = \left(\frac{V}{2V}\right)^N = 2^{-N}.$$

このように，エントロピーが減少する確率はゼロではないが，$N \gg 1$ のときほぼゼロに等しくなる．断熱過程 $(2E, V) \to (E, V)$ に対しても，粒子に仕事をさせる $W_N(2E, V) = W_N(E, V')$ となるような断熱膨張は可能であるが，

$(2E, V) \to (E, V') \to (E, V)$ においてエントロピーが減少する 2 番目の過程は確率が非常に小さいことがわかる．一般の断熱過程 $(E, V) \to (E', V')$ においても同様である．つまり，統計力学において，エントロピー増大の法則はエントロピーの減少する過程の起る確率が非常に小さいこととして理解される．

2.3.5　Gibbs のパラドックスについて

今まで同様，1 辺の長さが L の立方体に閉じ込められた質量 m の自由粒子 N 個に対し，エントロピーを状態空間の領域の体積 (2.11) から計算する．必要となる係数は

$$D_{3N}(1) = \frac{\pi^{\frac{3N}{2}}}{\Gamma(\frac{3N}{2}+1)} \simeq \pi^{\frac{3N}{2}}\left(\frac{2e}{3N}\right)^{\frac{3N}{2}} = \left(\frac{2\pi e}{3N}\right)^{\frac{3N}{2}},$$

で与えられる．ここで，次の Stirling の公式 (1.13) を用いた．

$$\Gamma\left(\frac{3N}{2}+1\right) \simeq \exp\left[\frac{3N}{2}\log\frac{3N}{2} - \frac{3N}{2}\right] = \left(\frac{3N}{2e}\right)^{\frac{3N}{2}}.$$

式 (2.11) に $D_{3N}(1)$ を代入し，

$$\begin{aligned} W_N(E, V) &\simeq V^N\left(\frac{2\pi e}{3N}\right)^{\frac{3N}{2}}(2mE)^{\frac{3}{2}N}\frac{3N}{2E}\Delta E \\ &\simeq V^N\left(\frac{4\pi emE}{3N}\right)^{\frac{3}{2}N}\frac{3N}{2E}\Delta E \end{aligned} \tag{2.23}$$

を得る．これによって，エントロピーは

$$\begin{aligned} S(N, E, V) &= k\log W_N(E, V) \simeq k\log V^N\left(\frac{4\pi emE}{3N}\right)^{\frac{3}{2}N}\frac{3N}{2E}\Delta E \\ &= Nk\log V\left(\frac{4\pi emE}{3N}\right)^{\frac{3}{2}} + k\log\frac{3N}{2E}\Delta E \\ &\simeq Nk\log V\left(\frac{4\pi emE}{3N}\right)^{\frac{3}{2}}. \end{aligned} \tag{2.24}$$

ただし，下から 2 行目の第 2 項は第 1 項に比べて $1/N$ の大きさとなるので無視する．このとき，変化 $(N, E, V) \to (2N, 2E, 2V)$ に対し，このエントロピーは次のように

$$S(2N, 2E, 2V) = 2Nk\log 2V\left(\frac{4\pi emE}{3N}\right)^{\frac{3}{2}}$$

$$
\begin{aligned}
&= 2Nk\log 2 + 2Nk\log V\left(\frac{4\pi emE}{3N}\right)^{\frac{3}{2}} \\
&= 2kN\log 2 + 2S(N,E,V),
\end{aligned}
$$

と変化し，示量性を満たさない．$(2N, 2E, 2V)$ の系のエントロピーは $2S(N, E, V)$ であるはずだが，気体混合による余計なエントロピー増加 $2kN\log 2$ がある．これは Gibbs のパラドックスとよばれる．N 粒子系の状態について足し上げるとき，各粒子を区別して状態数を数えているため，操作 $(N, E, V) \to (2N, 2E, 2V)$ が $2N$ 種類の粒子を $2V$ の体積中で混合させたことになる．同種気体の熱力学と矛盾しないようにするためには，古典，量子いずれの力学で扱うかに関わらず，粒子も区別できない同種粒子と考えなければならない．粒子数 N より十分大きな自然数を M とし，体積 V の領域を M 個の体積 v の微小な領域に分割し 1 粒子状態の数を $M = V/v$ とする．この M 個の 1 粒子状態を N 個の同種粒子が占める状態数は，系の力学的状態が粒子の入れ替えに対して同じ状態なので，近似的に $M^N/N! \sim (M/N)^N$ である．ただし $M \gg N$ で粒子は希薄なので，1 つの状態を 2 個以上の粒子が占める状態数は非常に小さいとして無視する．これにより，エントロピー $k\log(M/N)^N$ は示量性を満たす．古典的な N 粒子に対する小正準分布において状態数 $W_N(V, E)$ を $W_N(V, E)/N!$ と変更すると，以下例題で見るように，エントロピー $k\log W_N(V, E)/N!$ は示量性を満たす．ここでの解説と異なり，4 章では同種粒子を量子力学によって正確に取り扱う．その場合，高温では同種粒子の量子統計力学的な性質が古典統計力学的な性質に漸近することが示され，ここでの取り扱いが正当化される．

例題（気体の混合エントロピー）　始め容積 V の容器には仕切りを隔てて，それぞれに N 個の同種粒子からなる理想気体が，それぞれエネルギー E の状態で閉じ込められていた．仕切りを外して気体を混合させ，十分時間が経って平衡状態になったとする．この過程でのエントロピーの変化を，2 つの部屋の粒子が 1. 同種粒子，2. 異種粒子，のときに分けて求めよ．

解答　**1.** 2 つの部屋の N 粒子が同種粒子のとき，容積 V の箱の中の N 粒子系のエネルギー E において，条件を満たす $2N$ 個の粒子の状態数を式 (2.23)

によって計算する．Stirling の公式 $N! \simeq (N/e)^N$ をもう一度用いて

$$\frac{1}{N!}W_N(E,V) = \frac{V^N}{N!}\Big(\frac{4\pi emE}{3N}\Big)^{\frac{3}{2}N}\frac{3N}{2E}\Delta E$$
$$\simeq \Big(\frac{eV}{N}\Big)^N\Big(\frac{4\pi emE}{3N}\Big)^{\frac{3}{2}N}\frac{3N}{2E}\Delta E, \tag{2.25}$$

であるから，壁で仕切られた 2 つの部屋のエントロピーは

$$S = 2k\log\frac{1}{N!}W_N(E,V) \simeq 2k\log\Big(\frac{eV}{N}\Big)^N\Big(\frac{4\pi emE}{3N}\Big)^{\frac{3}{2}N}\frac{3N}{2E}\Delta E$$
$$= 2Nk\log\Big(\frac{eV}{N}\Big)\Big(\frac{4\pi emE}{3N}\Big)^{\frac{3}{2}} + 2k\log\frac{3N}{2E}\Delta E$$
$$\simeq 2Nk\log\Big(\frac{eV}{N}\Big)\Big(\frac{4\pi emE}{3N}\Big)^{\frac{3}{2}},$$

である．下から 2 行目の第 2 項は第 1 項に比べて非常に小さいので無視した．同様に仕切りを外した後の状態数から計算されるエントロピーは

$$S' = k\log\frac{1}{(2N)!}W_{2N}(2E,2V) \simeq k\log\Big(\frac{2eV}{2N}\Big)^{2N}\Big(\frac{4\pi emE}{3N}\Big)^{3N}\frac{3N}{2E}\Delta E$$
$$= 2Nk\log\Big(\frac{eV}{N}\Big)\Big(\frac{4\pi emE}{3N}\Big)^{\frac{3}{2}} + k\log\frac{3N}{2E}\Delta E.$$

最後の項は第 1 項に比べて非常に小さいので無視すると，両者の差は $S'-S \simeq 0$ となる．

2. 2 つの部屋の N 粒子が，それぞれの部屋内では同種だが，異なる部屋では異種粒子であるとき，仕切りを外した後の状態数から計算されるエントロピーが

$$S' = 2k\log\frac{1}{N!}W_N(E,2V) = 2k\log\Big(\frac{2eV}{N}\Big)^N\Big(\frac{4\pi emE}{3N}\Big)^{\frac{3}{2}N}\frac{3N}{2E}\Delta E$$
$$\simeq S + 2Nk\log 2$$

となるので，前後のエントロピーの変化は $S'-S = 2Nk\log 2$ と求まる．この増加分は混合エントロピーとよばれる．

例題（気体密度の一様性）　容積 V の容器に N 個の同種粒子を閉じ込めるとき，閉じ込め領域を K 個の体積 v の小さい領域に分割する．$K = V/v \gg N$

であり，N 個の同種粒子の状態数を

$$W = \frac{K^N}{N!}$$

とする．容積 V_1，V_2 をもつ2つの容器に N 個の同種粒子を閉じ込める．ただし $V_1 + V_2 = V$ とし，$K_1 = V_1/v$，$K_2 = V_2/v$ とする．N 個の粒子のうち M 個が容積 V_1 の1つ目の容器に，残りの $N - M$ 個の粒子が2つ目の容積 V_2 の容器に存在する確率は

$$P_M = \frac{W_M}{W}$$

である．ただし

$$W_M = \frac{K_1^M K_2^{N-M}}{M!(N-M)!}$$

とするとき，

$$\sum_{M=0}^{N} P_M = 1$$

を示し，確率 P_M を最大にする M を求めよ．

解答　2項定理により W_M の和を求めると

$$\sum_{M=0}^{N} W_M = \sum_{M=0}^{N} \frac{K_1^M K_2^{N-M}}{M!(N-M)!} = \frac{(K_1 + K_2)^N}{N!} = W.$$

確率 P_M の対数をとって Stirling の公式を用いて M で微分すると

$$\begin{aligned}
\frac{\partial}{\partial M} \log P_M &= \frac{\partial}{\partial M} \log W_M \\
&= \frac{\partial}{\partial M} [M \log K_1 + (N-M) \log K_2 - M \log M \\
&\quad + M - (N-M) \log(N-M) + N - M] \\
&= \log K_1 - \log K_2 - \log M + \log(N-M) = \log \frac{K_1}{K_2} \left(\frac{N}{M} - 1 \right).
\end{aligned}$$

左辺を0として，P_M が極値をとるための M は

$$M = \frac{K_1 N}{K_1 + K_2} = \frac{K_1}{K} N,$$

と求まる．

2.4　Maxwell-Boltzmann（マックスウェル-ボルツマン）分布と理想気体

2.4.1　自由粒子に対する1粒子状態分布（力学変数が連続的な場合）

ここでは，等確率の原理により1粒子の分布を導く．N 個の自由粒子が箱の中に閉じ込められ，系のエネルギーは一定値 E であるとする．この系の力学的状態は $6N$ 次元の状態空間の点を定めることによって指定される．エネルギーが E と $E + \Delta E$ の間の領域に拘束されていると仮定する．この領域の体積を $W_N(E)$ とおく．ある1つの粒子の古典力学的状態を $(\vec{r}, \vec{p})$ とし，この粒子が運動エネルギー $\epsilon(\vec{p}) = \frac{\vec{p}^2}{2m}$ をもつとする．この粒子の古典的状態が6次元空間のある領域Dにいる確率を考えよう．残りの $N-1$ 個の粒子はエネルギー $E - \epsilon(\vec{p})$ の曲面の周りにいるので

$$P(\mathrm{D}) = \int_{\mathrm{D}} \frac{W_{N-1}(E - \epsilon(\vec{p}))}{W_N(E)} d^3r d^3p,$$

である．1粒子状態の全領域 $0 < x, y, z < L$，$0 < \epsilon(\vec{p}) < E + \Delta E$ にわたって積分すると，$W_N(E)$ の定義により

$$W_N(E) = \int W_{N-1}(E - \epsilon(\vec{p})) d^3r d^3p,$$

である（練習：これを自由粒子の場合に実際に示してみよう）．このとき次の等式

$$P(\mathrm{D}) = \frac{1}{Z_1} \int_{\mathrm{D}} \frac{W_{N-1}(E - \epsilon(\vec{p}))}{W_{N-1}(E)} d^3r d^3p,$$

が成り立つことがわかる．ただし

$$Z_1 = \int \frac{W_{N-1}(E - \epsilon(\vec{p}))}{W_{N-1}(E)} d^3r d^3p,$$

とおいた．系のエネルギーより1粒子状態のエネルギーは非常に小さく，$\epsilon(\vec{p}) \ll E$ であるから $\log W_{N-1}(E - \epsilon(\vec{p}))$ を $\epsilon(\vec{p})$ の1次まで展開して近

似すると

$$\log \frac{W_{N-1}(E-\epsilon(\vec{p}))}{W_{N-1}(E)} = \log W_{N-1}(E-\epsilon(\vec{p})) - \log W_{N-1}(E)$$
$$\simeq -\epsilon(\vec{p})\frac{\partial}{\partial E}\log W_{N-1}(E) = -\epsilon(\vec{p})\beta,$$

である．ここで

$$\beta = \frac{\partial}{\partial E}\log W_{N-1}(E),$$

とおいた．Boltzmann に従って，$k\log W_{N-1}(E)$ は $N-1$ 個の粒子のエントロピーであり，熱力学の Clausius 等式を認めると，β は熱力学的温度 T によって

$$\beta = \frac{1}{kT},$$

と表されることがわかる．この粒子が領域 D 内の状態をとる確率は近似的に

$$P(\mathrm{D}) \simeq \int_{\mathrm{D}} \frac{e^{-\beta\epsilon(\vec{p})}}{Z_1} d^3r d^3p$$

となるから，1 粒子状態の確率密度関数は

$$f(\vec{r},\vec{p}) = \frac{e^{-\beta\epsilon(\vec{p})}}{Z_1},$$

と求まる．具体的には，次の Maxwell-Boltzmann 分布となる．

2.4.2　Maxwell-Boltzmann 分布

1 辺 L の立方体の箱に相互作用のない粒子を N 個閉じ込める．各粒子の力学的な状態を位置と運動量 (x,y,z,p_x,p_y,p_z) で表す．この系の力学的状態を確率変数とする確率密度関数は，

$$f(x,y,z,p_x,p_y,p_z) = \frac{1}{Z_1}e^{-\beta\frac{1}{2m}(p_x^2+p_y^2+p_z^2)}, \tag{2.26}$$

で表され，規格化のための係数 $Z_1(\beta,L)$ は 1 粒子状態空間全体での積分

$$Z_1(\beta,L) = \int_0^L dx\int_0^L dy\int_0^L dz\int_{-\infty}^{\infty} dp_x\int_{-\infty}^{\infty} dp_y\int_{-\infty}^{\infty} dp_z e^{-\beta\frac{1}{2m}(p_x^2+p_y^2+p_z^2)} \tag{2.27}$$

によって定まる．この確率分布は Maxwell-Boltzmann 分布とよばれる．

公式 1

Maxwell-Boltzmann 分布の規格化のための係数 $Z_1(\beta, L)$ は

$$Z_1(\beta, L) = L^3 \left(\frac{2\pi m}{\beta}\right)^{\frac{3}{2}}. \tag{2.28}$$

公式 2

Maxwell-Boltzmann 分布に従う粒子の運動エネルギーの期待値は次のような計算手順で求められる．

$$\langle \epsilon(\vec{p}) \rangle = \frac{1}{2m} \langle (p_x^2 + p_y^2 + p_z^2) \rangle = -\frac{\partial}{\partial \beta} \log Z_1(\beta, L). \tag{2.29}$$

【導出】

公式の右辺を計算すると，以下のようになり，それが運動エネルギーの期待値となることがわかる．

$$\begin{aligned}
&-\frac{\partial}{\partial \beta} \log Z_1 = -\frac{1}{Z_1} \frac{\partial Z_1}{\partial \beta} \\
&= -\frac{1}{Z_1} \frac{\partial}{\partial \beta} \int_0^L dx \int_0^L dy \int_0^L dz \int_{-\infty}^{\infty} dp_x \int_{-\infty}^{\infty} dp_y \int_{-\infty}^{\infty} dp_z e^{-\beta \epsilon(\vec{p})} \\
&= \int_0^L dx \int_0^L dy \int_0^L dz \int_{-\infty}^{\infty} dp_x \int_{-\infty}^{\infty} dp_y \int_{-\infty}^{\infty} dp_z \epsilon(\vec{p}) \frac{e^{-\beta \epsilon(\vec{p})}}{Z_1} = \langle \epsilon(\vec{p}) \rangle.
\end{aligned}$$

この公式は Maxwell-Boltzmann 分布だけでなく，後で学習する正準分布などでも有用な公式である．この公式の導出に，厳密には β による偏微分と積分の交換が必要だが，この正当性を気にする人は，1.3.2 項の Lebesgue の優収束定理を用いた議論を参照せよ．この公式 2 と公式 1 を用いると次が得られる．

$$\langle \epsilon(\vec{p}) \rangle = -\frac{\partial}{\partial \beta} \log L^3 \left(\frac{2\pi m}{\beta}\right)^{\frac{3}{2}} = \frac{\partial}{\partial \beta} \left(\frac{3}{2} \log \beta + \log L^3 (2\pi m)^{\frac{3}{2}}\right) = \frac{3}{2\beta}.$$

公式 3

Maxwell-Boltzmann 分布に従う粒子の運動エネルギーの分散は次のような計算手順で求められる.

$$\Delta\epsilon^2 = \langle \epsilon(\vec{p})^2 \rangle - \langle \epsilon(\vec{p}) \rangle^2 = \frac{\partial^2}{\partial\beta^2} \log Z_1(\beta, L). \tag{2.30}$$

【導出】

右辺を以下のように計算すると運動エネルギーの分散となることがわかる.

$$\frac{\partial^2}{\partial\beta^2} \log Z_1 = \frac{\partial}{\partial\beta} \frac{1}{Z_1} \frac{\partial Z_1}{\partial\beta} = \frac{1}{Z_1} \frac{\partial^2 Z_1}{\partial\beta^2} - \left(\frac{1}{Z_1} \frac{\partial Z_1}{\partial\beta} \right)^2$$

$$= -\frac{1}{Z_1} \frac{\partial}{\partial\beta} \int_0^L dx \int_0^L dy \int_0^L dz \int_{-\infty}^{\infty} dp_x \int_{-\infty}^{\infty} dp_y \int_{-\infty}^{\infty} dp_z \epsilon(\vec{p}) e^{-\beta\epsilon(\vec{p})} - \langle \epsilon(\vec{p}) \rangle^2$$

$$= \langle \epsilon(\vec{p})^2 \rangle - \langle \epsilon(\vec{p}) \rangle^2.$$

この公式も正準分布などでも有用である．これによって，Maxwell-Boltzmann 分布による運動エネルギーの分散は以下のように求まる.

$$\Delta\epsilon^2 = \frac{\partial^2}{\partial\beta^2} \log Z_1(\beta, L) = -\frac{\partial}{\partial\beta} \frac{3}{2\beta} = \frac{3}{2\beta^2}. \tag{2.31}$$

例題　粒子数が N の集団を考える．各粒子の位置と運動量は独立な同一の Maxwell-Boltzmann 分布に従うとする．次の問いに答えよ.

(1) 粒子の位置座標の期待値 $\langle x \rangle, \langle y \rangle, \langle z \rangle$ と標準偏差 $\Delta x, \Delta y, \Delta z$ を求めよ.

(2) 粒子の運動量の期待値 $\langle p_x \rangle, \langle p_y \rangle, \langle p_z \rangle$ と標準偏差 $\Delta p_x, \Delta p_y, \Delta p_z$ を求めよ.

(3) 粒子の運動エネルギー $\epsilon(\vec{p}) = \frac{\vec{p}^2}{2m}$ の期待値 $\langle \epsilon(\vec{p}) \rangle$ と標準偏差 $\Delta\epsilon$ を求めよ.

(4) 全粒子の位置座標，運動量，運動エネルギーの算術平均は大数の法則に従うことを示せ.

解答 位置座標 x, y, z の確率密度関数は $\frac{1}{L}$ であり，運動量の各成分 p_x, p_y, p_z の確率密度関数は期待値 0 で分散 $\frac{m}{\beta}$ の Gauss 分布であるから以下が得られる．

(1) 位置座標の期待値は $\langle x \rangle = \frac{L}{2} = \langle y \rangle = \langle z \rangle$ であり，標準偏差は $\Delta x = \frac{L}{2\sqrt{3}} = \Delta y = \Delta z$ である．

(2) 運動量の期待値は $\langle p_x \rangle = 0 = \langle p_y \rangle = \langle p_z \rangle$，標準偏差は $\Delta p_x = \sqrt{\frac{m}{\beta}} = \Delta p_y = \Delta p_z$．

(3) 粒子の運動エネルギーの期待値と標準偏差は公式 1〜3 を用いると

$$\langle \epsilon(\vec{p}) \rangle = \frac{3}{2\beta}, \quad \Delta\epsilon = \sqrt{\frac{3}{2}}\frac{1}{\beta}.$$

(4) 粒子の番号を $n = 1, 2, \cdots, N$ として各粒子の位置 $\vec{r}_n = (x_n, y_n, z_n)$，運動量 $\vec{p}_n = (p_{x,n}, p_{y,n}, p_{z,n})$，運動エネルギー $\epsilon(\vec{p}_n)$ は独立で同一の Maxwell-Boltzmann 分布に従う．それらの算術平均

$$\frac{1}{N}\sum_{n=1}^{N}\vec{r}_n, \quad \frac{1}{N}\sum_{n=1}^{N}\vec{p}_n, \quad \frac{1}{N}\sum_{n=1}^{N}\epsilon(\vec{p}_n),$$

の期待値は 1 粒子の期待値に一致し，それらの分散は 1 粒子の分散の $\frac{1}{N}$ となる．$N \gg 1$ のとき，N 粒子の算術平均の分散は非常に小さくなるため，Chebyshev の不等式 (1.1) に従って，位置，運動量，運動エネルギーの算術平均の測定値が Maxwell-Boltzmann 分布の期待値から離れる確率は非常に小さくなり，大数の法則が成り立つ．

例題 1 辺 L の立方体の箱に相互作用のない質量 m の粒子が N 個閉じ込められている．各粒子の力学的な状態 (x, y, z, p_x, p_y, p_z) は Maxwell-Boltzmann 分布 (2.26) に従うとして，次の問いに答えよ．

(1) 気体が壁に及ぼす圧力 P は，気体粒子が壁に衝突してはねかえるとき，壁に与える単位面積，単位時間あたりの力積である．1 辺 L の立方体の箱の中の気体を考え，その粒子の運動エネルギーの平均を ϵ とする．この粒子が yz 平面にある 1 つの壁にどれだけの力積を与えるかを計算し，Bernoulli の公式

$$P = \frac{2}{3}\frac{\epsilon}{V}$$

を示せ．ただし $V = L^3$ である．

(2) Maxwell-Boltzmann 分布より粒子の速度 $\vec{v} = \vec{p}/m$ の分布が定まっている．粒子の速さ $v = |\vec{v}|$ に対する確率密度関数を求めよ．

解答　(1) 速度の x 成分が v_x をもつ粒子は，時間 dt の間に x 方向に $|v_x|dt$ の距離を進むから，その壁と反対側の壁の間を $|v_x|dt/(2L)$ 回往復し，この回数だけその壁にぶつかる．したがって，衝突の前後で粒子の運動エネルギーが保存されているならば，その粒子は力積

$$F dt = 2m|v_x||v_x|dt/(2L)$$

を壁に与える．その粒子がその壁に与える圧力は $P = F/L^2 = mv_x^2/L^3$ である．全粒子の運動エネルギーを E とするとき粒子の速度の各成分 v_x, v_y, v_z が従う分布は同一であるから，$\langle v_x^2 \rangle = \langle v_y^2 \rangle = \langle v_z^2 \rangle$ となる．よって1粒子が壁に与える圧力は

$$\frac{\langle mv_x^2 \rangle}{L^3} = \frac{2}{3}\frac{m\langle \vec{v}^{\,2} \rangle}{2V}.$$

よって粒子が与える圧力は

$$P = \frac{2}{3}\frac{\epsilon}{V},$$

である．

(2) 速度を極座標で表し，

$$\int dv_x \int dv_y \int dv_z e^{-\beta \frac{m}{2}(v_x^2 + v_y^2 + v_z^2)} = \int d\theta \sin\theta \int d\phi \int dv v^2 e^{-\beta \frac{mv^2}{2}}.$$

角度積分を行ってしまうと，速さ v に対する確率密度関数が得られる．

$$p(v) = \sqrt{\frac{2}{\pi}} (\beta m)^{\frac{3}{2}} v^2 e^{-\beta \frac{mv^2}{2}}.$$

2.5　2 準位系

2.5.1　小正準分布による 2 準位系の一般論

各粒子がエネルギー ϵ_1 または ϵ_2 の 2 状態をとりうる，独立した N 粒子からなる系を 2 準位系という．$\epsilon_1 < \epsilon_2$ であるとし，エネルギー状態 ϵ_1，ϵ_2 にある粒子の数をそれぞれ N_1，N_2 とおき，系のエネルギーを E する．このとき全粒子数は

$$N_1 + N_2 = N,$$

であり，全エネルギーは

$$\epsilon_1 N_1 + \epsilon_2 N_2 = E$$

の関係がある．このため，2 準位系ではエネルギー E が定まると分布が確定してしまう．この系を小正準分布で次のように取り扱う．それぞれの状態の粒子数 N_1，N_2 を E，N，ϵ_1，ϵ_2 で表すと，

$$N_1 = \frac{\epsilon_2 N - E}{\epsilon_2 - \epsilon_1}, \quad N_2 = \frac{E - \epsilon_1 N}{\epsilon_2 - \epsilon_1}. \tag{2.32}$$

系の状態数を N_1，N_2 で表すと

$$W_N(E) = \frac{N!}{N_1! N_2!}$$

であるから，等式 (2.32) を用いれば，これをエネルギーと粒子数で表すことができる．Boltzmann のエントロピーを

$$S = k \log W_N(E) = k \log \frac{N!}{N_1! N_2!}$$

とし，$N_j \gg 1$ に対する Stirling の公式 $\log N_j! \sim N_j \log N_j - N_j$ を用いると

$$S = k(N \log N - N) - k(N_1 \log N_1 - N_1) - k(N_2 \log N_2 - N_2).$$

● 熱力学的温度との関係

Boltzmann エントロピーは Clausius 等式を満たすので，次のように熱力学的温度 T を系のエントロピーのエネルギーによる微分

$$\frac{1}{T}=\frac{\partial S}{\partial E}=\frac{\partial S}{\partial N_1}\frac{\partial N_1}{\partial E}+\frac{\partial S}{\partial N_2}\frac{\partial N_2}{\partial E}$$

により定める．等式 (2.32) から，

$$\frac{\partial N_1}{\partial E}=\frac{-1}{\epsilon_2-\epsilon_1},\quad \frac{\partial N_2}{\partial E}=\frac{1}{\epsilon_2-\epsilon_1},$$

であるから，

$$\frac{1}{T}=\frac{k}{\epsilon_2-\epsilon_1}\log N_1-\frac{k}{\epsilon_2-\epsilon_1}\log N_2=\frac{k}{\epsilon_2-\epsilon_1}\log\frac{N_1}{N_2}.$$

$\dfrac{N_1}{N_2}$ を T の関数として求めると

$$\frac{N_1}{N_2}=\exp\left(\frac{\epsilon_2-\epsilon_1}{kT}\right),$$

であるから，$N_1+N_2=N$ と合わせると $j=1,2$ のそれぞれの粒子数 N_j は熱力学的温度 T の関数として

$$N_j(T)=\frac{N\exp(-\frac{\epsilon_j}{kT})}{\exp(-\frac{\epsilon_1}{kT})+\exp(-\frac{\epsilon_2}{kT})}$$

と表される．これによってエネルギーを熱力学的温度 T の関数として表すと

$$E(T)=\frac{N\epsilon_1\exp(-\frac{\epsilon_1}{kT})+N\epsilon_2\exp(-\frac{\epsilon_2}{kT})}{\exp(-\frac{\epsilon_1}{kT})+\exp(-\frac{\epsilon_2}{kT})}.$$

エントロピーも熱力学的温度 T の関数として表すことができ，

$$\begin{aligned}S(T)&=-kN_1\log\frac{N_1}{N}-kN_2\log\frac{N_2}{N}\\&=\frac{E(T)}{T}+kN\log\left[\exp\left(-\frac{\epsilon_1}{kT}\right)+\exp\left(-\frac{\epsilon_2}{kT}\right)\right],\end{aligned}$$

と表すことができる．条件 $\epsilon_1<\epsilon_2$ に注意して，これらの関数の絶対零度極限と高温極限を求めよう．各状態の粒子数の絶対零度の極限は

$$\lim_{T\to 0}N_1(T)=\lim_{T\to 0}\frac{N}{1+\exp(-\frac{\epsilon_2-\epsilon_1}{kT})}=N,$$

$$\lim_{T\to 0}N_2(T)=\lim_{T\to 0}\frac{N\exp(-\frac{\epsilon_2-\epsilon_1}{kT})}{1+\exp(-\frac{\epsilon_2-\epsilon_1}{kT})}=0.$$

同様にして，エネルギーとエントロピーの絶対零度極限を求めると

$$\lim_{T\to 0} E(T) = N\epsilon_1, \quad \lim_{T\to 0} S(T) = 0.$$

高温極限では

$$\lim_{T\to\infty} N_1(T) = \lim_{T\to\infty} \frac{N}{1+\exp(-\frac{\epsilon_2-\epsilon_1}{kT})} = \frac{N}{2},$$

$$\lim_{T\to\infty} N_2(T) = \lim_{T\to\infty} \frac{N\exp(-\frac{\epsilon_2-\epsilon_1}{kT})}{1+\exp(-\frac{\epsilon_2-\epsilon_1}{kT})} = \frac{N}{2}.$$

同様にして，エネルギーとエントロピーの高温極限を求めると

$$\lim_{T\to\infty} E(T) = N\frac{\epsilon_1+\epsilon_2}{2}, \quad \lim_{T\to\infty} S(T) = kN\log 2.$$

高温極限では $N_1 = N_2 = \frac{N}{2}$ となる．このように 1 粒子状態の数が等しくなるときの系の状態数を Stirling の公式で評価すると

$$W_N\left(N\frac{\epsilon_1+\epsilon_2}{2}\right) = \frac{N!}{[(N/2)!]^2} \sim 2^N$$

となって，全状態数 2^N のほとんどの状態数を占めていることがわかる．

2.5.2　小正準分布による独立スピン模型

常磁性体の模型として独立なスピンの集団を考えよう．電子や陽子など，スピン 1/2 で電気量 e をもつ素粒子は Bohr（ボーア）磁子とよばれる磁気モーメントをもち，その大きさは $\mu_{\mathrm{B}} = e\hbar/(2m) > 0$ である．これは理論的には磁場中の Dirac（ディラック）方程式の非相対論的な近似から得られる．この磁気モーメントの向きは，量子効果により磁場に平行か反平行かのどちらかに限られている．陽子の質量は電子の約 2 千倍であることからその磁気モーメントは非常に小さく，物質が示す磁性は電子スピンが起源となっているものがほとんどである．ある常磁性体の粒子には局在した電子があり，磁気モーメント $\pm\mu_{\mathrm{B}}$ をもっているとする．外部磁場 h の中に置かれた各粒子の磁気モーメントは磁場と平行か反平行かの 2 状態のみをとる．それぞれの状態は 2 つのエネルギー固有値 $-\epsilon = -\mu_{\mathrm{B}}h$ と ϵ をもつ．このエネルギーは Zeeman（ゼーマン）エネルギーとよばれる．このエネルギーも理論的に Dirac 方程式の非相対論的な近似から得られる．独立した N 個の粒子からなる孤立した系を小正準法で取り扱う．

磁場と平行な磁気モーメントをとっている粒子の個数を N_+，反平行の粒子

の個数を N_- とおく．系の粒子数 N とエネルギー E が一定である

$$N_+ + N_- = N, \qquad -\epsilon N_+ + \epsilon N_- = E,$$

という条件を $N_\pm$ について解くと，

$$N_\pm = \frac{N}{2} \mp \frac{E}{2\epsilon}.$$

2準位系の小正準分布は，この条件だけから決まってしまう．この $N_\pm$ により，各粒子が磁気モーメント $\pm\mu_{\mathrm{B}}$ をとる確率は $P_\pm = \frac{N_\pm}{N}$ で定まる．系の Boltzmann エントロピーを

$$S = k \log \frac{N!}{N_+!N_-!}$$

とおいて，Stirling の公式を使うと

$$S = k(N\log N - N - N_+ \log N_+ + N_+ - N_- \log N_- + N_-).$$

$N_\pm$ を E で表した式を考慮して E で微分すると

$$\frac{\partial S}{\partial E} = \frac{k}{2\epsilon}\log N_+ - \frac{k}{2\epsilon}\log N_-.$$

Boltzmann エントロピーと熱力学的温度 T の関係

$$\left(\frac{\partial S}{\partial E}\right)_h = \frac{1}{T},$$

を仮定する．これは Clausius 等式から得られる片方の等式である．以下では磁化やエネルギーなどの物理量を熱力学的温度 T の関数として求めよう．$\beta = \frac{1}{kT}$ とおくと

$$\frac{N_+}{N_-} = e^{2\epsilon\beta}$$

と求まる．これと $N_+ + N_- = N$ より

$$N_\pm = \frac{Ne^{\pm\beta\epsilon}}{e^{\beta\epsilon} + e^{-\beta\epsilon}}. \tag{2.33}$$

$N_\pm$ は $\beta\epsilon = \frac{\mu_{\mathrm{B}}h}{kT}$ だけの関数なので，エントロピーもそうである．このことから，エントロピーを一定にするという条件で磁場を下げると温度も下がらなければならない．常磁性体を断熱環境において磁場を下げていくと温度が下がる現

象は断熱消磁とよばれる．エントロピーが示量的に振る舞うことは，$N \to 2N$，$N_\pm \to 2N_\pm$ としたとき，$S \to 2S$ となることからわかる．系の磁気モーメント M は

$$M = \mu_{\mathrm{B}}(N_+ - N_-) \tag{2.34}$$

で定義されるので，

$$M = \mu_{\mathrm{B}} N \tanh \frac{\mu_{\mathrm{B}} h}{kT} = -\frac{\mu_{\mathrm{B}}}{\epsilon} E$$

と表される．外部磁場 h が小さいとき，

$$M \simeq \frac{\mu_{\mathrm{B}}^2 N h}{kT}$$

という常磁性体の特徴が確かめられる．この比例係数

$$\chi = \frac{\mu_{\mathrm{B}}^2 N}{kT},$$

は磁化率または帯磁率とよばれる．変化 $E \to E + dE$，$h \to h + dh$ に対して

$$dN_\pm = \mp \frac{dE}{2\epsilon} \pm \frac{\mu_{\mathrm{B}} E dh}{2\epsilon^2} = \mp \frac{dE}{2\epsilon} \mp \frac{M dh}{2\epsilon}$$

であるから，

$$dS = -k \log N_+ dN_+ - k \log N_- dN_- = -k \log \frac{N_+}{N_-} dN_+ = -2k\beta\epsilon\, dN_+$$
$$= k\beta(dE + M dh)$$

より，磁場の変化も考慮された Clausius 等式 $T dS = dE + M dh$ が得られる．Zeeman エネルギーを通じて，変化する磁場が系に行う仕事は $-M dh$ である．上で導かれた式により，定磁場熱容量は

$$C_h = T\left(\frac{\partial S}{\partial T}\right)_h = \frac{\partial E}{\partial T} = \frac{N\epsilon^2}{kT^2 \cosh^2 \beta\epsilon}.$$

次に磁気モーメント $\mu_{\mathrm{B}}(N_+ - N_-)$ が一定になるように温度と磁場を変化させる．これは $N_+ + N_- = N$ が一定であるから $N_\pm$ それぞれが一定とするのと同等である．これはエントロピーを変えないから定磁化熱容量は $C_M = 0$ となる．実際，

$$0 = d\left(\frac{\mu_{\mathrm{B}} h}{kT}\right) = \frac{\mu_{\mathrm{B}} dh}{kT} - \frac{\mu_{\mathrm{B}} h dT}{kT^2},$$

であるから $Tdh = hdT$ が導かれ，$E = -Mh$ に注意すると，

$$C_M = T\left(\frac{\partial S}{\partial T}\right)_M = \left(\frac{\partial E}{\partial T}\right)_M + M\left(\frac{\partial h}{\partial T}\right)_M = \frac{h}{T}\left(\frac{\partial E}{\partial h}\right)_M + \frac{Mh}{T} = 0,$$

が得られる．

例題　磁場 h 中の独立スピン模型を考える．次の問いに答えよ．

(1) 絶対零度での系のエントロピーは $S(0) = 0$ であることを示せ．
(2) 磁場 h を一定にして系を準静的に加熱するとき，Clausius 等式と定磁場熱容量によって系のエントロピーの変化は次の積分で与えられる．

$$S(T_2) - S(T_1) = \int_{T_1}^{T_2} \frac{C_h(T)}{T} dT = \int_{T_1}^{T_2} \frac{N\epsilon^2}{kT^3 \cosh^2 \frac{\epsilon}{kT}} dT.$$

この表現から $S(\infty) - S(0) = kN \log 2$ であることを示せ．

解答　(1) 絶対零度極限で $N_\pm$ の温度依存性 (2.33) から

$$\lim_{\beta\to\infty} N_+ = N, \quad \lim_{\beta\to\infty} N_- = 0$$

である．よって，

$$S(0) = \lim_{\beta\to\infty} k[N \log N - N - N_+ \log N_+ + N_+ - N_- \log N_- + N_-] = 0,$$

が示される．これは，絶対零度で系は一意的な基底状態をとることを示している．
(2) 温度による微分

$$\frac{d}{dT} \tanh \frac{\epsilon}{kT} = \frac{-\epsilon}{kT^2 \cosh^2 \frac{\epsilon}{kT}}$$

を用いて部分積分を行うと

$$S(\infty) - S(0) = \int_0^\infty \frac{N\epsilon^2}{kT^3 \cosh^2 \frac{\epsilon}{kT}} dT$$

$$= \left[-\frac{N\epsilon \tanh \frac{\epsilon}{kT}}{T} \right]_0^\infty - \int_0^\infty \frac{N\epsilon \tanh \frac{\epsilon}{kT}}{T^2} dT$$
$$= \left[-\frac{N\epsilon \tanh \frac{\epsilon}{kT}}{T} \right]_0^\infty + \left[Nk \log \cosh \frac{\epsilon}{kT} \right]_0^\infty = kN \log 2.$$

積分は，温度による微分

$$\frac{d}{dT} \log \cosh \frac{\epsilon}{kT} = -\frac{\epsilon}{kT^2} \tanh \frac{\epsilon}{kT}$$

を用いて行う．さらに，絶対零度極限で発散する項が次のように相殺し，

$$\lim_{T\to 0} \left[-\frac{N\epsilon \tanh \frac{\epsilon}{kT}}{T} + Nk \log 2 \cosh \frac{\epsilon}{kT} \right]$$
$$= \lim_{T\to 0} \left[-\frac{N\epsilon(1 - e^{-\frac{2\epsilon}{kT}})}{T(1 + e^{-\frac{2\epsilon}{kT}})} + Nk \log e^{\frac{\epsilon}{kT}} (1 + e^{-\frac{2\epsilon}{kT}}) \right] = 0.$$

最後の結果を得ることができる．この結果は，系の全状態数が 2^N であることを示している．

2.6 小正準分布による長距離相互作用 Ising 模型 $^{(*)}$

ここでは，小正準分布に基づいて，相転移を示す長距離相互作用 Ising 模型を調べる．この模型は無限レンジ模型または Curie-Weiss（キュリー-ワイス）模型ともよばれる．この模型は理論的で人工的な模型であり，短距離相互作用している実際の磁性体とは異なるが，簡単な厳密解が存在するため，相転移とはどのような現象かを理解するには良い模型である．独立スピン模型にはスピンの間に相互作用がないため各スピンが独立な確率変数となっているが，この模型では各スピンが同じ方向を向くとエネルギーが下がるような相互作用を導入する．格子点が N 個あり，各格子点には $\sigma_n = \pm 1$ のスピン変数が存在していて，外部磁場 h の中に置かれている．この系のハミルトニアンは，$J > 0$ を強磁性的なスピン間の相互作用の大きさとして

$$H(\sigma_1, \sigma_2, \cdots, \sigma_N) = -\frac{J}{N} \sum_{1 \le i < j \le N}^{N} \sigma_i \sigma_j - h \sum_{j=1}^{N} \sigma_j,$$

と与えられる．ただし，記述を簡単にするために，各スピンの磁気モーメントは $\mu_{\mathrm{B}} = 1$ であるとした．このように結合定数 J に比例する相互作用項は，任

意のスピン σ_i と σ_j との間に相互作用エネルギーの存在が仮定されている．この項は

$$\left(\sum_{j=1}^{N}\sigma_j\right)^2 = \sum_{i=1}^{N}\sum_{j=1}^{N}\sigma_i\sigma_j = \sum_{1\le i\ne j\le N}\sigma_i\sigma_j + \sum_{i=j=1}^{N}\sigma_i\sigma_j = 2\sum_{1\le i<j\le N}\sigma_i\sigma_j + N$$

と書かれることから，ハミルトニアンを以下のように書き換える方がエントロピーを求める上で便利である．

$$H(\sigma_1, \sigma_2, \cdots, \sigma_N) = -\frac{J}{2N}\left(\sum_{j=1}^{N}\sigma_j\right)^2 - h\sum_{j=1}^{N}\sigma_j + \text{constant}.$$

$\text{constant} = \frac{J}{2}$ であるが，重要な物理量はこの定数に依存しないので，以下ではこの項を無視する．この模型では，各スピンがすべての他のスピンと相互作用している．前の結合定数に $\frac{1}{N}$ が付いているのは，ハミルトニアンが示量的になるために大きさが N 程度になるように選ばれている必要な係数である．このことは，結合はすべてのスピンの間に及んでいるが，非常に弱いことを表している．以下で見るように，大きな N に対してこの系はエントロピーを計算することができ，強磁性の相転移が起ることがわかる．系の全磁化を

$$M = \sum_{n=1}^{N}\sigma_n$$

とおくと，ハミルトニアンは

$$H(M) = -\frac{1}{2N}JM^2 - hM$$

と書け，M の関数であると考えることができる．系のエネルギーの値を E に固定する，$H(M) = E$ のもとで，系の状態数を求めよう．独立スピンと同様に磁気モーメント $\sigma_j = \pm 1$ をとっている j の個数をそれぞれ $N_\pm$ とおく．系の粒子数 N とエネルギー E が一定である，すなわち M が一定である条件

$$N_+ + N_- = N, \qquad N_+ - N_- = M, \tag{2.35}$$

を $N_\pm$ について解くと，

$$N_\pm = \frac{N \pm M}{2}. \tag{2.36}$$

エネルギーが与えられた場合の系の状態数は，この条件だけから決まってしまう．系の Boltzmann エントロピーを

$$S = k \log \frac{N!}{N_+!N_-!}$$

とおいて，Stirling の公式を使うと

$$S = k(N \log N - N - N_+ \log N_+ + N_+ - N_- \log N_- + N_-).$$

このエントロピーから熱力学的温度 T が

$$\left(\frac{\partial S}{\partial E}\right)_h = \frac{1}{T}, \tag{2.37}$$

で定まると仮定する．以下では磁化などの物理量の T 依存性を求める．$E = H(M) = H(N_+ - N_-)$ を考慮し h を一定にして E を $N_\pm$ で微分すると

$$\left(\frac{\partial E}{\partial N_\pm}\right)_h = \left(\frac{\partial E}{\partial M}\right)_h \frac{\partial M}{\partial N_\pm} = \mp 2(Jm + h),$$

となる．ただし $m = \frac{M}{N}$ とおいた．これにより

$$\left(\frac{\partial N_\pm}{\partial E}\right)_h = \left(\frac{\partial E}{\partial N_\pm}\right)_h^{-1} = \frac{\mp 1}{2(Jm + h)},$$

であるから，エントロピーを E で微分すると

$$\begin{aligned}\left(\frac{\partial S}{\partial E}\right)_h &= \left(\frac{\partial S}{\partial N_+}\right)_h \frac{\partial N_+}{\partial E} + \left(\frac{\partial S}{\partial N_-}\right)_h \frac{\partial N_-}{\partial E} \\ &= \frac{k}{2(Jm + h)} \log N_+ - \frac{k}{2(Jm + h)} \log N_-.\end{aligned}$$

これが $\frac{1}{T}$ に等しいから $\beta = \frac{1}{kT}$ とおくと

$$\log \frac{N_+}{N_-} = 2\beta(Jm + h), \tag{2.38}$$

であり，

$$\frac{N_+}{N_-} = e^{2\beta(Jm+h)} \tag{2.39}$$

と求まる．スピンが $\sigma_n = \pm 1$ となる n の数を $N_\pm$ としていて，(2.36) であるから

$$\frac{N_\pm}{N} = \frac{N \pm M}{2N} = \frac{1 \pm m}{2}, \tag{2.40}$$

であり，

$$\frac{1+m}{1-m} = e^{2\beta(Jm+h)}, \tag{2.41}$$

が得られる．したがって，m を定める方程式

$$m = \tanh \beta(Jm+h) \tag{2.42}$$

が得られる．絶対温度 T と磁場 h を定めると m が定まる．各スピンは独立ではないので，これは各スピンの分布を表すわけではないことに注意せよ．一方，E を一定にして h を変化させたとき

$$0 = \frac{dE}{dh} = -\frac{d}{dh}\Big(\frac{JM^2}{2N} + hM\Big) = -\Big(\frac{JM}{N} + h\Big)\Big(\frac{\partial M}{\partial h}\Big)_E - M$$

であるから，

$$\Big(\frac{\partial M}{\partial h}\Big)_E = -\frac{M}{Jm+h},$$

が得られる．エントロピーを h で微分すると

$$\begin{aligned}\Big(\frac{\partial S}{\partial h}\Big)_E &= \frac{\partial S}{\partial N_+}\Big(\frac{\partial N_+}{\partial h}\Big)_E + \frac{\partial S}{\partial N_-}\Big(\frac{\partial N_-}{\partial h}\Big)_E \\ &= \frac{kM}{2(Jm+h)}\log N_+ - \frac{kM}{2(Jm+h)}\log N_- = \frac{kM}{2(Jm+h)}\log\frac{N_+}{N_-} \\ &= \frac{M}{T}. \end{aligned} \tag{2.43}$$

ただし $N_\pm$ の h による偏微分には関係 (2.36) を，最後の等号を得るために関係 (2.38) を使った．この h による S の偏微分と熱力学的温度を表す式 (2.37) により

$$TdS = dE + Mdh,$$

となって h を変化させた場合を含んだ Clausius 等式が得られる．独立スピン模型と同様，この模型のハミルトニアンも Zeeman エネルギーを含んでいるため，$-Mdh$ は磁場 h が系に行う仕事と考えることができる．後で正準分布という異なる方法によるこの模型の解析について述べるが，そこでも 1 粒子磁化

m に対して同じ方程式が得られる．磁場がない $h=0$ において，$\beta J \leq 1$ となる高温領域では $m=0$ のみがこの方程式 (2.42) の解となる．一方，低温領域 $(\beta J > 1)$ では，この方程式 (2.42) は $m=0$ 以外に $m \neq 0$ と $-m$ が解となることがわかる．この解 $m \neq 0$ は自発磁化とよばれ，自発磁化をもつ系は強磁性体，解が $m=0$ しかない系は常磁性体であるとよばれる．自発磁化が現れると，小正準分布 (2.40) が一意的に定まらないので，どの解 m に対応する分布を選択すべきかという原理的な問題が生じる．絶対零度において，系は 1 つの基底状態をとると考えると，$h=0$ での基底状態はすべての $j=1,2,\cdots,N$ に対して $\sigma_j=1$ かまたは $\sigma_j=-1$ であるから，その場合，$m=1$ または $m=-1$ でなければならないと予想される．温度によって常磁性体から強磁性体に転移する現象は相転移現象であり，常磁性・強磁性相転移の解析については 3 章で詳しく解説する．

2.7 量子力学による調和振動子

調和振動子の運動は力学や量子力学で非常に詳しく調べることのできる模型であるため，様々な現象の解析に応用される．古典力学ではバネに繋がれた重りや振り子などの運動を調べるための簡単な模型として扱われるが，2 次関数のポテンシャルで閉じ込められている粒子や，振動現象だけでなく波の伝搬などの理解には必要不可欠な模型として広い範囲で応用されている．量子力学的な調和振動子の集団は，様々な現象の理解に基本的な役割を果たしている．フォノン（音子）とよばれる固体中の結晶格子の振動の素励起や，フォトン（光子）とよばれる電磁場の量子をはじめ，素粒子物理学で扱われる素粒子のほとんどを記述する場の量子論は，量子力学的な調和振動子の集団をその基礎としている．

2.7.1 エネルギー固有値方程式とエネルギー固有値

1 次元空間中の粒子がポテンシャル

$$\frac{m\omega^2}{2}x^2$$

によって，原点付近に束縛されている．m は粒子の質量であり，ω はポテンシャルの強さを表す正の定数である．このような系は調和振動子とよばれる．1 次元調和振動子のハミルトニアンは，粒子の座標を x，運動量を p として

$$H = \frac{p^2}{2m} + \frac{m\omega^2}{2}x^2$$

である．量子力学で扱うとき，運動量として演算子 $p = -i\hbar\frac{d}{dx}$ をハミルトニアンに代入し固有値方程式

$$\left(-\frac{\hbar^2}{2m}\frac{d^2}{dx^2} + \frac{m\omega^2}{2}x^2\right)\phi(x) = \epsilon\phi(x),$$

を得る．粒子のエネルギー固有値 E と固有関数 $\phi(x)$ はこの固有値方程式から決定される．この方程式を解いた結果，エネルギー固有値 ϵ_n は離散的な値

$$\epsilon_n = \hbar\omega\left(n + \frac{1}{2}\right), \quad n = 0, 1, 2, \cdots \tag{2.44}$$

をとることがわかる．

● 固有値方程式の解法

消滅演算子 a および生成演算子 $a^\dagger$ を

$$a = \frac{1}{\sqrt{2m\hbar\omega}}\left(m\omega x + \hbar\frac{d}{dx}\right), \qquad a^\dagger = \frac{1}{\sqrt{2m\hbar\omega}}\left(m\omega x - \hbar\frac{d}{dx}\right)$$

と定義すると，交換関係

$$[a, a^\dagger] = aa^\dagger - a^\dagger a = 1, \tag{2.45}$$

が成り立つ．これによりハミルトニアンは

$$H = \hbar\omega\left(a^\dagger a + \frac{1}{2}\right) \tag{2.46}$$

となる．波動関数

$$\psi_0(x) = Ce^{-\frac{m\omega x^2}{2\hbar}}$$

は，$a\psi_0(x) = 0$ を満たす．$a^\dagger a$ の固有値は負にならないことから，波動関数 $\psi_0(x)$ は基底状態である．

交換関係 $[a^\dagger a, a^\dagger] = a^\dagger$ より，ある自然数を n として，波動関数 $(a^\dagger)^n\psi_0(x)$ は ハミルトニアンの固有値 (2.44) に属する固有関数であることが示される．固有値 (2.44) 以外の固有値に属する固有状態はないことを確かめよう．そのような固有状態 ϕ が存在し，ゼロ以上の整数ではない ν があって $H\phi = \hbar\omega(\nu + \frac{1}{2})\phi$ であると仮定する．このとき $(\phi, H\phi) = \hbar\omega(\nu + \frac{1}{2})(\phi, \phi)$ であり，確率の正定

値性 $(\phi, \phi) > 0$ とハミルトニアンの半正定値性より，$\nu > -\frac{1}{2}$ でなければならない．しかし，$\nu + \frac{1}{2} < n$ となる正の整数 n に対して

$$Ha^n\phi = (a^nH - na^n)\phi = \hbar\Big(\nu - n + \frac{1}{2}\Big)a^n\phi,$$

が得られ，したがって，$(a^n\phi, Ha^n\phi) = \hbar(\nu - n + \frac{1}{2})(a^n\phi, a^n\phi)$ となる．確率が正定値 $(a^n\phi, a^n\phi) > 0$ であることから右辺は負となり，ハミルトニアンが半正定値であることに矛盾する．したがって，固有値 (2.44) 以外の固有値に属する固有状態 ϕ は存在せず，これらはハミルトニアンの固有関数すべてを与えている．また，$a^{n+1}(a^\dagger)^n\psi_0(x) = 0$ に注意せよ．このことから，固有値 (2.44) に属する固有関数に a^{n+1} を作用させると，負の固有値に属する固有関数は得られずに消えてしまうため，矛盾が起らない．

2.7.2 小正準分布による 1 次元量子調和振動子

● 状態数

独立な N 個の 1 次元調和振動子を量子力学を用いた小正準分布で取り扱う．系のエネルギー固有状態は N 個の量子数 $n_j = 0, 1, 2, \cdots (j = 1, 2, 3, \cdots, N)$ で表され，そのエネルギー固有値を

$$E = \sum_{j=1}^{N} \hbar\omega \left(n_j + \frac{1}{2}\right)$$

とする．次の公式はこの固有状態の数を粒子数とエネルギー固有値の関数として与える．

公式

ある 1 つのエネルギー固有値 E に属するエネルギー固有状態の数は

$$W_N(E) = \frac{(E/(\hbar\omega) + N/2 - 1)!}{(N-1)!(E/(\hbar\omega) - N/2)!} \tag{2.47}$$

である．

【導 出】

この状態数の右辺は次のようにして導かれる．量子数の和を

$$M = \frac{E}{\hbar\omega} - \frac{N}{2} = \sum_{j=1}^{N} n_j$$

とおくと，各量子数 n_j は負でない整数なので，M も負でない整数となる．このとき，$W_N(E)$ の代わりに

$$W_{N,M} = \sum_{n_1=0}^{\infty} \cdots \sum_{n_N=0}^{\infty} \delta_{M,\sum_{j=1}^{N} n_j}$$

を計算しよう．ただし，任意の整数 i, j に対する $\delta_{i,j}$ は Kronecker（クロネッカー）のデルタであり，これらの整数が $i = j$ ならば $\delta_{i,j} = 1$ であり，$i \neq j$ ならば $\delta_{i,j} = 0$ であるとして定義される．$W_{N,M}$ がわかれば $E = \hbar\omega(M + N/2)$ と，$W_N(E) = W_{N,E/(\hbar\omega)-N/2}$ より $W_N(E)$ が得られる．

$N = 1$ では $n_1 = M$ の状態だけなので，状態数は 1 である．

$$W_{1,M} = 1.$$

$N = 2$ は

$$W_{2,M} = \sum_{n_2=0}^{M} W_{1,M-n_2} = \sum_{n_2=0}^{M} 1 = M + 1.$$

$N = 3$ は

$$W_{3,M} = \sum_{n_3=0}^{M} W_{2,M-n_3} = \sum_{n_3=0}^{M} (M - n_3 + 1) = \sum_{m=1}^{M+1} m = \frac{1}{2}(M+1)(M+2).$$

これを続けていくと，

$$\begin{aligned} W_{N,M} &= \sum_{n_N=0}^{M} W_{N-1,M-n_N} = \frac{1}{(N-1)!}(M+1)(M+2)\cdots(M+N-1) \\ &= \frac{(M+N-1)!}{(N-1)!M!} \end{aligned} \tag{2.48}$$

となり公式 (2.47) が得られる．これは次数 N の階乗型関数の差分が

$$\begin{aligned} &W_{N,M} - W_{N,M-1} \\ &\quad = \frac{1}{(N-1)!}(M+1)(M+2)\cdots(M+N-1) \end{aligned}$$

$$
\begin{aligned}
&- \frac{1}{(N-1)!} M(M+1)\cdots(M+N-2) \\
&= \frac{1}{(N-1)!}(M+1)(M+2)\cdots(M+N-2)(M+N-1-M) \\
&= \frac{1}{(N-2)!}(M+1)(M+2)\cdots(M+N-2) = W_{N-1,M} \qquad (2.49)
\end{aligned}
$$

となり次数 $N-1$ の階乗型関数となるため，次数 $N-1$ の階乗型関数 $W_{N-1,M}$ の M についての和が，次数 N の階乗型関数 $W_{N,M}$ になることによる．厳密にはこの表式を数学的帰納法によって証明すればよい．

〚導出（状態数の別の導出法）〛

状態数 (2.48) を別の方法で求めよう．与えられた M を N 個の量子数の和とするときの量子数の組みの数は，N 種類のものを全部で M 個選ぶ重複組み合わせの数として知られていて，状態数 (2.47) が導かれる．この重複組み合わせの公式は M 個の箱に $N-1$ 個の仕切りを入れる方法の数と考えて導かれる．今の場合，$j=1,2,\cdots,N$ として $j-1$ 番目と j 番目の仕切りの間にある箱の数を j 番目の粒子の量子数 n_j に対応させる．箱と仕切りの数を合わせた $M+N-1$ 個の対象物を整列させたとき，その中から $N-1$ 個の仕切りを選ぶ場合の数が $W_{N,M}$ になる．

● エントロピー

系のエントロピーはこの $W_N(E)$ により

$$
S_N(E) = k \log W_N(E) = k \log \frac{(E/\hbar\omega + N/2 - 1)!}{(N-1)!(E/\hbar\omega - N/2)!} \qquad (2.50)
$$

と定義し，Stirling の公式を用いて

$$
\begin{aligned}
S_N(E) &\simeq k(E/\hbar\omega + N/2 - 1)\log(E/\hbar\omega + N/2 - 1) \\
&\quad - k(N-1)\log(N-1) - k(E/\hbar\omega - N/2)\log(E/\hbar\omega - N/2) \\
&\simeq kN\log[E/(\hbar\omega N) + 1/2] + kN[E/(\hbar\omega N) - 1/2]\log\frac{E/(\hbar\omega N) + 1/2}{E/(\hbar\omega N) - 1/2}.
\end{aligned}
\qquad (2.51)
$$

最後の行では $N/2-1 \sim N/2$ と近似している．熱力学的温度 T との関係を求めると

$$\frac{1}{T}=\frac{\partial S}{\partial E}=\frac{k}{\hbar\omega}\log\frac{E/\hbar\omega+N/2}{E/\hbar\omega-N/2}$$

である．系のエネルギー E を T の関数として表すと，

$$E=\frac{N\hbar\omega}{2}+\frac{N\hbar\omega\exp[-\frac{\hbar\omega}{kT}]}{1-\exp[-\frac{\hbar\omega}{kT}]} \tag{2.52}$$

と表せる．

● 低温展開

系の低温での振る舞いを調べるためにエネルギーを低温展開する．低温では $\exp[-\frac{\hbar\omega}{kT}]\ll 1$ であるとして，これで Taylor（テイラー）展開する．

$$\frac{N\hbar\omega\exp[-\frac{\hbar\omega}{kT}]}{1-\exp[-\frac{\hbar\omega}{kT}]}=N\hbar\omega\exp\left[-\frac{\hbar\omega}{kT}\right]\left(1+\exp\left[-\frac{\hbar\omega}{kT}\right]+\cdots\right).$$

これによりエネルギーの低温展開が次のように得られる

$$E=N\hbar\omega\left(\frac{1}{2}+\exp\left[-\frac{\hbar\omega}{kT}\right]+\exp\left[-\frac{2\hbar\omega}{kT}\right]+\cdots\right).$$

これより，低温展開の最低次では，

$$\begin{aligned}&E/(\hbar\omega N)-1/2\simeq\exp\left[-\frac{\hbar\omega}{kT}\right],\\&\frac{E/(\hbar\omega N)+1/2}{E/(\hbar\omega N)-1/2}\simeq\exp\left[\frac{\hbar\omega}{kT}\right]\left(1+\exp\left[-\frac{\hbar\omega}{kT}\right]\right),\end{aligned}$$

となる．これらをエントロピー (2.51) に代入し，$\log(1+x)\sim x$ により最低次の近似を行うと

$$\begin{aligned}S_N(E)&\simeq kN\log\left(1+\exp\left[-\frac{\hbar\omega}{kT}\right]\right)\\&\quad+Nk\exp\left[-\frac{\hbar\omega}{kT}\right]\log\exp\left[\frac{\hbar\omega}{kT}\right]\left(1+\exp\left[-\frac{\hbar\omega}{kT}\right]\right)\\&\simeq Nk\exp\left[-\frac{\hbar\omega}{kT}\right]+\frac{N\hbar\omega}{T}\exp\left[-\frac{\hbar\omega}{kT}\right],\end{aligned} \tag{2.53}$$

が得られる．よって，エントロピーは絶対零度極限で 0 に収束する．$E(T)$ や $S(T)$ は $T=0$ に真性特異点をもつ．

● 高温展開

高温領域である $\hbar\omega\ll kT$ では

$$\exp\left[\frac{\hbar\omega}{kT}\right] = 1 + \frac{\hbar\omega}{kT} + \frac{1}{2}\left(\frac{\hbar\omega}{kT}\right)^2 + \frac{1}{3!}\left(\frac{\hbar\omega}{kT}\right)^3 + \cdots$$

によって

$$\begin{aligned}\frac{N\hbar\omega\exp[-\frac{\hbar\omega}{kT}]}{1-\exp[-\frac{\hbar\omega}{kT}]} &= \frac{N\hbar\omega}{\exp[\frac{\hbar\omega}{kT}]-1} = \frac{N\hbar\omega}{\frac{\hbar\omega}{kT}\left[1+\frac{1}{2}\frac{\hbar\omega}{kT}+\frac{1}{3!}\left(\frac{\hbar\omega}{kT}\right)^2+\cdots\right]} \\ &= NkT\left[1-\frac{1}{2}\frac{\hbar\omega}{kT}+\frac{1}{12}\left(\frac{\hbar\omega}{kT}\right)^2+\cdots\right]. \end{aligned} \tag{2.54}$$

これにより，エネルギーの高温展開は

$$E = NkT + \frac{N\hbar^2\omega^2}{12kT} + \cdots,$$

と得られる．エントロピーの高温展開は

$$\begin{aligned} S &= kN\log\left(\frac{kT}{\hbar\omega}+\frac{1}{2}+\frac{\hbar\omega}{12kT}+\cdots\right) \\ &\quad + Nk\left(\frac{kT}{\hbar\omega}-\frac{1}{2}+\frac{\hbar\omega}{12kT}+\cdots\right)\log\frac{1+\frac{\hbar\omega}{2kT}+\frac{1}{12}\left(\frac{\hbar\omega}{kT}\right)^2+\cdots}{1-\frac{\hbar\omega}{2kT}+\frac{1}{12}\left(\frac{\hbar\omega}{kT}\right)^2+\cdots} \\ &= kN\log\frac{kT}{\hbar\omega}\left(1+\frac{\hbar\omega}{2kT}+\frac{1}{12}\left(\frac{\hbar\omega}{kT}\right)^2+\cdots\right) \\ &\quad + Nk\left(\frac{kT}{\hbar\omega}-\frac{1}{2}+\frac{\hbar\omega}{12kT}+\cdots\right)\log\left[1+\frac{\hbar\omega}{kT}+\frac{1}{2}\left(\frac{\hbar\omega}{kT}\right)^2\right] \\ &= kN\log\frac{kT}{\hbar\omega}+kN\log\left(1+\frac{\hbar\omega}{2kT}+\frac{1}{12}\left(\frac{\hbar\omega}{kT}\right)^2+\cdots\right) \\ &\quad + Nk\left(\frac{kT}{\hbar\omega}-\frac{1}{2}+\cdots\right)\left(\frac{\hbar\omega}{kT}+O\left(\frac{\hbar\omega}{kT}\right)^3+\cdots\right) \\ &= Nk\log\frac{kT}{\hbar\omega}+Nk+O\left(\frac{\hbar\omega}{kT}\right)^2, \end{aligned} \tag{2.55}$$

と求まる．ただし，$O\left(\frac{\hbar\omega}{kT}\right)^n$ は $\frac{\hbar\omega}{kT}$ の n 以上の次数からなる項を表す．

2.7.3 小正準分布による3次元量子調和振動子

3次元空間中の等方的なポテンシャル

$$\frac{m}{2}\omega^2(x^2+y^2+z^2),$$

によって原点の周りに束縛された N 個の粒子を小正準分布で取り扱うことがで

きる．$3N$ 個の位置座標を $(x_n, y_n, z_n) = (q_n, q_{n+N}, q_{n+2N})$ と通し番号を振り，ハミルトニアンを書くと

$$H = \sum_{j=1}^{3N} \Big(-\frac{\hbar^2}{2m}\frac{\partial^2}{\partial q_j^2} + \frac{m}{2}\omega^2 q_j^2 \Big),$$

であり，エネルギー固有値は

$$\sum_{j=1}^{3N} \hbar\omega \Big(n_j + \frac{1}{2} \Big),$$

と求まるから，1 次元の調和振動子が $3N$ 個ある場合として取り扱うことができる．エントロピーは

$$S_N(E) \simeq 3Nk\log(E/3N\hbar\omega + 1/2) + k(E/\hbar\omega - 3N/2)\log\frac{E + 3N\hbar\omega/2}{E - 3N\hbar\omega/2}, \tag{2.56}$$

である．系のエネルギー E を T の関数として表すと，

$$E = \frac{3N\hbar\omega}{2} + \frac{3N\hbar\omega\exp[-\frac{\hbar\omega}{kT}]}{1 - \exp[-\frac{\hbar\omega}{kT}]}, \tag{2.57}$$

と表せる．

2.7.4　小正準分布による 3 次元古典力学的調和振動子

古典力学に従う N 個の粒子の力学変数の位置座標 q_n と運動量 p_n の各成分に通し番号 $n = 1, 2, \cdots, 3N$ を与え，次のような調和振動子のハミルトニアンを考える．

$$H = \sum_{n=1}^{3N} \Big(\frac{p_n^2}{2m} + \frac{m\omega^2}{2} q_n^2 \Big).$$

力学的状態空間の領域 $E < H < E + \Delta E$ の体積は

$$W_N(E, \Delta E) = \int \cdots \int_{E<H<E+\Delta E} dq_1 \ldots dq_{3N} dp_1 \cdots dp_{3N},$$

であり，変数変換 $X_n = \sqrt{m}\omega q_n$，$Y_n = p_n/\sqrt{m}$ により $6N$ 次元空間の球の体積で表すことができる．

$$W_N(E,\Delta E) = \omega^{-3N} \int \cdots \int_{2E<\sum_n (X_n^2+Y_n^2)<2E+2\Delta E} dX_1 \dots dX_{3N} dY_1 \cdots dY_{3N} \tag{2.58}$$

$$= \omega^{-3N} [D_{6N}(\sqrt{2E+2\Delta E}) - D_{6N}(\sqrt{2E})] \simeq D_{6N}(1)\omega^{-3N} 3N(2E)^{3N} \frac{\Delta E}{E}. \tag{2.59}$$

エントロピーは

$$S_N(E) = k \log W_N(E,\Delta E) = k \log D_{6N}(1)\omega^{-3N} 3N(2E)^{3N} \frac{\Delta E}{E},$$

であるから，Clausius 等式により

$$\frac{1}{T} = \frac{\partial S_N}{\partial E} = \frac{(3N-1)k}{E} \simeq \frac{3Nk}{E}.$$

よって，

$$E \simeq 3NkT$$

を得る．これは量子力学に従う N 個の 3 次元調和振動子の高温展開の最低次の近似に一致している．ここでは閉じ込めポテンシャルのパラメーター ω も変化させることを考える．エントロピーの変化は

$$\frac{\partial S_N}{\partial \omega} = -\frac{3Nk}{\omega}$$

であるので，

$$dS_N = \frac{\partial S_N}{\partial E} dE + \frac{\partial S_N}{\partial \omega} d\omega = \frac{dE}{T} - \frac{3Nk d\omega}{\omega}.$$

一方，自由粒子に対する Maxwell-Boltzmann 分布を小正準分布から導いたときと同様に，n 番目の位置座標の成分 q_n と運動量の成分 p_n は確率密度関数

$$f(p_n, q_n) = \frac{1}{Z_1(\beta,\omega)} e^{-\beta(\frac{p_n^2}{2m} + \frac{m}{2}\omega^2 q_n^2)}, \tag{2.60}$$

で与えられる分布に従い，各力学変数 (p_n, q_n) $(n = 1, 2, \cdots, 3N)$ は独立で同じ分布に従う．ただし，

$$Z_1(\beta,\omega) = \int_{-\infty}^{\infty} dq_n \int_{-\infty}^{\infty} dp_n e^{-\beta(\frac{p_n^2}{2m} + \frac{m}{2}\omega^2 q_n^2)} = \frac{2\pi}{\beta\omega}, \tag{2.61}$$

であり，Gauss 積分の公式を用いて積分を計算した．この分布による $\vec{r}_n =$

(q_n, q_{n+N}, q_{n+2N}) の分散は，それぞれの成分が独立で同じ分布に従うことから

$$\begin{aligned}\langle \vec{r}_n{}^2 \rangle &= \langle q_n^2 \rangle + \langle q_{n+N}^2 \rangle + \langle q_{n+2N}^2 \rangle = 3\langle q_n^2 \rangle \\ &= -\frac{3}{\beta m\omega}\frac{\partial}{\partial\omega}\log Z_1(\beta,\omega) = -\frac{3}{\beta m\omega}\frac{\partial}{\partial\omega}\log\left(\frac{2\pi}{\beta\omega}\right) = \frac{3}{\beta m\omega^2} \\ &= \frac{3kT}{m\omega^2},\end{aligned} \tag{2.62}$$

となる．ここでは $A > 0$ をある定数とし，1 粒子あたりの体積を，位置の標準偏差に比例した長さを半径とする球の体積として，

$$V = \sum_{n=1}^{N}\frac{4\pi}{3}A\langle \vec{r}_n^2\rangle^{\frac{3}{2}} = \frac{4\pi}{3}AN\left(\frac{3kT}{m\omega^2}\right)^{\frac{3}{2}}$$

によって閉じ込められた気体の体積を定義すると，閉じ込めポテンシャルのパラメーター ω と体積の微分の間には次の関係がある．

$$\omega\frac{dV}{d\omega} = -3V.$$

また，ハミルトニアンの ω による微分の期待値は

$$\left\langle\frac{\partial H}{\partial\omega}\right\rangle = \sum_{n=1}^{N} m\omega\langle \vec{r}_n^2\rangle = \frac{3NkT}{\omega}$$

であるので，気体の圧力は

$$P = -\frac{d\omega}{dV}\left\langle\frac{\partial H}{\partial\omega}\right\rangle = -\frac{d\omega}{dV}\frac{3NkT}{\omega} = \frac{NkT}{V}$$

となり，理想気体の状態方程式が得られる．これを用いて，次のように Clausius 等式が得られる．

$$dS_N = \frac{dE}{T} + \frac{NkdV}{V} = \frac{dE + PdV}{T}.$$

2 章の問題

問 2.1　体積 V の箱の中に粒子が N 個入れられている．この箱の中のある領域 D の体積を $V_{\mathrm{D}}(<V)$ とし，これらの粒子の任意の 1 つが領域 D 内に存在する確率を $p_{\mathrm{D}}=V_{\mathrm{D}}/V$ で定めるとき，次の問いに答えよ．

(1) $N=2$ のとき，これらの粒子がすべて領域 D 内に存在する確率を答えよ．

(2) これら N 個の粒子がすべて領域 D 内に存在する確率を答え，その確率が N について単調減少であることを示せ．

(3) これらの粒子の M 個が領域 D 内に，残りの $N-M$ 個が領域 D の外に存在する確率を答えよ．また，この確率が最大になる M を求め，その M の起る確率を求めよ．

問 2.2　3 次元空間中の体積 V_{D} の領域 D の中に質量 m の 1 粒子が閉じ込められている．この粒子の位置座標を (x,y,z)，運動量を (p_x,p_y,p_z) とし，ハミルトニアンは運動エネルギーだけからなり

$$H=\frac{1}{2m}(p_x^2+p_y^2+p_z^2)$$

であるとするとき，次の問いに答えよ．

(1) この粒子のハミルトニアンがある正の実数 E より小さい状態空間の領域の体積

$$\int_{\mathrm{D}} d^3r \int_{H<E} d^3p$$

を求めよ．

(2) この粒子が領域 D の中に存在し，$H<E$ である確率を 1 とするとき，この粒子が D 内の体積 $V_{\mathrm{D}}/2$ の領域に存在し $0<H<E/2$ となる確率を等確率の原理により求めよ．

(3) この粒子の状態の $E<H<E+\Delta E$ で定まる領域の体積

$$W_1(V_{\mathrm{D}},E)=\int_{\mathrm{D}} d^3r \int_{E<H<E+\Delta E} d^3p,$$

を求めよ．

問 2.3　1 次元空間中の位置座標を x とする．質量 m の粒子 N 個が，この 1 次元空間中の領域 $0 < x < L$ に閉じ込められている．全粒子の運動エネルギーが E より小さいとするとき，次の問いに答えよ．

(1) $N = 1$ のとき，この粒子の運動エネルギーが E より小さい確率を 1 とするとき，この粒子の運動エネルギーが $E/2$ より小さい確率を求めよ．

(2) $N = 2$ のとき，粒子の位置座標を x_1, x_2，運動量を p_1, p_2 とする．これらの粒子の力学的状態は 4 次元空間の座標 (x_1, x_2, p_1, p_2) で表される．これらの粒子の位置座標が $0 < x_1, x_2 < L$ であり，かつ運動エネルギーが $E < H < E + \Delta E$ となる状態の占める体積

$$W_2(L^2, E) = \int_0^L dx_1 \int_0^L dx_2 \int_{E<H<E+\Delta E} dp_1 dp_2$$

を求めよ．

問 2.4　3 次元空間中の体積 V の箱に質量 m の粒子を N 個閉じ込める．これらの粒子の力学変数の空間は $6N$ 次元空間となる．N 粒子の運動エネルギーが E と $E + \Delta E$ の間にある運動量空間の領域の体積を $3ND_{3N}(1)(2mE)^{\frac{3}{2}N-1} m\Delta E$ とするとき，次の問いに答えよ．

(1) エントロピー $S = k \log[V^N 3ND_{3N}(1)(2mE)^{\frac{3}{2}N-1} m\Delta E]$ が Clausius 等式を満たすとして，熱力学的温度 T とエネルギー E の関係を求めよ．

(2) 上で定義したエントロピーから状態方程式を求めよ．

問 2.5　1 次元空間での Maxwell-Boltzmann 分布を考える．Boltzmann 定数を k として，絶対温度を $T = \frac{1}{k\beta}$ とする．1 次元空間中の質量 m の粒子の運動量 p に対する確率密度関数が

$$f(p) = Ce^{-\beta \frac{p^2}{2m}},$$

で与えられるとき，次の問いに答えよ．

(1) 全事象の確率が

$$\int_{-\infty}^{\infty} dp f(p) = 1$$

となるように，規格化定数 C を定めよ．

(2) 粒子の運動量 p の期待値を求めよ．

(3) 粒子の運動エネルギー $\frac{p^2}{2m}$ の期待値を求めよ．

(4) 運動量 p の標準偏差 $\sqrt{\langle (p-\langle p\rangle)^2\rangle}$ を求めよ．

問 2.6　2 準位系はゴムなどの弾性を理解するにも良い模型となる．1 つの長さが a の要素 N 個が鎖状に繋がっている．j 番目 $(j=1,2,\cdots,N)$ の要素は正の方向を向いているか負の方向を向いているかの 2 状態 $s_j=\pm 1$ をとり，ハミルトニアンはほぼ 0 で，無視できるとする．鎖の片側を固定し，もう一方の端に一定の外力 f を作用させて十分な時間が経つと平衡状態になって，鎖の全長は $X=a\sum_{j=1}^{N}s_j$ となった．1 つの状態 $(s_1,\cdots,s_N)$ に対して，$N_\pm$ を $s_j=\pm 1$ となっている j の数とする．この系を小正準法で取り扱うとき，次の問いに答えよ．

(1) 系の全長を X として状態数を求めよ．

(2) Stirling の公式を用いてエントロピーを計算せよ．

(3) 外力 f を絶対温度 T，系の全長 X の関数として求めよ．

(4) 外力 f が小さいときは全長が短く $X \ll aN$ である．このとき，Hooke（フック）の法則を示せ．

問 2.7　古典力学に従う独立な N 個の 1 次元調和振動子を小正準分布で取り扱う．j 番目の粒子の位置を x_j，運動量を p_j とするときハミルトニアンは

$$H=\sum_{j=1}^{N}\left(\frac{p_j^2}{2m}+\frac{m\omega^2}{2}x_j^2\right)$$

で与えられる．ハミルトニアンが $E<H<E+\Delta E$ となる力学変数の空間の体積を $W_N(E,\Delta E)$ とするとき，次の問いに答えよ．

(1) $W_N(E,\Delta E)$ を計算し，エントロピーを求めよ．

(2) エントロピーが Clausius 等式を満たすとして，エネルギーの絶対温度依存性を求めよ．

問 2.8　量子力学に従う独立な N 個の 1 次元調和振動子を小正準分布で取り扱う．系のエネルギー固有値が E 以下である固有状態の数

$$V_N(E)=\sum_{E'\le E}W_N(E')$$

に対し，次のような古典極限

$$\lim_{\hbar\to 0}(2\pi\hbar)^N V_N(E) = \frac{1}{N!}[2\pi E/\omega]^N,$$

を示せ．さらにこれが，古典力学における N 個の 1 次元調和振動子の，エネルギーが E 未満になる力学変数空間の領域の体積に一致することを示せ．

第3章

正準分布（カノニカル分布）

これまで学んできた小正準分布は，相互作用があるような一般の系には使いやすくないので，ここではより実用的な正準分布について学び，熱力学の法則が普遍的に成り立つことを確かめる．正準分布は，実用上使いやすいので，物性論など多くの応用分野で用いられる．熱浴と N 粒子からなる系を等確率の原理に基づいて扱うと正準分布が得られる．小正準分布では，系を断熱定積環境に閉じ込めて完全な熱力学関数であるエントロピー $S(E,V)$ を計算したのに対し，正準分布では，系を等温定積環境において完全な熱力学関数である Helmholtz 自由エネルギー $F(T,V)$ を計算する．

3.1　正準分布の定義

体積 V の箱に閉じ込められた N 粒子からなる系が熱浴の中に入れられていて，系と熱浴が外から孤立している環境で熱平衡状態にあるとする．系がエネルギー E_j の状態 j をとる確率は，

$$P_j = \frac{e^{-\beta E_j}}{Z_N(\beta,V)}, \tag{3.1}$$

で与えられ，これは正準分布とよばれる．ただし，$Z_N(\beta,V)$ は分配関数といい，次のすべての N 粒子状態にわたる和

$$Z_N(\beta,V) = \sum_{j;\ \text{全状態}} e^{-\beta E_j}, \tag{3.2}$$

で定義される．ただし，β は Boltzmann 定数を k として，熱力学的温度（絶対温度）T と $\beta = \frac{1}{kT}$ の関係にあることが次でわかる．

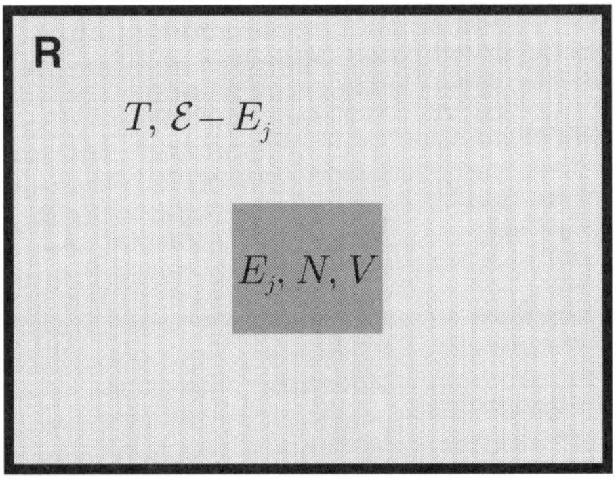

図 3.1　容積 V の容器中の N 粒子からなる系は，絶対温度 T の熱浴 R と平衡状態にあり，系と熱浴は外から孤立している．全エネルギーを $\mathcal{E}$ とし，N 粒子系がエネルギー固有値 E_j に属する状態 j をとっていると，熱浴のエネルギーは $\mathcal{E} - E_j$ である．

3.1.1　正準分布の導出

小正準分布において 1 粒子状態の確率分布を導いたと同様に等確率の原理を仮定すれば，注目している N 粒子からなる系の状態の分布が導かれる．図 3.1 のように，N 粒子からなる系が十分大きな系で，ある熱浴の中に入れられているとする．

熱浴と系の全エネルギーを $\mathcal{E}$ とし，N 粒子からなる系のエネルギー固有状態を j，そのエネルギー固有値を E_j とすると，熱浴のエネルギーは

$$\mathcal{E} - E_j$$

である．熱浴も力学系であるからそのエネルギーの状態数を $W_{\mathrm{R}}(\mathcal{E} - E_j)$ とする．エネルギー $\mathcal{E}$ をもつ熱浴と系全体の状態数を $W(\mathcal{E})$ とするとき，等確率の原理によって N 粒子からなる系が状態 j をとる確率は

$$P_j = \frac{W_{\mathrm{R}}(\mathcal{E} - E_j)}{W(\mathcal{E})},$$

である．N 粒子からなる系のすべての状態にわたって和をとると，次の等式が得られる

$$W(\mathcal{E}) = \sum_j W_{\mathrm{R}}(\mathcal{E} - E_j).$$

これを用いると，系が状態 j をとる確率は

$$P_j = \frac{W_{\mathrm{R}}(\mathcal{E} - E_j)}{Z_N W_{\mathrm{R}}(\mathcal{E})}, \tag{3.3}$$

となる．ただし，

$$Z_N = \sum_j \frac{W_{\mathrm{R}}(\mathcal{E} - E_j)}{W_{\mathrm{R}}(\mathcal{E})}.$$

注目している系のエネルギーは熱浴を含んだ全体に比べて小さく $E_j \ll \mathcal{E}$ であるから

$$\log \frac{W_{\mathrm{R}}(\mathcal{E} - E_j)}{W_{\mathrm{R}}(\mathcal{E})} \simeq -E_j \frac{\partial}{\partial \mathcal{E}} \log W_{\mathrm{R}}(\mathcal{E}) = -E_j \beta.$$

ただし $\beta = \frac{\partial}{\partial \mathcal{E}} \log W_{\mathrm{R}}(\mathcal{E})$ とおいた．これを (3.3) に代入すると分布 (3.1) が得られる．

力学変数が連続的な古典力学に従う粒子に対しても確率密度関数が同様に得られる．

3.1.2 熱力学との対応

● 熱力学的温度

エネルギー $\mathcal{E}$ をもつ熱浴の状態数を $W_{\mathrm{R}}(\mathcal{E})$ とすると $S = k \log W_{\mathrm{R}}(\mathcal{E})$ は熱浴のエントロピーである．正準分布を導出する過程で

$$\beta = \frac{\partial}{\partial \mathcal{E}} \log W_{\mathrm{R}}(\mathcal{E}),$$

によって β が定義されるから，熱力学における Clausius 等式

$$TdS = d\mathcal{E} + PdV,$$

を認めると，$\frac{\partial S}{\partial \mathcal{E}} = \frac{1}{T}$ である．β を定義したときの熱浴のエネルギーによる微分が体積を一定にした微分であれば，$k\beta = \frac{\partial S}{\partial \mathcal{E}}$ であり，熱力学的な温度 T と $\beta = \frac{1}{kT}$ の関係にある．

● エネルギーの期待値

注目している系のエネルギーの期待値は

$$\langle E\rangle = \sum_j E_j P_j = \sum_j E_j \frac{e^{-\beta E_j}}{Z_N} = -\frac{\partial}{\partial\beta}\log Z_N, \tag{3.4}$$

によって計算される．エネルギーの期待値 $\langle E\rangle$ は熱力学における内部エネルギー U に一致する．

● 圧力

系の温度を一定にしながら，箱の体積を $V \to V + dV$ と変える．この変更は閉じ込めポテンシャルを変えることに相当する．この変化による系のエネルギー固有値の変化を $E_j \to E_j + dE_j$ とすると，粒子が壁を通して外にした仕事は $-dE_j$ となるから，気体の圧力を P とすると

$$PdV = -\sum_j dE_j P_j = -\sum_j dE_j \frac{e^{-\beta E_j}}{Z_N} = \frac{1}{\beta}\frac{\partial}{\partial V}\log Z_N dV,$$

となる．よって，圧力 P は

$$P = \frac{\partial}{\partial V} kT \log Z_N. \tag{3.5}$$

● Helmholtz 自由エネルギー

変化 $(\beta, V) \to (\beta + d\beta, V + dV)$ に対して分配関数の変化は

$$d\log Z_N = -\langle E\rangle d\beta + \beta P dV$$

である．また $\beta = \frac{1}{kT}$ より $d\beta = -\frac{1}{kT^2}dT$ である．一方，熱力学において系の Helmholtz 自由エネルギー $F = U - TS$ は $dF = -SdT - PdV$ であり，$U = \langle E\rangle$ であるから，(3.4)，(3.5) を用いて，

$$d\left(\frac{F}{kT}\right) = -\frac{(F+TS)dT}{kT^2} - \frac{PdV}{kT} = -\frac{\langle E\rangle dT}{kT^2} - \frac{PdV}{kT}.$$

この関数の T，V 依存性から，正準分布の分配関数と熱力学の Helmholtz 自由エネルギーに

$$F(T, V) = -kT \log Z_N(T, V)$$

の対応があることがわかる．

3.2 正準分布による自由粒子

3.2.1 1次元空間中の自由粒子

1次元空間において N 個の自由粒子を長さ L の周期的境界条件で取り扱う．N 粒子の状態は $(j_1, j_2, \cdots, j_N)$ によって定まり，そのエネルギー固有値は

$$E(j_1, j_2, \cdots, j_N) = \sum_{n=1}^{N} \epsilon(j_n)$$

で与えられる．ただし $\epsilon(j) = \frac{\hbar^2}{2m}\left(\frac{2\pi j}{L}\right)^2$．Boltzmann 定数を k として系の温度を $\frac{1}{k\beta}$ とする．この N 粒子からなる系が状態 $(j_1, j_2, \cdots, j_N)$ をとる確率は

$$P(j_1, j_2, \cdots, j_N) = \frac{1}{Z_N} e^{-\beta E(j_1, j_2, \cdots, j_N)},$$

で定まり，これを正準分布という．ただし分配関数 Z_N は

$$Z_N = \frac{1}{N!} \sum_{j_1=-\infty}^{\infty} \sum_{j_2=-\infty}^{\infty} \cdots \sum_{j_N=-\infty}^{\infty} e^{-\beta E(j_1, j_2, \cdots, j_N)}$$

で定義される．ただし，係数 $\frac{1}{N!}$ については 3.2.5 節で説明する．

このとき，N 粒子は独立で，系のエネルギーが1粒子エネルギーの和になっていることから N 粒子の分配関数 $Z_N(\beta, L)$ を次のように，1粒子の分配関数によって表すことができる．

$$\begin{aligned} Z_N(\beta, L) &= \frac{1}{N!} \sum_{j_1=-\infty}^{\infty} e^{-\beta\epsilon(j_1)} \sum_{j_2=-\infty}^{\infty} e^{-\beta\epsilon(j_2)} \cdots \sum_{j_N=-\infty}^{\infty} e^{-\beta\epsilon(j_N)} \\ &= \frac{1}{N!} Z_1(\beta, L)^N. \end{aligned}$$

ただし，1粒子の分配関数は

$$Z_1(\beta, L) = \sum_{j=-\infty}^{\infty} e^{-\beta\epsilon(j)}$$

によって定義される．1粒子の分配関数を次のように積分で近似すると

$$Z_1(\beta, L) = \sum_{j=-\infty}^{\infty} e^{-\beta\epsilon(j)} \simeq \frac{L}{2\pi\hbar} \int_{-\infty}^{\infty} dp e^{-\beta\frac{p^2}{2m}} = \frac{L}{2\pi\hbar}\sqrt{\frac{2\pi m}{\beta}}. \tag{3.6}$$

これにより N 粒子からなる系の分配関数 $Z_N(\beta, L)$ は

$$Z_N(\beta, L) = \frac{1}{N!}\left(\frac{L}{2\pi\hbar}\sqrt{\frac{2\pi m}{\beta}}\right)^N$$

と求められる．この分配関数からエネルギーの期待値を計算すると次のようになる．

$$\langle E\rangle = -\frac{\partial}{\partial\beta}\log Z_N\Big(\beta, L\Big) = -\frac{\partial}{\partial\beta}\log\frac{1}{N!}\left(\frac{L}{h}\sqrt{\frac{2\pi m}{\beta}}\right)^N = \frac{\partial}{\partial\beta}\frac{N}{2}\log\beta = \frac{N}{2\beta}.$$

ここで，$h = 2\pi\hbar$ と書いた．また，分配関数と Stirling の公式を用いて Helmholtz 自由エネルギーを表すと

$$F(T, V) = -kT\log Z_N\left(\frac{1}{kT}, V\right) = -NkT\log\left(\frac{eL}{hN}\sqrt{2\pi mkT}\right).$$

この Helmholtz 自由エネルギーから状態方程式を求めると，

$$f = -\frac{\partial F}{\partial L} = \frac{NkT}{L}.$$

ただし，粒子が壁に与える力を f とした．1 次元では，この式が状態方程式となる．Helmholtz 自由エネルギーを温度で偏微分することによって次のようにエントロピーを求めることができる．

$$S(T, L) = -\frac{\partial F}{\partial T} = Nk\log\left(\frac{L}{hN}\sqrt{2\pi mkT}\right) + \frac{Nk}{2}.$$

3.2.2　3 次元空間中の自由粒子

1 辺 L の長さの立方体の箱の中に N 個の粒子が閉じ込められている．この系を周期的境界条件で取り扱う．小正準分布による取り扱いと同様にこの系のエネルギー固有状態は，$3N$ 個の整数からなる量子数 $(j_1, j_2, j_3, \cdots, j_{3N})$ をすべて指定することによって定められ，そのエネルギー固有値は

$$E(j_1, j_2, \cdots, j_{3N}) = \sum_{n=1}^{3N}\epsilon(j_n)$$

で与えられる．ただし $\epsilon_j = \frac{\hbar^2}{2m}\left(\frac{2\pi j}{L}\right)^2$ は 1 次元のエネルギー固有値に等しい．温度を $\frac{1}{k\beta}$ とするとき，この N 粒子からなる系が状態 $(j_1, j_2, \cdots, j_{3N})$ をとる確率は正準分布

$$P(j_1, j_2, \cdots, j_{3N}) = \frac{1}{Z_N} e^{-\beta E(j_1, j_2, \cdots, j_{3N})},$$

で定まる．ただしこの3次元空間中の自由粒子の分配関数 Z_N は1次元の1粒子分配関数の $3N$ 乗で表される．1次元の場合に行ったように，和を積分で近似することにより次のようになる．

$$\begin{aligned} Z_N(\beta, V) &= \frac{1}{N!} \sum_{j_1=-\infty}^{\infty} \cdots \sum_{j_{3N}=-\infty}^{\infty} e^{-\beta E(j_1, j_2, \cdots, j_{3N})} \\ &= \frac{1}{N!} \sum_{j_1=-\infty}^{\infty} e^{-\beta\epsilon(j_1)} \cdots \sum_{j_{3N}=-\infty}^{\infty} e^{-\beta\epsilon(j_{3N})} \\ &= \frac{1}{N!} \Bigl(\sum_{j_1=-\infty}^{\infty} e^{-\beta\epsilon(j_1)} \Bigr)^{3N} \simeq \frac{1}{N!} \Bigl(\frac{L}{2\pi\hbar} \sqrt{\frac{2\pi m}{\beta}} \Bigr)^{3N}. \end{aligned} \tag{3.7}$$

この分配関数からこの系のエネルギーの期待値を求めると

$$\begin{aligned} \langle E \rangle &= -\frac{\partial}{\partial\beta} \log Z_N(\beta, V) = -\frac{\partial}{\partial\beta} \log \frac{1}{N!} \Bigl(\frac{L}{2\pi\hbar} \sqrt{\frac{2\pi m}{\beta}} \Bigr)^{3N} = \frac{\partial}{\partial\beta} \frac{3N}{2} \log\beta \\ &= \frac{3N}{2\beta}. \end{aligned}$$

Stirling の公式を用いると Helmholtz 自由エネルギーは

$$F(T, V) = -kT \log Z_N\Bigl(\frac{1}{kT}, V\Bigr) = -kT \log \frac{1}{N!} \Bigl(\frac{L}{2\pi\hbar}\Bigr)^{3N} \Bigl(2\pi mkT\Bigr)^{\frac{3N}{2}} \tag{3.8}$$

$$= -NkT \log \frac{eV}{h^3 N} - \frac{3}{2} NkT \log 2\pi mkT, \tag{3.9}$$

である．ここで，$h = 2\pi\hbar$ と書いた．これを微分することによってこの系の圧力は

$$P = -\frac{\partial F}{\partial V} = \frac{NkT}{V},$$

である．Avogadro 定数を N_{A} として気体定数を $R = N_{\mathrm{A}} k$ とすると，上式は熱力学における理想気体の状態方程式 $PV = nRT$ を与える．ただし $n = \frac{N}{N_{\mathrm{A}}}$ [mol] は物質量である．エントロピーは

$$S = -\frac{\partial F}{\partial T} = Nk \log \frac{V}{h^3 N} (2\pi mkT)^{\frac{3}{2}} + \frac{5}{2} Nk.$$

3.2.3　古典力学的粒子の正準分布

理想気体を古典力学に基づいて正準分布で取り扱うこともできる．N 個の粒子が体積 V の箱の中に入れられているとする．n 番目の粒子の位置座標を $\vec{r}_n$，運動量を $\vec{p}_n$ とし，ハミルトニアンを

$$H = \sum_{n=1}^{N} \frac{\vec{p}_n^{\,2}}{2m}$$

で定義する．この系の分配関数を

$$Z_N = \frac{c}{N!} \int d^3r_1 \int d^3r_2 \cdots \int d^3r_N \int d^3p_1 \int d^3p_2 \cdots \int d^3p_N e^{-\beta H}$$

によって定義する．古典力学から定義される分配関数を無次元化するための係数 c は任意である．分配関数を量子力学から導くと，右辺の係数は $c = (2\pi\hbar)^{-3N}$ と定まるが，これから計算する物理量はこの係数 c に依存しないため，以下では $c = 1$ とする．量子力学的状態を表す量子数が離散的な確率変数であったのと異なり，この系の古典力学的状態 $(\vec{r}_1, \cdots, \vec{r}_N, \vec{p}_1, \cdots, \vec{p}_N)$ は連続な確率変数であり，これらに対する確率密度関数が

$$f(\vec{r}_1, \cdots, \vec{r}_N, \vec{p}_1, \cdots, \vec{p}_N) = \frac{e^{-\beta H}}{Z_N},$$

で与えられる．積分をして分配関数を求めると量子系に対して近似的に求めた分配関数と一致することが確かめられる．また，N 粒子の状態の確率密度関数は，1 粒子の状態の確率密度関数 $f(\vec{r}, \vec{p}) = f(x, y, z, p_x, p_y, p_z)$（Maxwell-Boltzmann 分布，2.4.2 項を参照）の積で与えられることが確かめられる．

エントロピーを確率密度関数で表すと

$$S = -kN \int_0^L dx \int_0^L dy \int_0^L dz \int_{-\infty}^{\infty} dp_x \int_{-\infty}^{\infty} dp_y \int_{-\infty}^{\infty} dp_z f(\vec{r}, \vec{p}) \log f(\vec{r}, \vec{p}),$$

と表される．

3.2.4　多原子分子の剛体模型 (*)

窒素や酸素，水など多原子分子からなる理想気体を古典力学で考えよう．

1 つの分子の運動エネルギーは 3 自由度の並進運動と，2 原子分子では 2 自

表 3.1 気体のモル比熱（注釈がない場合 300K）
NIST より転載 [2]

物質	定積モル比熱 [J/(K mol)]	定圧モル比熱 [J/(K mol)] (10^5Pa)
He	12.473	20.786
Ar	12.479	20.834
H_2	20.534	28.853
N_2	20.819	29.171
O_2	21.078	29.435
H_2O (372.76K)	28.010	37.444
H_2O (600K)	28.103	36.513
CO_2	29.016	37.520
CO_2 (400K)	33.051	41.446

由度，3 原子以上の一般の多原子分子では 3 自由度の回転運動からなっている．この場合もエネルギーの期待値 $\langle H\rangle$ は，熱力学における内部エネルギー U に一致する．等分配の法則より，温度 T で，N 個の 2 原子分子からなる気体のエネルギー期待値は $\langle H\rangle = \frac{5}{2}NkT$ であり，一般の多原子分子では $\langle H\rangle = 3NkT$ である．これらの系のエネルギー期待値を $\langle H\rangle = Nc_VT$ とおくと，2 原子分子理想気体では $c_V = \frac{5}{2}k$，多原子分子理想気体では $c_V = 3k$ となる．エントロピー S の Clausius 等式

$$TdS = d\langle H\rangle + PdV, \tag{3.10}$$

は体積一定の条件では $TdS = d\langle H\rangle$ となるから，定積熱容量は

$$C_V = T\left(\frac{\partial S}{\partial T}\right)_V = \frac{\partial\langle H\rangle}{\partial T} = \frac{\partial}{\partial T}Nc_VT = Nc_V, \tag{3.11}$$

と求めることができる．状態方程式 $PV = NkT$ はどんな種類の理想気体でも成り立っていることより，圧力一定の条件で V は T に比例している．このことから，定圧熱容量は以下のように求まる．

$$C_P = T\left(\frac{\partial S}{\partial T}\right)_P = \frac{\partial\langle H\rangle}{\partial T} + P\left(\frac{\partial V}{\partial T}\right)_P = Nc_V + Nk. \tag{3.12}$$

実際の気体のモル比熱を表に示す（表 3.1）．

Avogadro 定数を $N_A = 6.\ 02214076\ \times 10^{23}\ \mathrm{mol}^{-1}$，Boltzmann 定数を $k = 1.\ 380649\ \times 10^{-23}$ J/K とし，気体定数を $R = N_A k$ とする．定圧モル比熱を c_P [J/(K mol)]，定積モル比熱を c_V [J/(K mol)] として，気体定数

表 3.2　気体のモル比熱 $/R$（表 3.1 からの換算）

物質	c_V/R	c_P/R (10^5Pa)	$\frac{c_P-c_V}{R}$	比熱比 c_P/c_V
He	1.5002	2.5000	0.9998	1.6665
Ar	1.5009	2.5057	1.0049	1.6695
H_2	2.4697	3.4702	1.0005	1.4051
N_2	2.5039	3.5084	1.0045	1.4012
O_2	2.5351	3.5402	1.0051	1.3965
H_2O (372.76 K)	3.3800	4.5035	1.1346	1.3368
H_2O (600 K)	3.3692	4.3915	1.0115	1.2993
CO_2	3.4898	4.5126	1.0228	1.2931
CO_2 (400 K)	3.9751	4.9848	1.0097	1.2540

$R \simeq 8.3145$ で割って表 3.1 から換算すると表 3.2 が得られる．

表 3.2 に見られるように定圧熱容量と定積熱容量の差に対する Mayer の関係式 $c_P - c_V = R$ は良い近似で成り立っている．Mayer の関係式はすべての物質についてよく成り立っていることがわかる．He，Ar などの単原子分子の気体は自由度 3，O_2，HCl などの 2 原子分子は自由度 5 で，H_2O，CO_2 では自由度 6 である．粒子を剛体として古典統計で扱うと実験とほぼあう．古典統計が有効な高温領域では，原子の振動の比熱への寄与はほとんど観測されない．微妙な実験との不一致を理解するために，原子の振動をたとえば調和振動子で考慮しようとしてもこの形の古典統計理論では等分配の法則が成り立ってしまうので現実とかけ離れてしまう．その場合 2 原子分子では自由度 $2 \times 6 - 3 = 9$，3 原子分子では自由度 $3 \times 6 - 3 = 15$（エネルギーは重心の位置に依存しないのでその自由度のみが比熱に寄与しない）であるから比熱が大きすぎる．その寄与を問題にしようとするならば量子力学で取り扱わねばならない．

以下ではエネルギー期待値と状態方程式を多原子分子の回転運動まで含めた剛体模型によって導こう．Euler 角 θ，ϕ，ψ を用いると剛体のラグランジアンの回転エネルギーの部分は

$$L_{rot} = \sum_{i=1}^{3} \frac{I_i}{2}\omega_i^2, \tag{3.13}$$

$$\omega_1 = \dot{\phi}\sin\theta\sin\psi + \dot{\theta}\cos\psi$$

$$\omega_2 = \dot{\phi}\sin\theta\cos\psi - \dot{\theta}\sin\psi$$

$$\omega_3 = \dot{\phi}\cos\theta + \dot{\psi}$$

と書くことができる．I_1，I_2，I_3 は，慣性モーメントの固有値である．剛体のラグランジアンの Euler 角による表現については力学の教科書，たとえば，Landau. *et al.* (1973) [3] などを参照せよ．Euler 角の正準運動量を $p_\theta = \frac{\partial L}{\partial \dot{\theta}}$，$p_\phi = \frac{\partial L}{\partial \dot{\phi}}$，$p_\psi = \frac{\partial L}{\partial \dot{\psi}}$ とする．2 原子分子では $I_1 = I_2$，$I_3 = 0$ とおくと，力学変数は θ，ϕ だけになる．ラグランジアンに $\dot{\psi}$ が入っていないので，ψ は循環座標とよばれ，拘束条件 $p_\psi = 0$ を得る．ラグランジアンからハミルトニアンを

$$H = p_\theta\dot{\theta} + p_\phi\dot{\phi} + p_\psi\dot{\psi} - L,$$

によって求めると，2 原子分子のハミルトニアンは

$$H_{rot} = \frac{1}{2I_1}(p_\theta^2 + \frac{p_\phi^2}{\sin^2\theta}).$$

2 原子分子の回転部分の 1 粒子分配関数を

$$Z_{rot} = \int_0^\pi d\theta \int_0^{2\pi} d\phi \int_{-\infty}^{\infty} dp_\theta \int_{-\infty}^{\infty} dp_\phi e^{-\beta H},$$

で定義する．積分を実行すると

$$Z_{rot} = \frac{8\pi^2 I_1}{\beta},$$

となる．

また，多原子分子のハミルトニアンは

$$\begin{aligned} H_{rot} = &\frac{1}{2I_1\sin^2\theta}\{(p_\phi - p_\psi\cos\theta)\sin\psi + p_\theta\sin\theta\cos\psi\}^2 \\ &+ \frac{1}{2I_2\sin^2\theta}\{(p_\phi - p_\psi\cos\theta)\cos\psi - p_\theta\sin\theta\sin\psi\}^2 + \frac{1}{2I_3}p_\psi^2, \end{aligned} \tag{3.14}$$

となる．これを

$$\begin{aligned} H_{rot} = &\frac{1}{2}\left(\frac{\cos^2\psi}{I_1} + \frac{\sin^2\psi}{I_2}\right)\left[p_\theta + \left(\frac{1}{I_1} - \frac{1}{I_2}\right)\frac{\sin\psi\cos\psi}{\sin\theta}\left(\frac{\cos^2\psi}{I_1} + \frac{\sin^2\psi}{I_2}\right)^{-1}(p_\phi - \cos\theta p_\psi)\right]^2 \\ &+ \frac{1}{2I_1I_2\sin^2\theta}\left(\frac{\cos^2\psi}{I_1} + \frac{\sin^2\psi}{I_2}\right)^{-1}(p_\phi - \cos\theta p_\psi)^2 + \frac{p_\psi^2}{2I_3}, \end{aligned}$$

と変形し p_θ，p_ϕ，p_ψ の順序で積分すると，残りの変数の積分は順序によらず

容易にできる．

$$Z_{rot} = \int_0^{\pi} d\theta \int_0^{2\pi} d\phi \int_0^{2\pi} d\psi \int_{-\infty}^{\infty} dp_\theta \int_{-\infty}^{\infty} dp_\phi \int_{-\infty}^{\infty} dp_\psi e^{-\beta H} \tag{3.15}$$

$$= \sqrt{\frac{8\pi^3 I_1 I_2 I_3}{\beta^3}} \int_0^{\pi} d\theta \sin\theta \int_0^{2\pi} d\phi \int_0^{2\pi} d\psi = 16\pi^3 \sqrt{\frac{2\pi I_1 I_2 I_3}{\beta^3}}. \tag{3.16}$$

これらと分配関数の並進部分 (3.6) をかけあわせて全体の分配関数 Z_1 を得る．系のハミルトニアン H は各粒子の並進運動の運動エネルギーと回転の運動エネルギー H_{rot} の全粒子にわたる和で与えられ，エネルギー期待値は $\langle H \rangle = -\frac{\partial}{\partial\beta}\log Z_N$ で与えられるので，分配関数の β 依存性から定まる．2 原子分子のエネルギー期待値は

$$\langle H \rangle = -\frac{\partial}{\partial\beta}\log Z_N(\beta, V) = \frac{\partial}{\partial\beta}\Big(\frac{5}{2}Nk\log\beta + \text{constant}\Big) = \frac{5}{2}NkT,$$

であり，多原子分子のエネルギー期待値は

$$\langle H \rangle = -\frac{\partial}{\partial\beta}\log Z_N(\beta, V) = \frac{\partial}{\partial\beta}\Big(3kN\log\beta + \text{constant}\Big) = 3NkT,$$

と得られる．

3.2.5　Gibbs のパラドックスについて

小正準分布で同種粒子の状態数を数えるとき，系の力学的状態は粒子の入れ替えに対して同じ状態なので，近似的に $N!$ で割ることによって求められた．正準分布の分配関数を求めるときも同様に，すべての状態に対する和を

$$Z_N = \frac{1}{N!}\int_0^L dx_1 \int_0^L dy_1 \cdots \int_0^L dz_N \int_{-\infty}^{\infty} dp_{x_1} \int_{-\infty}^{\infty} dp_{y_1}$$
$$\cdots \int_{-\infty}^{\infty} dp_{z_N} \exp\left(-\beta \sum_{n=1}^{N} \frac{\vec{p}_n^{\,2}}{2m}\right), \tag{3.17}$$

のように計算する．4 章では同種粒子を量子力学的に正確に取り扱い，高温領域ではここで行った分配関数の計算方法の正当性が確かめられる．この分配関数から Helmholtz 自由エネルギーを $F(T,V,N) = -kT\log Z_N(T,V)$ によって求めると，$F(T,2V,2N) = 2F(T,V,N)$ となり，この F は示量性を満たす．

3.3 弱く相互作用する粒子 (*)

3.3.1 Mayer 展開

実在気体においては理想気体と異なり，気体粒子の間に相互作用があるので，統計力学ではその効果を考察しなければならない．その中で希薄な気体に対しては Mayer 展開というビリアル展開を得るための近似的な方法が知られている．3.3.1 項の内容は Salinas. *et al.* (2001) [4] を参考としている．3 次元空間中に N 個の質量 m の気体粒子があり，その古典的な力学的状態をそれぞれの位置と運動量 $(\vec{r}_1, \cdots, \vec{r}_N, \vec{p}_1, \cdots, \vec{p}_N)$ で表すとき，系のハミルトニアンは運動エネルギーと相互作用エネルギーの和

$$H(\vec{r}_1, \cdots, \vec{r}_N, \vec{p}_1, \cdots, \vec{p}_N) = \sum_{i=1}^{N} \frac{\vec{p}_i^{\,2}}{2m} + \sum_{1 \le i < j \le N} U(\vec{r}_i - \vec{r}_j),$$

で与えられるとする．たとえば $N = 3$ の場合の相互作用エネルギーを具体的に書くと

$$\sum_{1 \le i < j \le 3} U(\vec{r}_i - \vec{r}_j) = U(\vec{r}_1 - \vec{r}_2) + U(\vec{r}_1 - \vec{r}_3) + U(\vec{r}_2 - \vec{r}_3).$$

これらの粒子を容積 V の容器中に閉じ込めるとき，粒子の分配関数は

$$Z_N(\beta, V) = \frac{1}{N!} \int d^3p_1 \cdots d^3p_N d^3r_1 \cdots d^3r_N e^{-\beta H(\vec{r}_1, \cdots, \vec{r}_N, \vec{p}_1, \cdots, \vec{p}_N)} \tag{3.18}$$

$$= \frac{1}{N!} \int d^3p_1 \cdots d^3p_N e^{-\beta \sum_{i=1}^{N} \frac{\vec{p}_i^{\,2}}{2m}} \int d^3r_1 \cdots d^3r_N e^{-\beta \sum_{1 \le i < j \le N} U(\vec{r}_i - \vec{r}_j)} \tag{3.19}$$

$$= \left(\frac{2\pi m}{\beta} \right)^{\frac{3N}{2}} Q_N(\beta, V). \tag{3.20}$$

ただし，$Q_N(\beta, V)$ は

$$Q_N(\beta, V) = \frac{1}{N!} \int d^3r_1 \cdots d^3r_N \prod_{1 \le i < j \le N} e^{-\beta U(\vec{r}_i - \vec{r}_j)}, \tag{3.21}$$

と表すことができ，各粒子の位置の積分範囲は容器の領域である．粒子間相互作用についての Mayer 展開を定義するため

$$f_{ij} = e^{-\beta U(\vec{r}_i - \vec{r}_j)} - 1,$$

を導入し，$Q_N(\beta, V)$ を f_{ij} の次数によって展開する．

$$\begin{aligned}
Q_N(\beta, V) &= \frac{1}{N!} \int d^3r_1 \cdots d^3r_N \prod_{1 \le i < j \le N} (1 + f_{ij}) \\
&= \frac{1}{N!} \int d^3r_1 \cdots d^3r_N \Big(1 + \sum_{1 \le i < j \le N} f_{ij} + \sum_{i<j, k<l, i \neq k} f_{ij} f_{kl} + \cdots \Big) \\
&= \frac{V^N}{N!} \Big[1 + V^{-1} \sum_{i<j} \int d^3r_i f_{ij} + V^{-2} \sum_{i,j,k,l} \int d^3r_i d^3r_k f_{ij} f_{kl} + \cdots \Big] \\
&= \frac{V^N}{N!} \Big[1 + \frac{N(N-1)}{2V} \int d^3r_1 f_{12} + \frac{c_N}{V^2} \Big(\int d^3r_1 f_{12} \Big)^2 + \cdots \Big].
\end{aligned} \tag{3.22}$$

ただし，$c_N = (N+1)N(N-1)(N-2)/8$ である．この展開の 1 次の項までをある短距離の相互作用に対して計算する．

$$\log Q_N(\beta, V) \simeq N \Big[\log \frac{Ve}{N} + \frac{N}{2V} \int d^3r (e^{-\beta U(\vec{r})} - 1) + \cdots \Big].$$

このとき Helmholtz 自由エネルギーは

$$\begin{aligned}
F(T, V) &= -kT \log Z_N(\frac{1}{kT}, V) \\
&= -\frac{3}{2} NkT \log 2\pi mkT - kT \log Q_N(\frac{1}{kT}, V),
\end{aligned} \tag{3.23}$$

であり，状態方程式は

$$P = -\frac{\partial F}{\partial V} = \frac{NkT}{V} - \frac{N^2kT}{2V^2} \int d^3r (e^{-\beta U(\vec{r})} - 1) + \cdots, \tag{3.24}$$

と表される．

例題　相互作用エネルギー $U(r)$ は 2 粒子間の距離 $r = |\vec{r}|$ の関数で $d > 0$, $U_0 > 0$ とし，$\beta U_0 \ll 1$ として，次のように定義する．

$$U(\vec{r}) = \begin{cases} \infty & (\ 0 < |\vec{r}| < d\ ) \\ -U_0 & (\ d < |\vec{r}| < 2d) \\ 0 & (\ \text{それ以外}\ ) \end{cases} \tag{3.25}$$

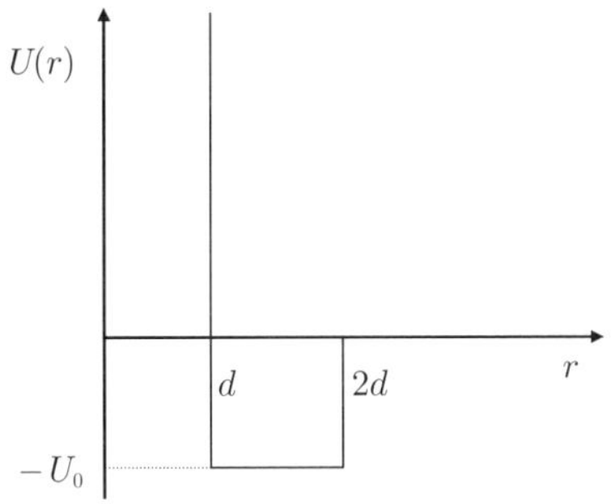

図 3.2　粒子間の相互作用ポテンシャル

このとき，a，b を近似的に

$$a \simeq \frac{14}{3}\pi U_0 d^3, \quad b \simeq \frac{2}{3}\pi d^3 \tag{3.26}$$

として，Helmoltz 自由エネルギー (3.23) の具体的な形が

$$F(T,V) = -NkT\Big[\frac{3}{2}\log 2\pi mkT + \log\frac{Ve}{N} - \frac{N}{V}\Big(b - \frac{a}{kT}\Big) + \cdots\Big], \tag{3.27}$$

と求まることを示せ．また，状態方程式，エントロピー，エネルギー期待値（内部エネルギー）を T，V の関数として求めよ．

解答　Mayer 展開の最低次の補正による Helmholtz 自由エネルギーは

$$F(T,V) = -NkT\Big[\frac{3}{2}\log 2\pi mkT + \log\frac{V}{N} + \frac{N}{2V}\int d^3r(e^{-\beta U(\vec{r})} - 1) + \cdots\Big], \tag{3.28}$$

と表される．$d > 0$，$U_0 > 0$ として $U(\vec{r})$ が式 (3.25) で定義されるから，Mayer 展開による最低次の補正項の係数は次のように計算される．

$$\begin{aligned}\int d^3r(e^{-\beta U(\vec{r})} - 1) &= -\int_{r<d} d^3r + \int_{d<r<2d} d^3r(e^{\beta U_0} - 1)\\ &= -\frac{4}{3}\pi d^3 + \frac{4}{3}\pi[(2d)^3 - d^3](e^{\beta U_0} - 1)\\ &= -\frac{4}{3}\pi d^3 + \frac{28}{3}\pi d^3(e^{\beta U_0} - 1).\end{aligned}$$

$\beta U_0 \ll 1$ として近似的に $e^{\beta U_0} \simeq 1 + \beta U_0$ として，a，b に対する近似式

(3.26) を用いると

$$\int d^3r(e^{-\beta U(\vec{r})}-1) \simeq -2(b-\frac{a}{kT}).$$

この簡単化した相互作用では a は粒子間の引力のエネルギーの大きさと引力の及ぶ領域の体積の積に比例し，b は粒子間の強い反発力による侵入不可能な領域の体積を表している．一般の短距離相互作用においても，a が引力の大きさを表し，b が排除体積効果を表すことは，一般的性質である．これらを Mayer 展開で得られた Helmholtz 自由エネルギー (3.28) に代入すると

$$F(T,V) = -NkT\left[\frac{3}{2}\log 2\pi mkT + \log\frac{Ve}{N} + \frac{N}{2V}\int d^3r(e^{-\beta U(\vec{r})}-1) + \cdots\right] \tag{3.29}$$

$$= -NkT\log(2\pi mkT)^{\frac{3}{2}}\frac{Ve}{N} + \frac{N^2}{V}\Big(bkT-a\Big) + \cdots, \tag{3.30}$$

が得られる．これにより状態方程式は

$$P = -\frac{\partial F}{\partial V} = \frac{NkT}{V}\left[1+\left(b-\frac{a}{kT}\right)\frac{N}{V}+\cdots\right] \tag{3.31}$$

$$\simeq \frac{NkT}{V} + \frac{N^2}{V^2}(bkT-a) \tag{3.32}$$

が得られる．圧力は a について単調減少，b について単調増加である．粒子が閉じ込められている容器の壁に与える力積は，粒子どうしの引力により減少し，斥力によって増加すると考えることができる．エントロピーは

$$S(T,V) = -\frac{\partial F}{\partial T} \simeq Nk\log(2\pi mkT)^{\frac{3}{2}}\frac{V}{N} + \frac{3}{2}Nk - \frac{N^2}{V}bk, \tag{3.33}$$

エネルギー期待値は

$$\langle H\rangle = \frac{\partial}{\partial\beta}\beta F \simeq \frac{3}{2}NkT - \frac{N^2a}{V}, \tag{3.34}$$

と求まる．

3.3.2 Mayer の関係式の補正

3.2.4 項の表に見られるように定圧熱容量と定積熱容量の差に対する Mayer の関係式 $C_P - C_V = Nk$ は近似的に成り立っている．ここでは Mayer 展開

で得られた状態方程式に従う気体の Mayer の関係への補正を 3.3.1 項の例題の結果から求める．定積熱容量 C_V は

$$C_V = T\left(\frac{\partial S}{\partial T}\right)_V = \frac{3}{2}Nk \tag{3.35}$$

となって，この最低次の近似では自由粒子のものと一致する．Mayer 展開の最低次で定圧熱容量 C_P を求めるために，状態方程式 (3.32) の両辺を $P=$一定として T で微分すると

$$0 = \frac{Nk}{V} + \frac{N^2kb}{V^2} - \left[\frac{NkT}{V^2} + 2(bkT-a)\frac{N^2}{V^3}\right]\left(\frac{\partial V}{\partial T}\right)_P.$$

$\left(\frac{\partial V}{\partial T}\right)_P$ を $\frac{a}{kT}\frac{N}{V} \ll 1$，$\frac{bN}{V} \ll 1$ として，これらについて展開し，最低次で求めると，

$$\left(\frac{\partial V}{\partial T}\right)_P \simeq \frac{V}{T}\left[1 + \left(\frac{2a}{kT} - b\right)\frac{N}{V}\right].$$

これより，定圧熱容量は

$$\begin{aligned} C_P &= T\left(\frac{\partial S}{\partial T}\right)_P = T\left(\frac{\partial S}{\partial T}\right)_V + T\left(\frac{\partial S}{\partial V}\right)_V\left(\frac{\partial V}{\partial T}\right)_P \\ &= C_V + \left(Nk + \frac{N^2kb}{V}\right)\left[1 + \left(\frac{2a}{kT} - b\right)\frac{N}{V}\right] \\ &\simeq C_V + Nk + \frac{2N^2a}{TV}, \end{aligned} \tag{3.36}$$

と求まる．Mayer の関係への補正は

$$C_P - C_V - Nk \simeq \frac{2N^2a}{TV}, \tag{3.37}$$

と表される．3.2.4 項で示されている実際の気体のデータ（表 3.2）から $a = \frac{14}{3}\pi U_0 d^3$ のおおよその値を知ることができる．たとえば，Ar や O_2 では，300K，10^5 Pa において，気体定数 $R = N_A k$ であるから，

$$\frac{2N_A a}{kTV} \simeq 0.005,$$

である．Avogadro 定数を $N_A \simeq 6.02 \times 10^{23}\ \mathrm{mol}^{-1}$，Boltzmann 定数を $k \simeq 1.38 \times 10^{-23}\ \mathrm{J\,K}^{-1}$ として

$$a \simeq 0.005\frac{kTV}{2N_A} \simeq 4 \times 10^{-49}\ \mathrm{Jm}^3,$$

と求まる.

3.4　2準位系

3.4.1　正準分布による2準位系

小正準分布でも取り扱った2準位系を正準分布の方法で取り扱う. 1粒子のエネルギーは ϵ_1 または ϵ_2 の2状態をとりうる, 独立した N 粒子からなる系を考える. $\epsilon_1 < \epsilon_2$ であるとする. 各粒子の状態 $j_n = 1, 2$ とするとき, 系のハミルトニアンは系の状態 $(j_1, j_2, \cdots, j_N)$ の関数で,

$$H(j_1, j_2, \cdots, j_N) = \sum_{n=1}^{N} \epsilon_{j_n},$$

によって定義される. Boltzmann 定数を k, 絶対温度を T, $\beta = \frac{1}{kT}$ としてこの系を正準分布で取り扱うとき, この系の分配関数は

$$Z_N(\beta) = \sum_{j_1=1}^{2} \sum_{j_2=1}^{2} \cdots \sum_{j_N=1}^{2} e^{-\beta H(j_1, j_2, \cdots, j_N)}$$

である. この和を実際に計算して分配関数 $Z_N(\beta)$ を求めると

$$\begin{aligned} Z_N(\beta) &= \sum_{j_1=1}^{2} \sum_{j_2=1}^{2} \cdots \sum_{j_N=1}^{2} e^{-\beta \sum_{n=1}^{N} \epsilon_{j_n}} = \sum_{j_1=1}^{2} e^{-\beta\epsilon_{j_1}} \sum_{j_2=1}^{2} e^{-\beta\epsilon_{j_2}} \cdots \sum_{j_N=1}^{2} e^{-\beta\epsilon_{j_n}} \\ &= (e^{-\beta\epsilon_1} + e^{-\beta\epsilon_2})^N \end{aligned}$$

と求まる. これにより系のエネルギーの期待値は

$$\langle H \rangle = -\frac{\partial}{\partial\beta} \log Z_N(\beta) = -N \frac{\partial}{\partial\beta} \log(e^{-\beta\epsilon_1} + e^{-\beta\epsilon_2}) = N \frac{\epsilon_1 e^{-\beta\epsilon_1} + \epsilon_2 e^{-\beta\epsilon_2}}{e^{-\beta\epsilon_1} + e^{-\beta\epsilon_2}}$$

と求まる. Helmholtz 自由エネルギーは

$$F(T) = -kT \log Z_N(\frac{1}{kT}) = -NkT \log(e^{-\frac{\epsilon_1}{kT}} + e^{-\frac{\epsilon_2}{kT}})$$

で定まる. これよりエントロピーは

$$S(T) = -\frac{\partial F}{\partial T} = Nk \log(e^{-\frac{\epsilon_1}{kT}} + e^{-\frac{\epsilon_2}{kT}}) + \frac{N}{T} \frac{\epsilon_1 e^{-\frac{\epsilon_1}{kT}} + \epsilon_2 e^{-\frac{\epsilon_2}{kT}}}{e^{-\frac{\epsilon_1}{kT}} + e^{-\frac{\epsilon_2}{kT}}}$$

と求まる．エネルギー期待値とエントロピーの高温と低温での振る舞いを調べよう．$\epsilon_1 < \epsilon_2$ を仮定しているので 絶対零度極限は

$$\lim_{\beta\to\infty} N\frac{\epsilon_1 e^{-\beta\epsilon_1}+\epsilon_2 e^{-\beta\epsilon_2}}{e^{-\beta\epsilon_1}+e^{-\beta\epsilon_2}} = \lim_{\beta\to\infty} N\frac{\epsilon_1+\epsilon_2 e^{-\beta(\epsilon_2-\epsilon_1)}}{1+e^{-\beta(\epsilon_2-\epsilon_1)}} = N\epsilon_1$$

であり，高温極限は

$$\lim_{\beta\to 0} N\frac{\epsilon_1 e^{-\beta\epsilon_1}+\epsilon_2 e^{-\beta\epsilon_2}}{e^{-\beta\epsilon_1}+e^{-\beta\epsilon_2}} = N\frac{\epsilon_1+\epsilon_2}{2}$$

と求まる．これらは，小正準分布で得られた結果と同じ結果となる．エントロピーの絶対零度極限は

$$\lim_{T\to 0} S(T) = \lim_{T\to 0}\left[Nk\log(1+e^{-\frac{\epsilon_2-\epsilon_1}{kT}}) - \frac{N\epsilon_1}{T} + \frac{N}{T}\frac{\epsilon_1+\epsilon_2 e^{-\frac{\epsilon_2-\epsilon_1}{kT}}}{1+e^{-\frac{\epsilon_2-\epsilon_1}{kT}}}\right] = 0.$$

ここで，次の性質を用いた．

$$\lim_{T\to 0}\frac{e^{-\frac{\epsilon_2-\epsilon_1}{kT}}}{T} = 0.$$

この性質は次の l'Hospital（ロピタル）の定理を用いて示すことができる．任意の微分可能な実数 x の関数 $f(x), g(x)$ と実数 c に対して $\lim_{x\to c} f(x) = 0 = \lim_{x\to c} g(x)$ であり，$\lim_{x\to c} f'(x)$，$\lim_{x\to c} g'(x)$ が存在するならば，次が成り立つ．

$$\lim_{x\to c}\frac{f(x)}{g(x)} = \lim_{x\to c}\frac{f'(x)}{g'(x)}$$

高温極限は

$$\lim_{T\to\infty} S(T) = Nk\log 2,$$

となる．

3.4.2　正準分布による独立スピン模型

常磁性体の模型として独立なスピンの集団を正準分布の方法で取り扱う．

ある常磁性体の粒子には局在した電子があり，磁気モーメント $\pm\mu_{\mathrm{B}}$ をもっているとする．外部磁場 h の中に置かれた各粒子の磁気モーメントは磁場と平行か反平行の 2 状態のみをとる．反平行状態は $\epsilon = \mu_{\mathrm{B}}h$，平行状態は $-\epsilon$ のエネルギー固有値をもつ．独立した N 個の粒子からなる系が温度 T の熱浴と平

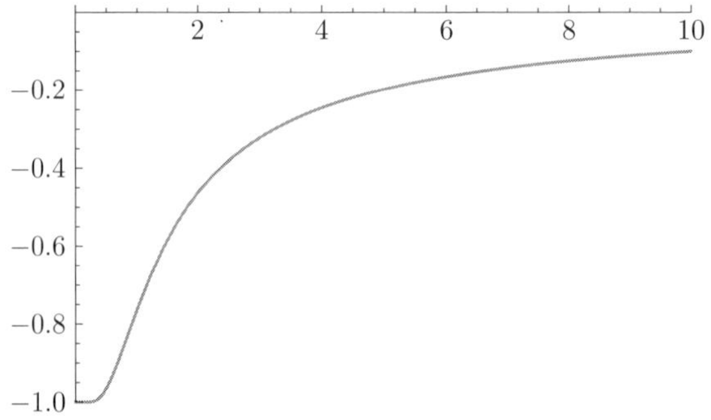

図 3.3　横軸に絶対温度 T をとって縦軸に独立スピン模型のエネルギー期待値を図示している．$\epsilon/k=1$，$N\epsilon=1$ とした．

衡状態となっている．j 番目の粒子の磁気モーメントを $\mu_{\mathrm{B}}\sigma_j$ $(\sigma_j=\pm 1)$ とおく．この系の分配関数は

$$Z=\sum_{\sigma_1=\pm 1}\sum_{\sigma_2=\pm 1}\cdots\sum_{\sigma_N=\pm 1}\exp\left[\beta\sum_{j=1}^{N}\epsilon\sigma_j\right]=(e^{\beta\epsilon}+e^{-\beta\epsilon})^N,$$

である．この系のエネルギー期待値は

$$\langle E\rangle=-\frac{\partial}{\partial\beta}\log Z=-N\epsilon\frac{e^{\beta\epsilon}-e^{-\beta\epsilon}}{e^{\beta\epsilon}+e^{-\beta\epsilon}}.$$

$\epsilon=\mu_{\mathrm{B}}h$ であるから，この系の磁気モーメントの期待値は

$$M=N\mu_{\mathrm{B}}\frac{e^{\beta\epsilon}-e^{-\beta\epsilon}}{e^{\beta\epsilon}+e^{-\beta\epsilon}}.$$

磁化率は

$$\chi=\left(\frac{\partial M}{\partial h}\right)_{h=0}=N\mu_{\mathrm{B}}^2\beta=\frac{N\mu_{\mathrm{B}}^2}{kT}.$$

エントロピーは

$$S=\frac{\partial}{\partial T}kT\log Z=k\log Z+\langle E\rangle/T, \tag{3.38}$$

であるから，h を一定にした定磁場熱容量は

$$C_h=T\left(\frac{\partial S}{\partial T}\right)_h=\frac{\partial\langle E\rangle}{\partial T}=\frac{N\epsilon^2}{kT^2\cosh^2\frac{\epsilon}{kT}}.$$

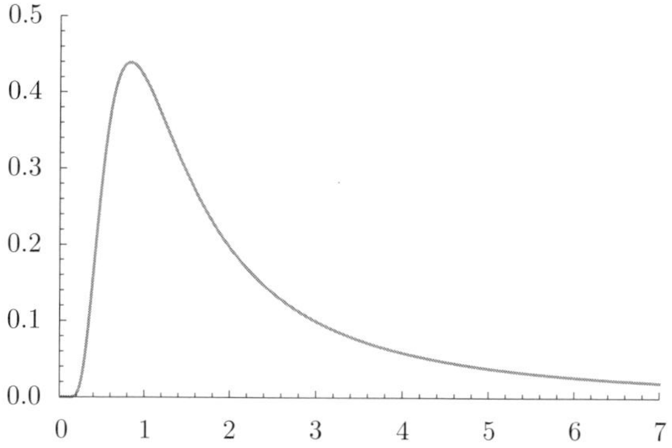

図 3.4　横軸に絶対温度 T をとって縦軸に独立スピン模型の熱容量を図示している．$\epsilon/k = 1$，$N\epsilon = 1$ とした．

この熱容量は低温で

$$C_h \simeq \frac{4N\epsilon^2}{kT^2} e^{-\frac{2\epsilon}{kT}},$$

高温で

$$C_h \simeq \frac{N\epsilon^2}{kT^2},$$

と振る舞い，絶対零度極限も高温極限も 0 に収束し，その間の温度領域で極大値をとる．1 粒子あたりの熱容量は 1 粒子比熱という．このように振る舞う比熱を Schottky（ショットキー）比熱という．Schottky 比熱は独立な 2 準位系の重要な性質である．

磁気モーメントを一定にするように磁場と温度を変えるとき，$\beta\epsilon$ が一定なので，エントロピーは変化しない．定磁化熱容量は常に 0 である．

$(h, T) \to (h + dh, T + dT)$ に対して，式 (3.38) より，

$$TdS = d\langle E\rangle - \langle E\rangle/TdT + kT\frac{\partial}{\partial T}\log ZdT + kT\frac{\partial}{\partial h}\log Zdh.$$

第 3 項は

$$kT\frac{\partial}{\partial T}\log Z = kT\frac{\partial\beta}{\partial T}\frac{\partial}{\partial\beta}\log Z = \frac{kT}{kT^2}\langle E\rangle$$

となるので，第 2 項と相殺する．最後の項は，

$$kT\frac{\partial}{\partial h}\log Z = M$$

であるから，この常磁性体に対する Clausius 等式

$$TdS = d\langle E\rangle + Mdh, \tag{3.39}$$

が示される．右辺の第2項は，磁場が磁性体に行う仕事である．具体的にエントロピーを書くと

$$S = k\beta\langle E\rangle + k\log Z = -Nk\beta\mu_{\mathrm{B}}h\tanh(\beta\mu_{\mathrm{B}}h) + kN\log(2\cosh(\beta\mu_{\mathrm{B}}h)),$$

となり，βh だけの関数となることがわかる．準静的断熱変化でエントロピーは変化しないので，$h/T =$ 一定である．したがって，準静的断熱変化で磁場を抜くと温度が下がる．

3.5　Ising 鎖 $^{(*)}$

1次元の Ising 模型を考察する．格子点が N 個あり，各格子点には $\sigma_n = \pm 1$ のスピン変数が存在していて，外部磁場 h の中に置かれている．この系のハミルトニアンは $J > 0$ を強磁性的なスピン間の相互作用の大きさとして

$$H(\sigma_1, \sigma_2, \cdots, \sigma_N) = -\sum_{n=1}^{N}(J\sigma_{n+1}\sigma_n + h\sigma_n),$$

で与えられる．ここでは周期的境界条件 $\sigma_1 = \sigma_{N+1}$ をとる．絶対温度 T の熱浴と熱平衡状態にある系を正準分布の方法で取り扱うとき，$\beta = \frac{1}{kT}$ として分配関数は

$$Z_N = \sum_{\sigma_1=\pm 1}\sum_{\sigma_2=\pm 1}\cdots\sum_{\sigma_N=\pm 1} e^{-\beta H(\sigma_1,\sigma_2,\cdots,\sigma_N)},$$

である．この1次元の模型は Ising によって解かれた強磁性相互作用をもつ磁性体の有名な模型であるが，残念ながら $T > 0$ で強磁性相転移は起らないことを以下で示す．

$\sigma, \sigma' = \pm 1$ に対して成分が

$$t_{\sigma,\sigma'} = \exp[\beta(J\sigma\sigma' + h\sigma/2 + h\sigma'/2)] \tag{3.40}$$

で与えられる 2 次実対称行列 t は転送行列とよばれる．分配関数は転送行列の N 乗のトレース

$$Z_N = \mathrm{Tr}\ t^N \tag{3.41}$$

によって計算される．ただし，成分が A_{ij} で与えられる n 次正方行列 A のトレースは

$$\mathrm{Tr}\ A = \sum_{i=1}^{n} A_{ii}, \tag{3.42}$$

で定義される．n 次正方行列 A のトレースは任意の n 次正則行列 G による一次変換に対して不変である．すなわち

$$\mathrm{Tr}\ GAG^{-1} = \mathrm{Tr}\ A \tag{3.43}$$

であるから，n 次実対称行列 A のトレースは A のすべての固有値 α_i の和

$$\mathrm{Tr}\ A = \sum_{i=1}^{n} \alpha_i, \tag{3.44}$$

で与えられる．ある実数正方行列 A

$$A = \begin{pmatrix} a & b \\ c & d \end{pmatrix}$$

の固有値は

$$\frac{1}{2}\left[a + d \pm \sqrt{(a+d)^2 - 4(ad - bc)}\right], \tag{3.45}$$

である．転送行列 t に対する固有値は

$$\lambda_{\pm} = e^{\beta J}\left[\cosh\beta h \pm \sqrt{\sinh^2\beta h + e^{-4\beta J}}\right] \tag{3.46}$$

となる．実対称行列 t を対角化する直交行列を U とすると

$$Ut^NU^{-1} = (UtU^{-1})^N = U\begin{pmatrix} \lambda_+ & 0 \\ 0 & \lambda_- \end{pmatrix}^N U^{-1} = U\begin{pmatrix} \lambda_+^N & 0 \\ 0 & \lambda_-^N \end{pmatrix}U^{-1}$$

これによって 分配関数は

$$Z_N(\beta, h) = \mathrm{Tr}\ t^N = \mathrm{Tr}\ U t^N U^{-1} = \lambda_+^N + \lambda_-^N \tag{3.47}$$

と求まる．1粒子自由エネルギーは

$$\begin{aligned} f_N(T, h) &= -\frac{kT}{N} \log Z_N(\frac{1}{kT}, h) = -\frac{kT}{N} \log(\lambda_+^N + \lambda_-^N) \\ &= -kT \log \lambda_+ - kT \log \left[1 + (\lambda_-/\lambda_+)^N\right] \end{aligned} \tag{3.48}$$

である．無限体積極限 $N \to \infty$ をとると，以下のようになる．

$$f_\infty(T, h) = -kT \log \lambda_+ = -J - kT \log \left[\cosh \frac{h}{kT} + \sqrt{\sinh^2 \frac{h}{kT} + e^{-4\frac{J}{kT}}}\right]. \tag{3.49}$$

例題　1次元 Ising 模型において，1粒子あたりの磁化を正準分布によるスピンの期待値

$$m_N(T, h) = \frac{1}{N} \sum_{i=1}^N \langle \sigma_i \rangle$$

で定義するとき，

$$m_N(T, h) = -\frac{\partial}{\partial h} f_N(T, h),$$

を示し，$m_\infty(T, h)$ を計算せよ．1粒子あたりの磁化率

$$\chi(T, h) = \frac{\partial m_\infty}{\partial h},$$

を計算せよ．1次元 Ising 模型ではあらゆる温度領域 $T > 0$ で常磁性を示す．常磁性体の磁気モーメントは磁場の小さいとき，比例法則 $m_\infty \simeq \chi(T, 0) h$ に従い，自発磁化は $\lim_{h \searrow 0} m_\infty(T, h) = 0$ となる．

解答　1次元 Ising 模型において，磁化は

$$\sum_{i=1}^N \langle \sigma_i \rangle = \frac{1}{Z_N(\beta, h)} \sum_{\sigma_1 = \pm 1} \cdots \sum_{\sigma_N = \pm 1} \sum_{i=1}^N \sigma_i e^{\beta \sum_{i=1}^N (J\sigma_i \sigma_{i+1} + h\sigma_i)}$$

$$= \frac{1}{\beta Z_N(\beta,h)}\frac{\partial}{\partial h}Z_N(\beta,h) = \frac{1}{\beta}\frac{\partial}{\partial h}\log Z_N(\beta,h).$$

よって，1 粒子自由エネルギーを用いて

$$m_N(T,h) = -\frac{\partial}{\partial h}f_N(T,h),$$

が得られる．これと公式 (3.48) を用いると $m_N(T,h)$ を求めることができる．$f_N(T,h)$ において $N\to\infty$ をとると落ちていく項は h で微分したものに対しても落ちていくので $m_\infty(T,h)$ をこの公式と (3.49) から計算できる．

$$m_\infty(T,h) = \frac{\sinh\frac{h}{kT}}{\sqrt{\sinh^2\frac{h}{kT}+e^{-\frac{4J}{kT}}}}.$$

1 粒子あたりの磁化率は

$$\chi(T,h) = \frac{\partial m_\infty}{\partial h} = \frac{\cosh\frac{h}{kT}e^{-\frac{4J}{kT}}}{kT(\sinh^2\frac{h}{kT}+e^{-\frac{4J}{kT}})^{\frac{3}{2}}},$$

と計算される．磁気モーメントは磁場が小さければ $m_\infty \simeq \chi(T,0)h$ に従い，自発磁化は $\lim_{h\searrow 0} m_\infty(T,h) = 0$ となる．したがって 1 次元 Ising 模型ではあらゆる温度領域 $T>0$ で常磁性を示すことが分かる．一般の磁性体を理解する上でも，1 次元 Ising 模型の絶対温度 T と磁場 h の関数 $m_\infty(T,h)$，$\chi(T,h)$ の振る舞いを把握しておくことは重要である．

例題　高温領域においてゼロ磁場 $h\to 0$ における $\frac{1}{\chi(T,0)}$ の温度依存性は近似的に次のような直線となる．

$$\frac{1}{\chi(T,0)} \simeq \frac{T-\Theta}{C}. \tag{3.50}$$

この法則を Curie-Weiss（キュリー - ワイス）の法則という．$\frac{1}{T\chi(T,0)}$ を $\frac{J}{kT}$ で Taylor 展開することにより C，Θ を J で表せ．

解答　高温領域においてゼロ磁場 $h\to 0$ において

$$\chi(T,0) = \frac{e^{\frac{2J}{kT}}}{kT}.$$

$\frac{1}{\chi(T,0)}$ の温度依存性は近似的に次のような直線となり，

$$\frac{1}{\chi(T,0)} = kTe^{-\frac{2J}{kT}} \simeq kT\left(1-\frac{2J}{kT}\right) = \frac{T-\Theta}{C} \tag{3.51}$$

となる．よって，$C=1/k$，$\Theta=2J/k$ である．

3.6　正準分布による長距離相互作用 Ising 模型 (*)

ここでは，相転移を示す簡単な厳密解が存在する長距離相互作用 Ising 模型を正準分布によって調べる．この模型は理論的で人工的な模型であり，短距離相互作用している実際の磁性体とは異なるが，相転移とはどのような現象かを理解するには良い模型である．

3.6.1　模型の定義

格子点が N 個あり，各格子点には $\sigma_n=\pm 1$ のスピン変数が存在していて，外部磁場 h の中に置かれている．この系のハミルトニアンは 2.6 節の小正準分布で定義したハミルトニアンと同じで，$J>0$ を強磁性的なスピン間の相互作用の大きさとして

$$H(\sigma_1,\sigma_2,\cdots,\sigma_N) = -\frac{J}{2N}\left(\sum_{n=1}^{N}\sigma_n\right)^2 - h\sum_{n=1}^{N}\sigma_n,$$

で与えられる．絶対温度 T の熱浴と熱平衡状態にある系を正準分布の方法で取り扱うとき，$\beta=\frac{1}{kT}$ として分配関数は

$$Z_N = \sum_{\sigma_1=\pm1}\sum_{\sigma_2=\pm1}\cdots\sum_{\sigma_N=\pm1} e^{-\beta H(\sigma_1,\sigma_2,\cdots,\sigma_N)},$$

である．以下で見るように，この模型は $N\to\infty$ の極限で近似なしに解かれ，強磁性の相転移が起ることがわかる．系の磁化を

$$M=\sum_{n=1}^{N}\sigma_n$$

とおくと，ハミルトニアンは

$$H(M) = -\frac{1}{2N}JM^2 - hM$$

となり，M の関数と考えることができるので，分配関数は M の和で表すことができる．スピンが $\sigma_n = \pm 1$ となる格子点数をそれぞれ $N_\pm$ とするとき，$N_+ + N_- = N$，$N_+ - N_- = M$ であることから，M を定めると $N_\pm$ は次で定まる．

$$N_\pm = \frac{1}{2}(N \pm M).$$

定まった M を与える状態数は $\frac{N!}{N_+!N_-!}$ であることから，分配関数は，

$$Z_N(\beta, h) = \sum_{N_+=0}^{N} \frac{N!}{N_+!N_-!} e^{-\beta H(M)} = \sum_{-N \le M \le N} e^{-\beta F(M)}. \tag{3.52}$$

ただし $F(M)$ は次で定義される．

$$F(M) = -\frac{1}{2N}JM^2 - hM - \frac{1}{\beta}\Big[\log N! - \log \frac{N+M}{2}!\frac{N-M}{2}!\Big]. \tag{3.53}$$

3.6.2　極値条件

各 (β, h, N) に対して $F(M)$ を最小にする M を M^* と書くと，分配関数 (3.52) の和の各項は正定値であるから

$$e^{-\beta F(M^*)} \le Z_N(\beta, h) \le (N+1)e^{-\beta F(M^*)} \tag{3.54}$$

となる．これは，分配関数を全スピン $M = \sum_{n=1}^N \sigma_n = -N, -N+2, \cdots, N-2, N$ についての和で表すと

$$Z_N(\beta, h) = \sum_{\sigma_1 = \pm 1} \cdots \sum_{\sigma_N = \pm 1} e^{-\beta H(\sigma_1, \cdots, \sigma_N)} = \sum_{-N \le M \le N} e^{-\beta F(M)}$$

のように $N+1$ 項からなる．各項は正であるから，その中の 1 項 $e^{-\beta F(M^*)}$ だけを抜き出すと分配関数より小さくなり，すべての項が最大値である $e^{-\beta F(M^*)}$ であるとすると不等式 (3.54) が得られる．したがって，

$$-\frac{F(M^*)}{N} \le \frac{1}{N\beta}\log Z_N(\beta, h) \le -\frac{F(M^*)}{N} + \frac{1}{N\beta}\log(N+1)$$

であるから，極限 $N \to \infty$ をとると

$$\lim_{N\to\infty}\frac{1}{N\beta}\log Z_N(\beta,h) = -\lim_{N\to\infty}\frac{F(M^*)}{N}, \tag{3.55}$$

と求まる．極限 (3.55) は l'Hospital の定理を用いて分母分子を N で微分して極限をとると

$$\lim_{N\to\infty}\frac{\log(N+1)}{N} = \lim_{N\to\infty}\frac{[\log(N+1)]'}{N'} = \lim_{N\to\infty}\frac{1}{N+1} = 0$$

となって成り立つ．

以下では，$f(m) = F(M)/N$，$m = M/N$，$m^* = M^*/N$ とおいて m^* を (β,h) の関数として求める．式 (3.53) で与えられる関数に Stirling の公式を使うと次のように表される．

$$\begin{aligned}
f(m) = \frac{F(M)}{N} &= -\frac{1}{2N^2}JM^2 - h\frac{M}{N} - \frac{1}{N\beta}\Big[\log N! - \log\frac{N+M}{2}!\frac{N-M}{2}!\Big] \\
&\simeq -\frac{J}{2}\Big(\frac{M}{N}\Big)^2 - h\frac{M}{N} \\
&\quad - \frac{1}{\beta}\Big[\log N - 1 - \frac{N+M}{2N}\log\frac{N+M}{2} + \frac{N+M}{2N} \\
&\quad - \frac{N-M}{2N}\log\frac{N-M}{2} + \frac{N-M}{2N}\Big] \\
&= -\frac{J}{2}m^2 - hm + \frac{1}{\beta}\Big[\frac{1+m}{2}\log\frac{1+m}{2} + \frac{1-m}{2}\log\frac{1-m}{2}\Big] \\
&= -\frac{J}{2}m^2 - hm + \frac{1}{2\beta}(1+m)\log(1+m) \\
&\quad + \frac{1}{2\beta}(1-m)\log(1-m) - \frac{1}{\beta}\log 2.
\end{aligned} \tag{3.56}$$

f の最小値を与える m^* を求めるために $f'(m)$ を求めると

$$f'(m) = -Jm - h + \frac{1}{2\beta}[\log(1+m) - \log(1-m)]. \tag{3.57}$$

したがって，$f'(m^*) = 0$ より

$$e^{2\beta(Jm^*+h)} = \frac{1+m^*}{1-m^*}.$$

これにより m^* を定める方程式

$$m^* = \tanh\beta(Jm^*+h) \tag{3.58}$$

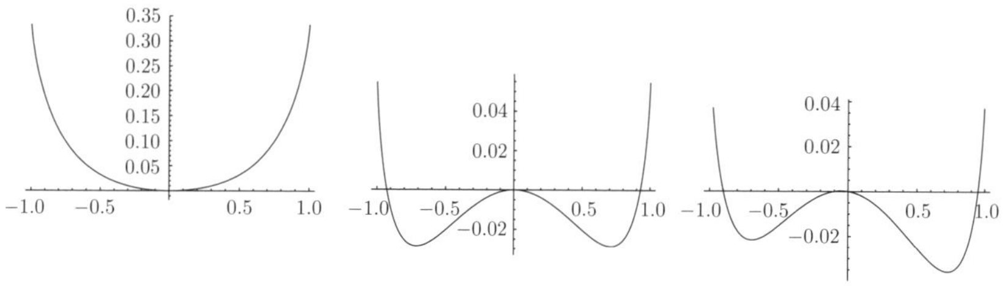

図 3.5 交換相互作用 $J = 1$，絶対温度 T と磁場 h は左から $(kT, h) = (1.2, 0)$, $(0.8, 0)$, $(0.8, 0.01)$

が得られる．この極値を定める方程式は 2 章で小正準分布の方法から得られた方程式 (2.42) と同じ形をしている．

3.6.3 自発磁化と自発的対称性の破れ

有限の N において $h \to 0$ とするとき，$F(-M) = F(M)$ に注意すると正準分布による磁気モーメントの期待値は次のように消える

$$\langle m \rangle = \frac{1}{Z_N(\beta, 0)} \sum_{-N \leq M \leq N} \frac{M}{N} e^{-\beta F(M)} = 0. \tag{3.59}$$

これは $h = 0$ のハミルトニアンに次のような対称性

$$H(-\sigma_1, -\sigma_2, \cdots, -\sigma_N) = -\frac{J}{2N}\left(-\sum_{n=1}^{N} \sigma_n\right)^2 = H(\sigma_1, \sigma_2, \cdots, \sigma_N),$$

があることに起因している．この対称性を $\mathbb{Z}_2$ 対称性という．横軸に 1 粒子磁化 m をとって，式 (3.56) から定まる $f(m)$ の概形をいろいろな温度と磁場でグラフに図示すると図 3.5 のようになる．磁場がない $h = 0$ の場合に，系の $\mathbb{Z}_2$ 対称性によって $f(m)$ は偶関数となっている．この関数の極値条件 $f'(m^*) = 0$ が方程式 (3.58) である．

例題 磁場のない $h = 0$ の場合，方程式 (3.58) の解について，次を示せ．

(1) いつでも $m^* = 0$ は方程式 (3.58) の解であり，高温領域 $\beta J \leq 1$ では，この解が一意的であることを示せ．

(2) 低温領域 $\beta J > 1$ では，ある $m^* \neq 0$ が解であり，このとき $-m^*$ も解であることを示せ．

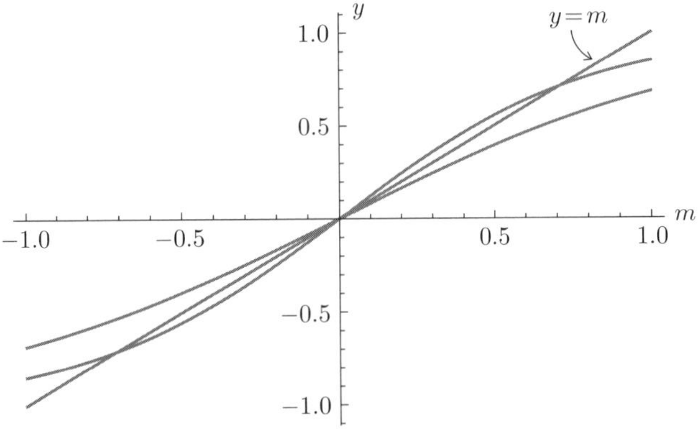

図 3.6　磁場 $h=0$，交換相互作用 $J=1$，縦軸 y，横軸 m として $y=m$ および $y=\tanh\frac{Jm}{kT}$，絶対温度 $kT=0.8$，$kT=1.2$．$kT=0.8$ では $y=m$ と $y=\tanh\frac{Jm}{kT}$ との交点が 3 つ，$kT=1.2$ では 1 つ存在する．

解答　正の定数を a として，関数 $f(x)=x-\tanh ax$ を考える．

(1) $\tanh 0=0$ であり，$f(0)=0$ は常に成り立つから $h=0$ ならば $m^*=0$ はいつでも方程式 (3.58) を満たす．さらに $a\leq 1$ ならば $x\neq 0$ に対して

$$f'(x)=1-\frac{a}{\cosh^2 ax}>0,$$

であることから，$f(x)$ は単調増加であり，$f(x)=0$ の解は $x=0$ のみである．

(2) 一方，$a>1$ のとき，$f'(\pm c)=0$ となる $c>0$ が存在し，$|x|<c$ ($\cosh^2 ax<a$) に対して $f'(x)<0$, $|x|>c$ ($\cosh^2 ax>a$) ならば $f'(x)>0$ となる．

x	$-x^*$	$\cdots$	$-c$	$\cdots$	0	$\cdots$	c	$\cdots$	x^*
$f'(x)$	$+$	$+$	0	$-$	$-$	$-$	0	$+$	$+$
$f(x)$	0	↗	極大	↘	0	↘	極小	↗	0

方程式は $a>1$ の場合に $f(x)=0$ の解 $x=0$，$\pm x^*$ が 3 つ存在する．

例題 一般に，$h=0$ としたハミルトニアン H_0 が $\mathbb{Z}_2$ 対称性

$$H_0(-\sigma_1,\cdots,-\sigma_N)=H_0(\sigma_1,\cdots,\sigma_N)$$

をもち，ハミルトニアンが

$$H=H_0-h\sum_{i=1}^{N}\sigma_i$$

で与えられるとき，以下の問いに答えよ．

(1) 分配関数は h の偶関数であることを示せ．

(2) $h=0$ ならば $\langle\sigma_i\rangle=0$, であることを示せ．

解答

(1) Ising 模型の分配関数において $h\to -h$ として変数変換 $\tau_n=-\sigma_n$ を行うと

$$\begin{aligned}Z_N(\beta,-h)&=\sum_{\sigma_1=\pm 1}\cdots\sum_{\sigma_N=\pm 1}e^{-\beta H_0(\sigma_1,\cdots,\sigma_N)-\beta h\sum_{n=1}^{N}\sigma_n}\\&=\sum_{\tau_1=\pm 1}\cdots\sum_{\tau_N=\pm 1}e^{-\beta H_0(-\tau_1,\cdots,-\tau_N)+\beta h\sum_{n=1}^{N}\tau_n}=Z_N(\beta,h).\end{aligned}\tag{3.60}$$

(2) $h=0$ に対して，スピン配位についての和をすべてのスピン変数に対する変数変換 $\tau_n=-\sigma_n$ を行うことによって

$$\begin{aligned}\langle\sigma_i\rangle&=\frac{1}{Z_N(\beta,0)}\sum_{\sigma_1=\pm 1}\cdots\sum_{\sigma_N=\pm 1}\sigma_i e^{-\beta H_0(\sigma_1,\cdots,\sigma_N)}\\&=\frac{1}{Z_N(\beta,0)}\sum_{\tau_1=\pm 1}\cdots\sum_{\tau_N=\pm 1}(-\tau_i)e^{-\beta H_0(-\tau_1,\cdots,-\tau_N)}\\&=\frac{1}{Z_N(\beta,0)}\sum_{\tau_1=\pm 1}\cdots\sum_{\tau_N=\pm 1}(-\tau_i)e^{-\beta H_0(\tau_1,\cdots,\tau_N)}=-\langle\tau_i\rangle,\end{aligned}$$

である．和は範囲が一致していれば一致し，$\langle\tau_i\rangle=\langle\sigma_i\rangle$ であるから，$\langle\sigma_i\rangle=0$ が示される．

● 大数の法則による考察

$h=0$ とした対称な正準分布による 1 粒子の磁化 m の分散は

$$\langle m^2 \rangle = \frac{1}{Z_N(\beta,0)} \sum_{-N\le M\le N} \left(\frac{M}{N}\right)^2 e^{-\beta F(M)}. \tag{3.61}$$

この値は低温領域 $\beta J > 1$ において有限に残る．一方，先に $N\to\infty$ として得られる方程式 (3.58) において $h\to 0$ としたとき，

$$m^* = \tanh \beta J m^* \tag{3.62}$$

において $\beta J > 1$ ならば $m^* \neq 0$ となる解が存在する．この m^* を自発磁化という．自発磁化は $f(m)$ の最小値を与える．$h=0$ とするとあらゆる場合において，$m^*=0$ は解ではあるが，$\beta J>1$ の場合には $f(m)$ の極大を与える．この模型において m の分布は $m=\pm m^*$ に集中しているので，$f(m)$ の極大値を与える $m^*\neq 0$ によって和 (3.61) は $(m^*)^2$ に一致する．このような境界を与える β の値を Curie（キュリー）点といい，$\beta_c = \frac{1}{J}$ となる．これに対応する温度

$$T_c = \frac{J}{k}$$

を Curie 温度という．したがって，$T>T_c$ ならば $m^*=0$ であり，$T<T_c$ ならば自発磁化 $m^*\neq 0$ が生じる．自発磁化が生じているとき，系は強磁性相にあるといい，自発磁化がないとき，系は常磁性相にあるという．

強磁性のこのような現象を大数の法則によって考察しよう．$h=0$ とした対称な正準分布において $f(m)$ の最小値を与える正の m の値を m^* とおくとき，$T<T_c$ ならば m の期待値と分散および 4 次のモーメントは次を満たす

$$\lim_{N\to\infty}\lim_{h\to 0}\frac{1}{N}\sum_{n=1}^{N}\langle\sigma_n\rangle = 0,$$

$$\Delta^2 = \lim_{N\to\infty}\lim_{h\to 0}\langle\Bigl(\frac{1}{N}\sum_{n=1}^{N}\sigma_n\Bigr)^2\rangle = (m^*)^2 \neq 0,$$

$$\lim_{N\to\infty}\lim_{h\to 0}\langle\Bigl(\frac{1}{N}\sum_{n=1}^{N}\sigma_n\Bigr)^4\rangle \le 1.$$

これらと Paley-Zygmund 不等式 (1.9) において $X=(m-\langle m\rangle)^2 = m^2$ と

おくことにより，$0 < c < 1$ に対して

$$\mathrm{P}\Big[\Big|\frac{1}{N}\sum_{n=1}^{N}\sigma_n\Big| > \sqrt{c}m^*\Big] = \mathrm{P}\Big[m^2 > c(m^*)^2\Big] \geq (1-c)^2\frac{(m^*)^4}{\langle m^4\rangle}$$

$$\geq (1-c)^2(m^*)^4. \tag{3.63}$$

ただし，$m^4 \leq 1$ を用いた．したがって，$N \to \infty$ で，1 スピンあたりの磁気モーメント $m = \dfrac{1}{N}\displaystyle\sum_{n=1}^{N}\sigma_n$ がその対称正準分布による期待値 0 に一致しない確率は有限であり，対称正準分布は大数の法則を破っている．大数の法則は統計力学の期待値と観測値の一致を保証する原理的に重要な法則である．したがって，1 スピンあたりの磁気モーメントは対称正準分布ではなく，対称性の破れた分布に従うと考えられる．この現象を自発的対称性の破れという．1 スピンあたりの磁気モーメントの対称性の破れた分布による分散は無限体積極限で消えることが一般化した定理として得られるため，それによる期待値は自発磁化

$$\lim_{h\searrow 0}\lim_{N\to\infty}\frac{1}{N}\sum_{n=1}^{N}\langle\sigma_n\rangle = m^* > 0,$$

に一致することがわかる．この場合，無限体積極限をとった後に $h \searrow 0$ としても対称性は回復せず $m^* > 0$ が磁気モーメントとして得られる．一方，$h \nearrow 0$ とすると自発磁化 $-m^* < 0$ が得られる．実際に，図 3.5 でわかるように，$T < T_c$ の対称分布において $m = 0$ は極大値を与えているため，$m = 0$ を与える確率は極小となる．この図から対称分布による予測 $\langle m\rangle = 0$ が不安定なことがわかる．

3.7 臨界指数 $^{(*)}$

有限自由度の統計力学で得られる熱力学関数には特異点がないが，示量変数をすべて発散させる無限体積極限 $N \to \infty$ をとるとき，示強的な熱力学関数の解析性が破れ，特異点が現れることがある．このとき特異点を境に熱力学的な性質は大きく変わる．このような特異点を相転移点または臨界点とよぶ．長距離相互作用 Ising 模型ではその 1 粒子自由エネルギー $f(T,h)$ の Curie 点 $(T,h) = (T_c, 0)$ は特異点である．特異点とは f の解析性が失われる点である．たとえば常磁性相 $T > T_c$ のある点 $T = T_1$ において $f(T,0)$ のすべての微分

係数 $f^{(n)}(T_1,0)$ がわかると任意の $T > T_c$ に対しては Taylor 展開が有効で

$$f(T,0) = \sum_{n=0}^{\infty} \frac{(T-T_1)^n}{n!} f^{(n)}(T_1,0)$$

が成り立つが，この式は $T < T_c$ に対しては成り立たない．つまり，$T > T_c$ のどんなに狭い領域でもすべての熱力学情報が与えられると，$T > T_c$ のすべての熱力学情報が得られるが，$T < T_c$ の熱力学情報は何も得られない．$T = T_c$，$h = 0$ に熱力学関数の特異点があると，T_c を境に系の性質は大きく変わり，その点は系の本質的な性質を分類する．このように，統計力学において特異点は相を定義する．特異点における系の性質は，いくつかの熱力学関数の特異性を表す臨界指数 α，β，γ，δ などによって表される．以下では，長距離相互作用 Ising 模型を例にとっていくつかの臨界指数を説明しよう．

● 臨界指数 β

$T < T_c$ かつ $T \sim T_c$，$h \searrow 0$ として自発磁化 $m^* > 0$ の振る舞いを

$$m^* \sim |T_c - T|^{\beta},$$

と表す．ただし，$h > 0$ として極限 $h \to 0$ とするとき，$h \searrow 0$ と表す．今の長距離相互作用 Ising 模型の (3.58) において，$h = 0$，$T_c = J/k$ として，$\tanh x \sim x - \frac{1}{3}x^3$ によって以下のように求まる．

$$m^* \simeq \frac{T^2}{T_c^2}\sqrt{\frac{3(T_c - T)}{T_c}} \simeq \sqrt{\frac{3(T_c - T)}{T_c}} \Rightarrow \beta = \frac{1}{2}. \tag{3.64}$$

● 臨界指数 γ

$T > T_c$ かつ $T \sim T_c$，$h \to 0$ として磁化率の振る舞いを

$$\lim_{h\to 0} \frac{dm^*}{dh} \sim (T - T_c)^{-\gamma}$$

と表す．長距離相互作用 Ising 模型では方程式 (3.58) の両辺を h で微分することによって

$$\frac{dm^*}{dh} = \frac{\beta}{\cosh^2 \beta(Jm^* + h)}\left(J\frac{dm^*}{dh} + 1\right)$$

において，$h \to 0$ とすると $m^* \to 0$ となり

$$\frac{dm^*}{dh} = \frac{1}{k(T-T_c)} \Rightarrow \gamma = 1. \tag{3.65}$$

● 臨界指数 δ

$T = T_c$ かつ，$h \sim 0$ として磁化 $m^* \sim 0$ の振る舞いを

$$m^* \sim h^{1/\delta},$$

と表す．このとき，$\beta J = 1$ である長距離相互作用 Ising 模型では方程式 (3.58) は $m^* = \tanh(m^* + \beta h)$ となる．$\tanh x \sim x - \frac{1}{3}x^3$ を用いることによって

$$3\beta h \simeq (m^*)^3 + 3(m^*)^2\beta h + 3m^*(\beta h)^2 + (\beta h)^3$$

が得られ，h は微小であるとして右辺の第 1 項だけ残すと

$$3\beta h \simeq (m^*)^3 \Rightarrow \delta = 3. \tag{3.66}$$

● 臨界指数 α

$T > T_c$ かつ $T \sim T_c$，$h \to 0$ として定磁場比熱の振る舞いを

$$c(T) = -T\frac{d^2}{dT^2}f(T, h=0) \sim (T-T_c)^{-\alpha},$$

と表す．長距離相互作用 Ising 模型ではこのような発散は得られず，Curie 点における比熱の不連続性が得られる．$T > T_c$ では $m^* = 0$，$T < T_c$ の $T = T_c$ 付近では $m^* \simeq \sqrt{3(T_c - T)/T_c}$ であるため 1 粒子自由エネルギー (3.56) を $m^* = 0$ のまわりで Taylor 展開し

$$f(m^*) \simeq \frac{1}{2}(kT-J)(m^*)^2 + \frac{kT}{12}(m^*)^4 - kT\log 2 \simeq -\frac{3k}{4T_c}(T_c-T)^2 - kT\log 2,$$

とすることによって 1 粒子比熱の飛びが次のようにわかる．

$$c(T_c+0) - c(T_c-0) = -\frac{3k}{2}.$$

例題　長距離相互作用 Ising 模型において Curie-Weiss の法則 (3.51) が高温展開の近似なしに成り立つことを確かめよ．

解答　長距離相互作用 Ising 模型において，$T > T_c$ とし，$m = \tanh\beta(Jm+h)$ の両辺を h で微分して $h \to 0$ の極限をとると

$$\frac{dm}{dh} = \frac{\beta J \frac{dm}{dh} + \beta}{\cosh^2 \beta(Jm+h)} \to \beta J \frac{dm}{dh} + \beta.$$

よって，$T_c = J/k$ とおくと

$$\frac{dm}{dh} = \frac{\beta}{1-\beta J} = \frac{1}{k(T-T_c)},$$

であり，逆数をとると Curie-Weiss の法則が $T \geq T_c$ に対して高温展開の近似なしに得られる．

$$\left(\frac{dm}{dh}\right)^{-1}_{h=0} = k(T-T_c).$$

3.8　平均場近似 (*)

長距離相互作用 Ising 模型は相転移を示す簡単な模型として厳密解をもつので，相転移とはどのようなものかを理解することができる．しかし，実際の磁性体の相互作用は短距離である．ここでは短距離相互作用の Ising 模型を定義するため，d 次元立方格子と格子点間の距離を定義する．立方格子の格子点は成分を整数とする $i = (i_1, i_2, \cdots, i_d) \in \Lambda \subset \mathbb{Z}^d$ で表される．特に 1 辺が L の有限な立方格子を $\Lambda_L = [1, L]^d \cap \mathbb{Z}^d$ と書く．2 つの格子点 $i = (i_1, i_2, \cdots, i_d)$，$j = (j_1, j_2, \cdots, j_d) \in \Lambda$ 間の距離を

$$|i - j| = \sum_{a=1}^{d} |i_a - j_a|$$

で定義する．相互作用を定義するため，最近接ボンド集合 B_L を

$$B_L = \{\{i, j\} | i, j \in \Lambda_L, |i - j| = 1\}$$

で定義する．格子点 $i \in \Lambda_L$ に $\sigma_i = \pm 1$ の値を定める列 $\sigma = (\sigma_i)_{i \in \Lambda_L}$ をスピン配位という．スピン配位の関数であるハミルトニアンを

$$H(\sigma) = -J \sum_{\{i,j\}\in B_L} \sigma_i\sigma_j - h\sum_{i\in\Lambda_L}\sigma_i,$$

で定義する．ここでは，平均場近似とよばれる近似的な方法を紹介する．平均場近似では正準分布によって計算された各スピンの期待値を $\langle\sigma_i\rangle$ とおいて，各スピン変数との差を $\delta\sigma_i = \sigma_i - \langle\sigma_i\rangle$ とする．ハミルトニアンに $\sigma_i = \langle\sigma_i\rangle + \delta\sigma_i$ を代入し，$\delta\sigma_i\delta\sigma_j$ の項が小さいとして無視するのが平均場近似である．

$$\begin{aligned} H(\sigma) &= -J \sum_{\{i,j\}\in B_L} (\langle\sigma_i\rangle + \delta\sigma_i)(\langle\sigma_j\rangle + \delta\sigma_j) - h\sum_{i\in\Lambda_L}\sigma_i, \\ &\simeq -J \sum_{\{i,j\}\in B_L} [(\langle\sigma_i\rangle + \delta\sigma_i)\langle\sigma_j\rangle + \langle\sigma_i\rangle\delta\sigma_j] - h\sum_{i\in\Lambda_L}\sigma_i \\ &= -J \sum_{\{i,j\}\in B_L} (\sigma_i\langle\sigma_j\rangle + \langle\sigma_i\rangle\sigma_j - \langle\sigma_i\rangle\langle\sigma_j\rangle) - h\sum_{i\in\Lambda_L}\sigma_i \\ &= Jm^2L^dd - Jm \sum_{\{i,j\}\in B_L} (\sigma_i + \sigma_j) - h\sum_{i\in\Lambda_L}\sigma_i \\ &= Jm^2L^dd - (Jmd + h)\sum_{i\in\Lambda_L}\sigma_i =: H_{MF}(\sigma). \end{aligned} \tag{3.67}$$

ただし，左辺 =: 右辺 は，左辺で右辺を定義することを表す．なお，4 行目と 5 行目では，各格子点における最近接格子点の数が $2d$ であることを用いた．上では $\langle\sigma_i\rangle = m$ とおき，系の平行移動不変性から m は i によらないと仮定している．H_{MF} は平均場近似のハミルトニアンであり，この近似によって，スピン変数の正準分布による期待値が計算できる．系の分配関数は，$\sum_\sigma$ をすべての σ_i に関する和として次のように表される

$$Z_{MF}(\beta, h) = \sum_\sigma e^{-\beta H_{MF}(\sigma)} = [2e^{-\beta Jm^2d}\cosh\beta(Jdm + h)]^{L^d}. \tag{3.68}$$

1 スピン自由エネルギーを

$$f_{MF}(\beta, h) = -\frac{1}{L^d\beta}\log Z_{MF}(\beta, h), \tag{3.69}$$

とおいて，1 スピンの期待値を計算すると

$$\frac{1}{L^d}\sum_{i\in\Lambda_L}\langle\sigma_i\rangle = -\frac{\partial}{\partial h}f(\beta, h) = \tanh\beta(Jdm + h). \tag{3.70}$$

$\langle\sigma_i\rangle = m$ とおいたのでこの式より

$$m = \tanh \beta(Jdm + h), \tag{3.71}$$

でなければならない．この方程式を自己無矛盾方程式 (self-consistent equation) または自己無撞着方程式という．この方程式は結合定数を置き換えると長距離相互作用強磁性 Ising 模型における極値 m^* が従う極値条件 (3.58) と一致する．したがって，$h = 0$ としたとき，$T > T_c = Jd$ では $m = 0$ となり常磁性相を，$T < T_c$ では $m \neq 0$ となり強磁性相を得る．T_c は Curie 温度である．平均場近似を用いると，d 次元の最近接強磁性相互作用をもつ Ising 模型の臨界指数は $\beta = \frac{1}{2}$，$\gamma = 1$，$\delta = 3$ であり，$h = 0$ における 1 スピン比熱が $T = T_c$ で不連続である．この近似で得られる臨界指数 β，γ，δ や比熱の不連続性は次元によらず長距離相互作用強磁性 Ising 模型のものに一致してしまう．これは近似による間違いで，実際は，次元に依存していることが知られている．平均場近似は重要な近似であるが，とりあえずやってみることが可能な計算方法である．その結果は定性的には正しい場合が多いが，定量的には信用できない．

3.9　Landau（ランダウ）展開 (*)

Landau 展開は相転移を扱う簡単な理論としてよく用いられる．ここでは Landau 展開を説明するため，例として 1 辺 L の d 次元立方格子 Λ_L 上の Ising 模型を考える．交換相互作用を

$$H_0(\sigma) = -J \sum_{\{i,j\} \in B_L} \sigma_i \sigma_j,$$

とおいて，磁場 h を印加したときのハミルトニアンは

$$H(\sigma) = H_0(\sigma) - h \sum_{i \in \Lambda_L} \sigma_i,$$

である．長距離相互作用 Ising 模型でも用いた，全スピン $\sum_{i \in \Lambda_L} \sigma_i$ を M に制限するクロネッカーのデルタを用いて分配関数の表現

$$e^{-\beta F_0(M) + \beta h M} = \sum_{\sigma} \delta_{M, \sum_{i \in \Lambda_L} \sigma_i} e^{-\beta H_0(\sigma) + \beta h M}$$

$$= e^{\beta hM} \sum_{\sigma} \delta_{M, \sum_{i \in \Lambda_L} \sigma_i} e^{-\beta H_0(\sigma)} \tag{3.72}$$

を定義する．このとき，$F_0(-M) = F_0(M)$ が成り立つことに注意せよ．関数 $F_0(M) - hM$ を用いると分配関数は

$$Z_N(\beta, h) = \sum_{\sigma} e^{-\beta H(\sigma)} = \sum_{-L^d \le M \le L^d} e^{-\beta F_0(M) + \beta hM} \tag{3.73}$$

と表すことができる．任意の h に対して $F_0(M) - hM$ を最小にする $M^*(T, h)$ を用いると

$$e^{-\beta F_0(M^*) + \beta hM^*} \le Z_N(\beta, h) \le (L^d + 1) e^{-\beta F_0(M^*) + \beta hM^*}$$

である．さらに，$m = L^{-d}M$，$f_0(m) = L^{-d}F_0(M)$ とおく．$f_0(m) - hm$ の最小値を与える m を $m^* = L^{-d}M^*$ とおくと，

$$f_0'(m^*) = h, \tag{3.74}$$

を満たす．無限体積極限 $L \to \infty$ に対しては 1 粒子自由エネルギーは $f(m^*, h) = f_0(m^*) - hm^*$ に収束する．したがって f_0 が求まると，1 粒子自由エネルギーが $f_0(m^*) - hm^*$ と求まるが，この例では長距離相互作用 Ising 模型とは異なり f_0 を求めることはできない．このような例に対して Landau の現象論が知られている．この現象論では $f_0(m)$ が偶関数なので，$|m| \ll 1$ として，次の展開を仮定する

$$f_0(m) = a(T) + b(T)m^2 + c(T)m^4.$$

ただしあらゆる絶対温度 T に対して $c(T) > 0$ であるとする．このとき，極値条件 (3.74) は

$$2b(T)m^* + 4c(T)(m^*)^3 = h,$$

と書かれる．$T = T_c$ は $b(T_c) = 0$ によって 定義され，この周りで

$$b(T) \simeq b_1(T - T_c)$$

と展開されるとする．$b_1 > 0$ を仮定し，$h = 0$ とおいて，$T > T_c$ の場合 $m^* = 0$ であり，$T < T_c$ で $T \simeq T_c$ の場合は

$$m^* \simeq \pm\sqrt{\frac{b_1(T_c - T)}{2c(T)}} \simeq \pm\sqrt{\frac{b_1(T_c - T)}{2c(T_c)}}.$$

最後の表現は $c(T) \simeq c(T_c) + c'(T_c)(T - T_c)$ となることを仮定し，2 次以上の項を無視することによって得られる．これにより自発磁化の臨界指数は $\beta = \frac{1}{2}$ となる．$T = T_c$ では $(m^*)^3 \simeq h/[4c(T_c)]$ より $\delta = 3$ と求まる．磁化率は

$$[2b_1(T - T_c) + 12c(T)(m^*)^2]\frac{dm^*}{dh} = 1,$$

より，$h = 0$，$T > T_c$ では

$$\frac{dm^*}{dh} \simeq \frac{1}{2b_1(T - T_c)},$$

であるから，$\gamma = 1$ と求まる．同様に，$h = 0$，$T < T_c$ では，

$$\frac{dm^*}{dh} \simeq \frac{1}{4b_1(T_c - T)} \simeq \frac{A}{(T_c - T)^{\gamma'}}.$$

$T < T_c$ における磁化率の臨界指数は γ' と書かれるので $\gamma' = 1$ である．以上見てきたように，Landau の現象論も平均場近似同様，臨界指数はすべて長距離相互作用 Ising 模型の臨界指数と一致してしまう．

例題　Landau の現象論では $h = 0$，$T = T_c$ で粒子比熱が不連続となることを示し，その不連続性の値 Δc を求めよ．

解答　$T < T_c$ かつ $T \simeq T_c$ として，$m^* \pm \sqrt{\frac{b_1(T_c - T)}{2c(T_c)}}$ とおいて 1 粒子自由エネルギーに代入すると

$$f \simeq a(T) - \frac{b_1^2}{4c(T_c)}(T - T_c)^2$$

と求まるので，T_c における 1 粒子比熱の不連続性は次のように求まる．

$$\Delta c = c(T_c + 0) - c(T_c - 0) = -T_c\frac{b_1^2}{2c(T_c)}.$$

3.10 調和振動子

前章ではたくさんの独立な調和振動子からなる系を小正準分布によって取り扱ったが，ここでも，同じ系を正準分布によって取り扱う．

3.10.1 1 次元量子調和振動子の正準分布

独立な N 個の 1 次元調和振動子からなる系を量子力学と正準分布の方法を用いて取り扱う．系のハミルトニアンは

$$H = \sum_{j=1}^{N} \Big[-\frac{\hbar^2}{2m}\frac{\partial^2}{\partial x_j^2} + \frac{m}{2}\omega^2 x_j^2 \Big],$$

で与えられ，2.7.2 項で示されたように，エネルギー固有値は

$$E(n_1, n_2, \cdots, n_N) = \sum_{j=1}^{N} \hbar\omega \left(n_j + \frac{1}{2} \right)$$

である．温度 T の熱浴とこの系が平衡状態になったとき，$\beta = \frac{1}{kT}$ として N 個の独立な 1 次元調和振動子からなる系の分配関数は次のようになる．この系においても N 粒子の独立性からその状態についての和は 1 粒子状態の和の積に分解し，

$$\begin{aligned} Z_N &= \sum_{n_1=0}^{\infty} \sum_{n_2=0}^{\infty} \cdots \sum_{n_N=0}^{\infty} e^{-\beta E(n_1, n_2, \cdots, n_N)} \\ &= \sum_{n_1=1}^{\infty} e^{-\beta\hbar\omega(n_1+\frac{1}{2})} \sum_{n_2=1}^{\infty} e^{-\beta\hbar\omega(n_2+\frac{1}{2})} \cdots \sum_{n_N=1}^{\infty} e^{-\beta\hbar\omega(n_N+\frac{1}{2})} \\ &= \Big(\sum_{n=1}^{\infty} e^{-\beta\hbar\omega(n+\frac{1}{2})} \Big)^N . \end{aligned} \tag{3.75}$$

各和は初項 $e^{-\beta\frac{\hbar\omega}{2}}$ 公比 $e^{-\beta\hbar\omega}$ (< 1) の等比級数として計算できる．分配関数 $Z_N(\beta)$ を具体的に求めると

$$Z_N(\beta, \omega) = \left(\frac{e^{-\beta\frac{\hbar\omega}{2}}}{1 - e^{-\beta\hbar\omega}} \right)^N .$$

この分配関数によって，エネルギー期待値は

$$\langle E \rangle = -\frac{\partial}{\partial \beta} \log Z_N(\beta, \omega) = -\frac{\partial}{\partial \beta}\Big[-\frac{1}{2}N\beta\hbar\omega - N\log(1-e^{-\beta\hbar\omega})\Big]$$
$$= N\hbar\omega\Big[\frac{1}{2} + \frac{e^{-\beta\hbar\omega}}{1-e^{-\beta\hbar\omega}}\Big] = N\hbar\omega\Big[\frac{1}{2} + \frac{1}{e^{\beta\hbar\omega}-1}\Big], \tag{3.76}$$

と求まり，小正準分布で得られたエネルギーの温度依存性に一致している．その低温と高温での振る舞いは前章の結果と同じになる．この系の Helmholtz 自由エネルギーは次で与えられる．

$$F(T, \omega) = -kT\log Z_N\Big(\frac{1}{kT}, \omega\Big) = -NkT\log\frac{e^{-\beta\frac{\hbar\omega}{2}}}{1-e^{-\beta\hbar\omega}}$$
$$= \frac{1}{2}Nk\hbar\omega + NkT\log(1-e^{-\beta\hbar\omega}).$$

3.10.2 Einstein（アインシュタイン）模型（3 次元調和振動子の正準分布）

前項の議論を 3 次元に拡張する．系のハミルトニアンが

$$H = \sum_{j=1}^{3N}\Big[-\frac{\hbar^2}{2m}\frac{\partial^2}{\partial q_j^2} + \frac{m}{2}\omega^2 q_j^2\Big],$$

で与えられる．この系は粒子が 2 次関数のポテンシャルで原点付近に束縛されている気体の模型と考えることができる．このとき，n 番目の粒子の位置座標を $\vec{r}_n = (x_n, y_n, z_n) = (q_n, q_{n+N}, q_{n+2N})$ と番号付けしていると考える．また，この模型は金属などの固体における結晶の格子振動の模型と考えることもできる．そのような固体の模型は Einstein 模型とよばれる．前項の座標が N 個から $3N$ 個になっただけであることに注意すると $3N$ 個の 1 次元調和振動子からなる系の分配関数で表され

$$Z_{3N}(\beta, \omega) = \sum_{n_1=0}^{\infty}\sum_{n_2=0}^{\infty}\cdots\sum_{n_{3N}=0}^{\infty} e^{-\beta E(n_1, n_2, \cdots, n_{3N})} = \left(\frac{e^{-\beta\frac{\hbar\omega}{2}}}{1-e^{-\beta\hbar\omega}}\right)^{3N},$$

と求まる．この系のエネルギー期待値は

$$\langle E \rangle = -\frac{\partial}{\partial \beta}\log Z_{3N}(\beta, \omega) = -\frac{\partial}{\partial \beta}\Big[-\frac{3}{2}N\beta\hbar\omega - 3N\log(1-e^{-\beta\hbar\omega})\Big]$$
$$= 3N\hbar\omega\Big[\frac{1}{2} + \frac{e^{-\beta\hbar\omega}}{1-e^{-\beta\hbar\omega}}\Big]. \tag{3.77}$$

この系の Helmholtz 自由エネルギーは

$$F(T,\omega) = -kT\log Z_{3N}\left(\frac{1}{kT},\omega\right) = -3NkT\log\frac{e^{-\beta\frac{\hbar\omega}{2}}}{1-e^{-\beta\hbar\omega}}$$
$$= \frac{3}{2}Nk\hbar\omega + 3NkT\log(1-e^{-\beta\hbar\omega}).$$

3.10.3 古典力学的な調和振動子の正準分布

調和振動子を古典統計力学でも取り扱うことができる．温度を $\frac{1}{k\beta}$ とするとき，N 個の 1 次元調和振動子からなる系の分配関数は次で与えられる．

$$Z_N(\beta,\omega) = \int_{-\infty}^{\infty}dx_1\int_{-\infty}^{\infty}dp_1\cdots\int_{-\infty}^{\infty}dx_N\int_{-\infty}^{\infty}dp_N\exp\left[-\beta\sum_{j=1}^{N}\left(\frac{p_j^2}{2m}+\frac{m\omega^2}{2}x_j^2\right)\right]$$
$$= \left(\frac{2\pi}{\beta\omega}\right)^N.$$

エネルギー期待値を求めると

$$\langle E\rangle = -\frac{\partial}{\partial\beta}\log Z_N(\beta,\omega) = \frac{N}{\beta} = NkT.$$

内部エネルギーに $2N$ の自由度が寄与している等分配の法則が成り立っている．このように古典統計力学から得られたエネルギー期待値は，量子系の高温での振る舞いに一致している．式 (3.76) において $\hbar\omega\beta \ll 1$ として，指数関数を

$$e^{\beta\hbar\omega} \simeq 1 + \hbar\omega\beta + \frac{1}{2}(\hbar\omega\beta)^2,$$

と Taylor 展開し，エネルギー期待値を求めると

$$\langle E\rangle \simeq N\hbar\omega\left[\frac{1}{2}+\frac{1}{\beta\hbar\omega}\left(1-\frac{1}{2}\hbar\omega\right)\right] = \frac{N}{\beta} = NkT,$$

となり，古典力学によるエネルギー期待値と同じになる．

3.11 Debye（デバイ）模型

金属などの固体の結晶格子を，粒子が格子点付近にバネのようなポテンシャルで拘束された独立な調和振動子と考える Einstein 模型を前節で調べた．ところが実際の結晶は各原子どうしが Coulonb（クーロン）力を起源としたポテンシャルによって結合し，格子を作っているので安定な位置の周りの振動が独立

に起るわけではなく，隣と結合している．安定点の周りの振動は，変位が小さい場合に変位に比例した力で起るので，各粒子どうしがバネで連結されていると考える．このような模型は Debye 模型とよばれ，固体の低温での比熱の普遍的な振る舞いをよく表すことが知られている．この模型によって計算される系の熱容量は高温で定数に近づき Einstein 模型と同じ振る舞いを示すが，絶対零度近くでは温度依存性が結晶にはよらず次元によって定まる．3 次元の Debye 模型では実際の固体の熱容量の振る舞いが得られる．ここでは始めに簡単な 1 次元の Debye 模型について調べ，その後 3 次元の Debye 模型を固定端境界条件および周期的境界条件のもとで調べることにする．今まで，SI 単位の定義に合わせて，Boltzmann 定数を k と表記してきたが，この 3.11 節と 3.12 節では波数に k を用いるため，Boltzmann 定数を k_{B} と表記する．

3.11.1　固定端境界をもつ 1 次元結合振動子のハミルトニアン

この項では，固定端境界条件を採用した Debye 模型を調べる．N 個の粒子がバネで 1 次元的に連結されている．各粒子の平衡の位置からのずれを $x_j(j = 0, 1, 2, \cdots, N, N+1)$，それらの共役運動量を $p_j(j = 0, 1, 2, \cdots, N, N+1)$ とする．固定端境界条件では，$x_0 = 0 = x_{N+1}$，$p_0 = 0 = p_{N+1}$ と定義し，次のようなハミルトニアンを考える．

$$H = \sum_{j=0}^{N}\left[\frac{p_j^2}{2m} + \frac{K}{2}(x_{j+1} - x_j)^2\right]. \tag{3.78}$$

$j = 0$ と $j = N+1$ には粒子はなく

$$x_0 = 0 = x_{N+1}$$

$$p_0 = 0 = p_{N+1}$$

と定義するのが固定端境界条件である．

このようにたくさんの座標が結合しているので，新しい基準座標という座標によって独立な調和振動子の集団に変換する．そのために，以下では固定端境界の規格化直交系を定義する．

● 規格化直交系

次のような数列を考える．

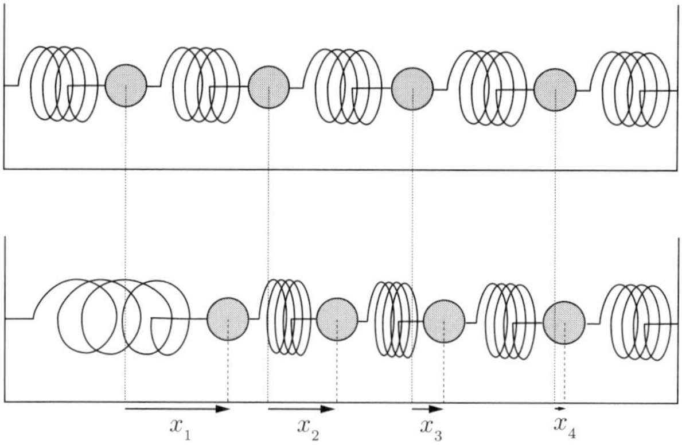

図 3.7　1 次元結合振動子

N 個の粒子がバネで連結されて，1 次元的な振動を行う．

$$\varphi_l(j) = \sqrt{\frac{2}{N+1}} \sin k_l j, \quad k_l = \frac{\pi l}{N+1}.$$

$$(l = 1, 2, \cdots, N, \quad j = 0, 1, \cdots, N+1) \tag{3.79}$$

k_l を波数という．

公式

上で定義された関数列は，$(l, m = 1, 2, \cdots, N, \quad j, n = 0, 1, \cdots, N+1)$ に対して次のような性質がある．

1. （対称性）　$j \neq 0,\ N+1 \Rightarrow \varphi_l(j) = \varphi_j(l)$　(3.80)
2. （固定端境界条件）　$\varphi_l(0) = 0 = \varphi_l(N+1)$　(3.81)
3. （規格直交完全性）　$\displaystyle\sum_{j=1}^{N} \varphi_m(j)^* \varphi_l(j) = \delta_{m,l}, \quad \sum_{l=1}^{N} \varphi_l(n)^* \varphi_l(j) = \delta_{n,j}$　(3.82)
4. （固有値方程式）　$\varphi_l(j+1) - 2\varphi_l(j) + \varphi_l(j-1) = 2(\cos k_l - 1)\varphi_l(j)$　(3.83)

注意　$\varphi_k(j)$ は実数値関数なので $\varphi_k(j)^* = \varphi_k(j)$．

【証明】

1.（対称性），2.（固定端境界条件）は自明なので省略.

3.（規格直交完全性）はEuler（オイラー）の公式から $\sin k_l j = \frac{1}{2i}(e^{ik_l j} - e^{-ik_l j})$ である．これを代入して $l \neq m$ に対しては等比級数の公式を用いて，$e^{i\pi(m-l)} = e^{i\pi(m+l)} = 1$ の場合は

$$\sum_{j=1}^{N} \varphi_m(j)^* \varphi_l(j) = \frac{1}{2(N+1)} \sum_{j=0}^{N} [e^{ij(k_m-k_l)} - e^{ij(k_m+k_l)} - e^{-ij(k_m+k_l)} + e^{ij(k_l-k}$$

$$= \frac{1}{2(N+1)} \Big[\frac{1-e^{i(N+1)(k_m-k_l)}}{1-e^{i(k_m-k_l)}} - \frac{1-e^{i(N+1)(k_m+k_l)}}{1-e^{i(k_m+k_l)}} - \frac{1-e^{-i(N+1)(k_m+k_l)}}{1-e^{-i(k_m+k_l)}} + \frac{1-e^{-i(N+1)(k_m-k_l)}}{1-e^{-i(k_m-k_l)}} \Big]$$

$$= \frac{1}{2(N+1)} \Big[\frac{1-e^{i\pi(m-l)}}{1-e^{i(k_m-k_l)}} - \frac{1-e^{i\pi(m+l)}}{1-e^{i(k_m+k_l)}} - \frac{1-e^{-i\pi(m+l)}}{1-e^{-i(k_m+k_l)}} + \frac{1-e^{-i\pi(m-l)}}{1-e^{-i(k_m-k_l)}} \Big]$$

$$= 0 \tag{3.84}$$

となる．$e^{i\pi(m-l)} = e^{i\pi(m+l)} = -1$ の場合は

$$\frac{1}{1-e^{i(k_m-k_l)}} - \frac{1}{1-e^{i(k_m+k_l)}} - \frac{1}{1-e^{-i(k_m+k_l)}} + \frac{1}{1-e^{-i(k_m-k_l)}}$$

$$= \frac{1-\cos(k_m-k_l)}{1-\cos(k_m-k_l)} - \frac{1-\cos(k_m+k_l)}{1-\cos(k_m+k_l)} = 0.$$

$l = m$ に対しては

$$\sum_{j=1}^{N} \varphi_l(j)^* \varphi_l(j) = \frac{1}{2(N+1)} \sum_{j=0}^{N} [2 - e^{2ijk_l} - e^{-2ijk_l}]$$

$$= \frac{1}{2(N+1)} \Big[2(N+1) - \frac{1-e^{2i\pi l}}{1-e^{2ik_l}} - \frac{1-e^{-2i\pi l}}{1-e^{-2ik_l}} \Big] = 1$$

が得られるので，以上から

$$\sum_{j=1}^{N} \varphi_m(j)^* \varphi_l(j) = \delta_{m,l},$$

が得られる．また，この規格直交性と 1.（対称性）から，

$$\sum_{l=1}^{N} \varphi_l(n)^* \varphi_l(j) = \delta_{n,j},$$

も得られる．これらにより N 次元の N 個の数ベクトル $(\varphi_1(m),\cdots,\varphi_N(m))$ $(m=1,2,\cdots,N)$ と $(\varphi_j(1),\cdots,\varphi_j(N))$ $(j=1,2,\cdots,N)$ は完全性（1 の分解性）をもち，規格直交基底であることがわかる．

4.（固有値方程式）3 角関数の加法定理より，

$$\begin{aligned}\sin k_l(j+1)-2\sin k_l j+\sin k_l(j-1)&=2\sin k_l j\cos k_l-2\sin k_l j\\&=2\,(\cos k_l-1)\sin k_l j,\end{aligned}$$

であるから，$\varphi_l(j)$ の j についての 2 階の差分に対する固有値方程式が得られる．証明終わり．

● 基準座標

基準座標 Q_l とその共役運動量 P_l $(l=1,2,\cdots,N)$ を，

$$Q_l=\sum_{j=1}^{N}x_j\varphi_l(j),\quad P_l=\sum_{j=1}^{N}p_j\varphi_l(j)$$

によって定義する．このように，基準座標は元の力学変数の 1 次結合である．

● 基準座標によるハミルトニアン

基準座標によってハミルトニアンを表すと，次のように独立な調和振動子のハミルトニアンの和として書くことができる．

$$H=\sum_{l=1}^{N}\left[\frac{P_l^2}{2m}+\frac{m\omega_l^2}{2}Q_l^2\right]. \tag{3.85}$$

ただし，各調和振動子の角振動数は異なっていて，$\omega_l^2=\frac{2K}{m}(1-\cos k_l)$ である．

● 例：2 粒子系

$N=2$ の場合，$\varphi_1(j)=\sqrt{\frac{2}{3}}\sin\frac{\pi j}{3}$，$\varphi_2(j)=\sqrt{\frac{2}{3}}\sin\frac{2\pi j}{3}$ $(j=1,2)$ であるから，基準振動の座標 Q_1，Q_2 と共役運動量 P_1，P_2 を求めると，

$$\begin{aligned}Q_1&=\frac{1}{\sqrt{2}}(x_1+x_2),\ Q_2=\frac{1}{\sqrt{2}}(x_1-x_2),\\P_1&=\frac{1}{\sqrt{2}}(p_1+p_2),\ P_2=\frac{1}{\sqrt{2}}(p_1-p_2),\end{aligned}$$

となる．Q_1，P_1 は重心座標とその共役運動量，Q_2，P_2 は相対座標とその共役運動量となっていることがわかる．これらと，$\omega_1^2=\frac{2K}{m}(1-\cos\frac{\pi}{3})=\frac{K}{m}$，

$\omega_2^2 = \frac{2K}{m}(1-\cos\frac{2\pi}{3}) = \frac{3K}{m}$ によりハミルトニアンを表すと

$$H = \frac{P_1^2}{2m} + \frac{m\omega_1^2}{2}Q_1^2 + \frac{P_2^2}{2m} + \frac{m\omega_2^2}{2}Q_2^2$$

となり，$N=2$ の場合に振動数の異なる2つの独立な調和振動子となることが確かめられる．

● 基準座標の演算子

量子力学では，運動量は演算子 $p_j = -i\hbar\frac{\partial}{\partial x_j}$ に置き換えられ，このことから次の交換関係

$$[x_j, p_n] = i\hbar\delta_{j,n}, \tag{3.86}$$

が成り立つ．基準座標 Q_l とその共役運動量 P_l $(l = 1, 2, \cdots, N)$ を，古典力学と同様に

$$Q_l = \sum_{j=1}^{N} x_j\varphi_l(j), \quad P_l = \sum_{j=1}^{N} p_j\varphi_l(j) \tag{3.87}$$

によって定義すると，交換関係

$$[Q_l, P_m] = i\hbar\delta_{l,m}, \tag{3.88}$$

が成り立つ．

【証 明】

定義を用いれば，次のように交換関係を証明できる．

$$[Q_l, P_m] = \left[\sum_{j=1}^{N} x_j\varphi_l(j), \sum_{n=1}^{N} p_n\varphi_m(n)\right] = \sum_{j=1}^{N}\sum_{n=1}^{N} \varphi_l(j)\varphi_m(n)[x_j, p_n]$$
$$= \sum_{j=1}^{N}\sum_{n=1}^{N} \varphi_l(j)\varphi_m(j)i\hbar\delta_{j,n} = i\hbar\delta_{l,m}.$$

証明終わり．

● ハミルトニアン

古典力学の結果からハミルトニアンは

$$H = \sum_{l=1}^{N}\left[\frac{P_l^2}{2m} + \frac{m\omega_l^2}{2}Q_l^2\right],$$

と書くことができる．ただし $\omega_l^2 = \frac{2K}{m}(1-\cos k_l)$ である．

● フォノンの消滅，生成演算子とハミルトニアン

$$a_l = \frac{1}{\sqrt{2\hbar m\omega_l}}(m\omega_l Q_l + iP_l), \quad a_l^\dagger = \frac{1}{\sqrt{2\hbar m\omega_l}}(m\omega_l Q_l - iP_l), \tag{3.89}$$

と定義すると，交換関係

$$[a_k, a_l^\dagger] = \delta_{k,l}, \quad [a_k, a_l] = 0 = [a_k^\dagger, a_l^\dagger], \tag{3.90}$$

が成り立つ．これらによってハミルトニアンは

$$H = \sum_{l=1}^{N} \hbar\omega_l \left(a_l^\dagger a_l + \frac{1}{2} \right).$$

● エネルギー固有値とエネルギー固有状態

調和振動子 1 個のエネルギー固有状態と固有値は，2.7 節で解説した．独立した調和振動子 N 個のエネルギー固有状態はそれらの積で，エネルギー固有値はそれらの和で表される．基底状態 ψ_0 は，すべての $l = 1, 2, \cdots, N$ に対して

$$a_l \psi_0 = 0,$$

で定義される．負でない整数を n_l $(l = 1, 2, 3, \cdots, N)$ として生成演算子によって状態を

$$\prod_{l=1}^{N} (a_l^\dagger)^{n_l} \psi_0,$$

と定義すると，この状態はハミルトニアンの固有状態となり，次の固有値方程式

$$H \prod_{l=1}^{N} (a_l^\dagger)^{n_l} \psi_0 = E(n_1, n_2, \cdots, n_N) \prod_{l=1}^{N} (a_l^\dagger)^{n_l} \psi_0,$$

を満たし，エネルギー固有値は次で定まる．

$$E(n_1, n_2, \cdots, n_N) = \sum_{l=1}^{N} \hbar\omega_l \left(n_l + \frac{1}{2} \right).$$

これらの励起状態はフォノン（音子または音響子）とよばれる．

● 分配関数

エネルギー固有値がわかったので，分配関数は次のように計算される．

$$Z_N = \sum_{n_1=0}^{\infty}\sum_{n_2=0}^{\infty}\cdots\sum_{n_N=0}^{\infty} e^{-\beta E(n_1,n_2,\cdots,n_N)} = \prod_{l=1}^{N}\frac{e^{-\frac{\beta\hbar\omega_l}{2}}}{1-e^{-\beta\hbar\omega_l}}. \qquad (3.91)$$

これにより，エネルギー期待値は次のように計算される．

● エネルギー期待値

$$\langle E\rangle = -\frac{\partial}{\partial\beta}\log Z_N = \sum_{l=1}^{N}\Big(\frac{\hbar\omega_l}{2}+\frac{\hbar\omega_l}{e^{\beta\hbar\omega_l}-1}\Big). \qquad (3.92)$$

3.11.2　周期的境界をもつ 1 次元結合振動子のハミルトニアン

この項では，周期的境界条件を採用した Debye 模型を調べる．N 個の粒子がバネで 1 次元的に連結されている．各粒子の平衡の位置からのずれを x_j $(j=1,2,\cdots,N)$，それらの共役運動量を $p_j(j=1,2,\cdots,N)$ とする．周期的境界条件では，ハミルトニアンの中に x_{N+1} が存在する場合に $x_1 = x_{N+1}$，$p_1 = p_{N+1}$ と定義し，次のようなハミルトニアンを考える．

$$H = \sum_{j=1}^{N}\Big[\frac{p_j^2}{2m}+\frac{K}{2}(x_{j+1}-x_j)^2\Big]. \qquad (3.93)$$

この場合も基準座標を定義でき，独立な調和振動子の集団に変換することができる．そのために，以下では周期的境界条件に対する規格化直交系を定義する．

● 規格化直交系

次のような数列を考える．

$$\varphi_l(j) = \sqrt{\frac{1}{N}}e^{ik_l j}, \quad k_l = \frac{2\pi l}{N}. \quad (l=1,2,\cdots,N,\ \ j=1,\cdots,N) \quad (3.94)$$

注意　ここでは $l=1,2,\cdots,N$ という範囲に限って波数 k_l を定義したが，範囲を全体にある任意整数 n だけシフトして $l=n,n+1,n+2,\cdots,n+N$ と，定義することも可能である．偶数の N に対して $n=-N/2$ ととり，奇数の N に対して $n=(1-N)/2$ として l の範囲を定義することは，よく行われる．この範囲にとると，低エネルギー状態を与える $\omega_l \sim 0$ を $k_l = 0$ の近傍のみを考えればよいので便利である．$l=1,2,\cdots,N$ の範囲にとると，$\omega_l \sim 0$ を与える波数は $k_l \sim 0$ および，$k_N \sim 2\pi$ となる．

公式

上で定義された列は，$(l, m, j, n = 1, 2, \cdots, N)$ に対して次のような性質がある．

1.（対称性） $\varphi_l(j) = \varphi_j(l)$ (3.95)

2.（周期的境界条件） $\varphi_l(j) = \varphi_l(j + N)$ (3.96)

3.（規格直交完全性）

$$\sum_{j=1}^{N} \varphi_m(j)^* \varphi_l(j) = \delta_{m,l}, \quad \sum_{l=1}^{N} \varphi_l(n)^* \varphi_l(j) = \delta_{n,j} \tag{3.97}$$

4.（固有値方程式）

$$\varphi_l(j+1) - 2\varphi_l(j) + \varphi_l(j-1) = 2\,(\cos k_l - 1)\,\varphi_l(j) \tag{3.98}$$

注意 $\varphi_k(j)$ は複素数値関数．

【証明】

1.（対称性），2.（周期的境界条件）は自明なので省略．

3.（規格直交完全性）は次のように示す．

$l \neq m$ に対して等比級数の公式を用いて，

$$\sum_{j=1}^{N} \varphi_m(j)^* \varphi_l(j) = \frac{1}{N} \sum_{j=1}^{N} e^{-ij(k_m - k_l)} = \frac{1}{N} \frac{e^{-i(k_m - k_l)} - e^{-i(N+1)(k_m - k_l)}}{1 - e^{-i(k_m - k_l)}}$$

$$= \frac{1}{N} \frac{e^{-i(k_m - k_l)}(1 - e^{-i2\pi(m-l)})}{1 - e^{-2i(k_m - k_l)}} = 0. \tag{3.99}$$

$l = m$ に対しては

$$\sum_{j=1}^{N} \varphi_l(j)^* \varphi_l(j) = \frac{1}{N} \sum_{j=1}^{N} 1 = 1$$

が得られるので，以上から

$$\sum_{j=1}^{N} \varphi_m(j)^* \varphi_l(j) = \delta_{m,l},$$

が得られる．また，この規格直交性と 1.（対称性）から，

$$\sum_{l=1}^{N} \varphi_l(j)^* \varphi_l(n) = \delta_{j,n},$$

も得られる．これらにより N 次元の N 個の数ベクトル $(\varphi_1(m), \cdots, \varphi_N(m))$ $(m = 1, 2, \cdots, N)$ と $(\varphi_j(1), \cdots, \varphi_j(N))$ $(j = 1, 2, \cdots, N)$ は完全性（1 の分解性）をもち，規格直交基底であることがわかる．

4.（固有値方程式）3 角関数の加法定理より，

$$e^{ik_l(j+1)} - 2e^{ik_l j} + e^{ik_l(j-1)} = 2\left(\cos k_l - 1\right) e^{ik_l j},$$

であるから，$\varphi_l(j)$ の j についての 2 階の差分に対する固有値方程式が得られる．証明終わり．

● 基準座標

基準座標 Q_l とその共役運動量 P_l $(l = 1, 2, \cdots, N)$ を，

$$Q_l = \sum_{j=1}^{N} x_j \varphi_l(j), \quad P_l = \sum_{j=1}^{N} p_j \varphi_l(j)^* \tag{3.100}$$

によって定義する．このように，基準座標は元の力学変数の 1 次結合である．周期的境界条件のもとでは P_l，Q_l は複素数である．規格化直交基底の複素共役は

$$\varphi_l(j)^* = e^{-i\frac{2\pi l}{N}} = e^{i\frac{2\pi(N-l)}{N}} = \varphi_{N-l}(j),$$

と表される．このことと，x_j，p_j が実数であることから，

$$Q_l^* = Q_{N-l}, \qquad P_l^* = P_{N-l}, \tag{3.101}$$

という関係が成り立つ．

● 基準座標によるハミルトニアン

基準座標によってハミルトニアンを表すと，次のように独立な調和振動子のハミルトニアンの和として書くことができる．

$$H = \sum_{l=1}^{N} \left[\frac{|P_l|^2}{2m} + \frac{m\omega_l^2}{2} |Q_l|^2 \right]. \tag{3.102}$$

ただし，各調和振動子の角振動数は異なっていて，$\omega_l^2 = \frac{2K}{m}(1 - \cos k_l)$ である．

● 基準座標の演算子

量子力学では，運動量は演算子 $p_j = -i\hbar\frac{\partial}{\partial x_j}$ に置き換えられ，このことから次の交換関係

$$[x_j, p_n] = i\hbar\delta_{j,n}, \tag{3.103}$$

が成り立つ．基準座標 Q_l とその共役運動量 P_l $(l = 1, 2, \cdots, N)$ を，古典力学と同様に

$$Q_l = \sum_{j=1}^{N} x_j\varphi_l(j), \quad P_l = \sum_{j=1}^{N} p_j\varphi_l(j)^* \tag{3.104}$$

によって定義すると，交換関係

$$[Q_l, P_m] = i\hbar\delta_{l,m}, \tag{3.105}$$

が成り立つ．

【証 明】

定義を用いれば，次のように交換関係を証明できる．

$$[Q_l, P_m] = [\sum_{j=1}^{N} x_j\varphi_l(j), \sum_{n=1}^{N} p_n\varphi_m(n)^*] = \sum_{j=1}^{N}\sum_{n=1}^{N} \varphi_l(j)\varphi_m(n)^*[x_j, p_n]$$
$$= \sum_{j=1}^{N}\sum_{n=1}^{N} \varphi_l(j)\varphi_m(j)^* i\hbar\delta_{j,n} = i\hbar\delta_{l,m}.$$

証明終わり．

● フォノンの消滅，生成演算子とハミルトニアン

$$a_l = \frac{1}{\sqrt{2\hbar m\omega_l}}\left(m\omega_l Q_l + iP_{N-l}\right), \quad a_l^\dagger = \frac{1}{\sqrt{2\hbar m\omega_l}}\left(m\omega_l Q_{N-l} - iP_l\right), \tag{3.106}$$

と定義すると，交換関係

$$[a_k, a_l^\dagger] = \delta_{k,l}, \quad [a_k, a_l] = 0 = [a_k^\dagger, a_l^\dagger], \tag{3.107}$$

が成り立つ．章末問題問 3.7 参照．これらと $\omega_{N-l} = \sqrt{\frac{2K}{m}(1 - \cos k_{N-l})} = \omega_l$ によって

$$\frac{|P_l|^2}{2m}+\frac{m\omega_l^2}{2}|Q_l|^2=\frac{\hbar\omega_l}{2}\left[a_l^\dagger a_l+\frac{1}{2}+a_{N-l}^\dagger a_{N-l}+\frac{1}{2}\right],$$

が成り立ち，ハミルトニアンは

$$H=\sum_{l=1}^{N}\hbar\omega_l\left(a_l^\dagger a_l+\frac{1}{2}\right),\tag{3.108}$$

となる．エネルギー固有値は独立な各振動子の量子数を $n_l=0,1,2,\cdots$ として

$$E(n_1,n_2,\cdots,n_N)=\sum_{l=1}^{N}\hbar\omega_l\left(n_l+\frac{1}{2}\right),$$

となる．固定端境界条件の場合と同じ形をしているので，固定端境界で $\omega_l=\sqrt{\frac{2K}{m}(1-\cos\frac{\pi l}{N+1})}$ であった振動数を，周期的境界条件においては $\omega_l=\sqrt{\frac{2K}{m}(1-\cos\frac{2\pi l}{N})}$ と読み替えればよい．このため，周期的境界条件を満たす結合振動子の分配関数は固定端境界条件のものと同じ形をしていて，統計力学的に同様の性質を示す．

3.11.3　1次元結合振動子の高温と低温の振る舞い

● **高温展開**

エネルギー期待値（内部エネルギー）(3.92) を，高温 $\beta\hbar\omega_l\ll 1$ であるとして Taylor 展開する．

$$e^{\beta\hbar\omega}=1+\beta\hbar\omega+\frac{1}{2}(\beta\hbar\omega)^2+\frac{1}{3!}(\beta\hbar\omega)^3+\cdots.$$

高温展開をこの次数まで取り入れると，エネルギー期待値は，

$$\langle E\rangle=\sum_{l=1}^{N}\left(\frac{\hbar\omega_l}{2}+\frac{\hbar\omega_l}{e^{\beta\hbar\omega_l}-1}\right)=Nk_{\mathrm{B}}T+\sum_{l=1}^{N}\frac{\hbar^2\omega_l^2}{12k_{\mathrm{B}}T}+\cdots,\tag{3.109}$$

と展開される．ただし，Boltzmann 定数を k_{B} とした．高温では，等分配の法則が近似的に成り立つことがわかる．高温展開の式 (3.109) から，熱容量は

$$C=\frac{\partial\langle E\rangle}{\partial T}=Nk_{\mathrm{B}}-\sum_{l=1}^{N}\frac{\hbar^2\omega_l^2}{12k_{\mathrm{B}}T^2}+\cdots\tag{3.110}$$

と求まる．

● 低温展開

次に低温で β が大きな場合を考える．まず，1 粒子あたりのエネルギー期待値 u の $N \to \infty$ をとる．1 粒子あたりのエネルギー期待値は極限 $N \to \infty$ をとって積分で表すことができ，これが $N \gg 1$ に対して良い近似となる．

固定端境界条件

波数 $k_l = \frac{\pi l}{N+1}$ であったから，$\Delta k = \frac{\pi}{N+1}$ として極限 $N \to \infty$ をとると，1 粒子あたりのエネルギー期待値は連続変数 k による次の積分で表される．

$$
\begin{aligned}
u &= \lim_{N\to\infty} \frac{\langle E \rangle}{N} = \lim_{N\to\infty} \frac{1}{N} \sum_{l=1}^{N} \left(\frac{\hbar\omega_l}{2} + \frac{\hbar\omega_l}{e^{\beta\hbar\omega_l} - 1} \right) \\
&= \int_0^{k_m} \frac{dk}{\pi} \left(\frac{\hbar\omega(k)}{2} + \frac{\hbar\omega(k)}{e^{\beta\hbar\omega(k)} - 1} \right). \qquad (3.111)
\end{aligned}
$$

ただし，$k = \pi l/(N+1)$，$\omega(k) = \sqrt{\frac{2K}{m}(1-\cos k)}$ とおいた．また，積分の上限 k_m は切断で，極限 $N \to \infty$ では $k_m = \frac{\pi N}{N+1} \to \pi$ である．$k \sim 0$ では $\omega(k) = \sqrt{\frac{2K}{m}(1-\cos k)} \sim 0$ に注意する．k が十分大きければ，低温では Boltzmann 定数を k_{B} として $\beta\hbar\omega(k) = \hbar\omega(k)/(k_{\mathrm{B}}T) \gg 1$ となり $\hbar\omega(k)e^{-\hbar\omega(k)\beta\hbar\omega(k)} \ll 1$ となるので，その部分は無視してよく，$k = 0$ 付近のみが積分に大きく寄与する．$c^2 = K/m$ とおいて，$k \ll 1$ に対して Taylor 展開すると

$$
\omega(k) = \sqrt{\frac{2K}{m}(1-\cos k)} = \sqrt{c^2k^2 + \cdots} = ck + \cdots . \qquad (3.112)
$$

熱容量に関係ない，ゼロ点エネルギー $u_0 = E_0/N = \frac{1}{N}\sum_{l=1}^{N} \frac{\hbar\omega_l}{2}$ を引き去ったものは $\omega(k) \simeq ck$ を代入して

$$
u - u_0 = \int_0^{k_m} \frac{dk}{\pi} \frac{\hbar\omega(k)}{e^{\beta\hbar\omega(k)} - 1} \simeq \int_0^{k_m} \frac{dk}{\pi} \frac{\hbar ck}{e^{\beta\hbar ck} - 1}.
$$

低温では積分の上限で被積分関数は $e^{-\pi\hbar c\beta} \sim 0$ と近似できるので，$k_m \to \infty$ としても良い近似となる．1 粒子あたりのエネルギー期待値の低温での振る舞いは，$x = \beta\hbar ck$ と置き換え $k_m \to \infty$ をとって，

$$
u - u_0 \simeq \frac{1}{\pi\hbar c\beta^2} \int_0^{\beta\hbar ck_m} dx \frac{x}{e^x - 1} \simeq \frac{1}{\pi\hbar c\beta^2} \int_0^{\infty} dx \frac{x}{e^x - 1} = \frac{1}{2}\alpha_1 T^2, \qquad (3.113)
$$

と近似できる．ただし

$$\alpha_1 = \frac{2k_{\mathrm{B}}^2}{\pi\hbar c}\int_0^{\infty} dx \frac{x}{e^x - 1}$$

と書いた．極限 $k_m \to \infty$ によりいくらでも短い波長が存在し，系は連続的な弾性体として取り扱われる．このため，この低温での近似は連続体近似とよばれることがある．この 1 粒子あたりのエネルギー期待値 u から N 粒子のエネルギー期待値は $\langle H \rangle = Nu$ と表されるので，1 次元結合振動子の低温での 1 粒子比熱は，近似的に

$$c_1 = \frac{1}{N}\frac{\partial \langle E \rangle}{\partial T} = \frac{\partial u}{\partial T} \simeq \alpha_1 T$$

と表される．次元によってこの振る舞いが変わるので注意せよ．一般の次元 d で 1 粒子比熱の低温展開は $c_d = \alpha_d T^d$ となる．

低温展開 (3.113) について $^{(*)}$

角振動数の展開 (3.112) の次の項は

$$\omega(k) = ck + c'k^3 + \cdots$$

となるので，次の次数を取り入れると低温展開 (3.113) の補正が

$$u - u_0 = \frac{1}{2}\alpha_1 T^2 + \frac{1}{4}\alpha_1' T^4 + \cdots ,$$

と求まり，1 粒子比熱の補正

$$c_1 = \alpha_1 T + \alpha_1' T^3 \cdots ,$$

が得られる．また，1 粒子あたりのエネルギーの期待値 (3.113) を

$$u - u_0 = \frac{1}{\pi\hbar c\beta^2}\int_0^{\beta\hbar c k_m} \frac{dx\,x}{e^x - 1} = \frac{1}{\pi\hbar c\beta^2}\left(\int_0^{\infty} \frac{dx\,x}{e^x - 1} - \int_{\beta\hbar c k_m}^{\infty} \frac{dx\,x}{e^x - 1}\right), \tag{3.114}$$

と表す．右辺の第 2 項は $\beta\hbar c k_m \gg 1$ ならば非常に小さいことを以下で示す．この積分の具体的な上界を求めるには，$x \geq \beta\hbar c k_m$ ならば $x \leq \beta\hbar c k_m e^{\frac{x}{\beta\hbar c k_m}}$ であることを用いると

$$\int_{\beta\hbar c k_m}^{\infty} \frac{dx\,x}{e^x - 1} = \int_{\beta\hbar c k_m}^{\infty} \frac{dx\,x e^{-x}}{1 - e^{-x}} \leq \int_{\beta\hbar c k_m}^{\infty} \frac{dx\,x e^{-x}}{1 - e^{-\beta\hbar c k_m}}$$

$$\le \int_{\beta\hbar ck_m}^{\infty} \frac{dx\beta\hbar ck_m e^{-(1-\frac{1}{\beta\hbar ck_m})x}}{1-e^{-\beta\hbar ck_m}}$$
$$= \frac{(\beta\hbar ck_m)^2 e^{-\beta\hbar ck_m+1}}{(1-e^{-\beta\hbar ck_m})(\beta\hbar ck_m-1)} \simeq 0. \qquad (3.115)$$

これによって，$\beta\hbar ck_m \gg 1$ ならばこの項を無視できる．

周期的境界条件

低温の振る舞いを調べるには，波数 $k_l = \frac{2\pi l}{N}$ の範囲を，規格化直交系の定義式 (3.94) の下の注意に従って，以下のようにとる方が便利である．N が偶数の場合，$M_+ = N/2$，$M_- = N/2-1$，奇数の場合，$M_\pm = (N-1)/2$ と定義して $-M_- \le l \le M_+$ とする．ハミルトニアンは

$$H = \sum_{l=-M_-}^{M_+} \hbar\omega_l \left(a_l^\dagger a_l + \frac{1}{2} \right), \qquad (3.116)$$

となる．エネルギー固有値は独立な各振動子の量子数を $n_l = 0, 1, 2, \cdots$ として

$$E(n_1, n_2, \cdots, n_N) = \sum_{l=-M_-}^{M_+} \hbar\omega_l \left(n_l + \frac{1}{2} \right),$$

となる．周期的境界条件において各振動数は $\omega_l = \sqrt{\frac{2K}{m}(1-\cos\frac{2\pi l}{N})}$ であることに注意する．波数 $k_l = \frac{2\pi l}{N}$ であったから，$\Delta k = \frac{2\pi}{N}$ として極限 $N \to \infty$ をとると，1 粒子あたりのエネルギー期待値は連続変数 k による次の積分で表される．

$$u = \lim_{N\to\infty} \frac{\langle E\rangle}{N} = \lim_{N\to\infty} \frac{1}{N} \sum_{l=M_-}^{M_+} \left(\frac{\hbar\omega_l}{2} + \frac{\hbar\omega_l}{e^{\beta\hbar\omega_l}-1} \right)$$
$$= \int_{-k_m}^{k_m} \frac{dk}{2\pi} \left(\frac{\hbar\omega(k)}{2} + \frac{\hbar\omega(k)}{e^{\beta\hbar\omega(k)}-1} \right) = \int_0^{k_m} \frac{dk}{\pi} \left(\frac{\hbar\omega(k)}{2} + \frac{\hbar\omega(k)}{e^{\beta\hbar\omega(k)}-1} \right). \qquad (3.117)$$

最後の等式は $\omega(k) = \sqrt{\frac{2K}{m}(1-\cos k)}$ が k の偶関数であることから得られる．積分の上限 k_m は切断で，極限 $N \to \infty$ では $k_m = \frac{2\pi M_+}{N} \to \pi$ である．

この周期的境界条件に対する結果は，固定端境界条件における低温の漸近系の結果に一致しているため，固定端境界条件と同じ公式が成り立つ．

3.11.4 固定端境界をもつ 3 次元結合振動子

固定端境界をもつ結合振動子を，1 次元から 3 次元に拡張する．各粒子を 3 次元のベクトル $\vec{j} = (j_1, j_2, j_3)$ $(j_s = 1, 2, 3, \cdots, L,\ s = 1, 2, 3)$ で特定し，各方向の単位ベクトルを $\vec{e}_1 = (1, 0, 0)$，$\vec{e}_2 = (0, 1, 0)$，$\vec{e}_3 = (0, 0, 1)$ と定義する．各粒子の平衡の位置からの変位を $\vec{x}(\vec{j}) = (x_1(\vec{j}), x_2(\vec{j}), x_3(\vec{j}))$ それらの共役運動量を $\vec{p}(\vec{j}) = (p_1(\vec{j}), p_2(\vec{j}), p_3(\vec{j}))$ とする．ただし，境界 $\vec{j} = (0, j_2, j_3), (j_1, 0, j_3), (j_1, j_2, 0), (L+1, j_2, j_3), (j_1, L+1, j_3), (j_1, j_2, L+1)$ では，粒子の変位も運動量も $\vec{0}$ と定義する．次のようなハミルトニアンを考える．

$$H = \sum_{j_1=0}^{L} \sum_{j_2=0}^{L} \sum_{j_3=0}^{L} \left[\frac{\vec{p}(\vec{j})^2}{2m} + \sum_{s=1}^{3} \frac{K}{2} \left(\vec{x}(\vec{j} + \vec{e}_s) - \vec{x}(\vec{j}) \right)^2 \right].$$

この結晶格子の振動子模型は Debye 模型とよばれる．

● 規格化直交系

ある規格化直交系を

$$\Phi_{\vec{l}}(\vec{j}) = \varphi_{l_1}(j_1)\varphi_{l_2}(j_2)\varphi_{l_3}(j_3), \tag{3.118}$$

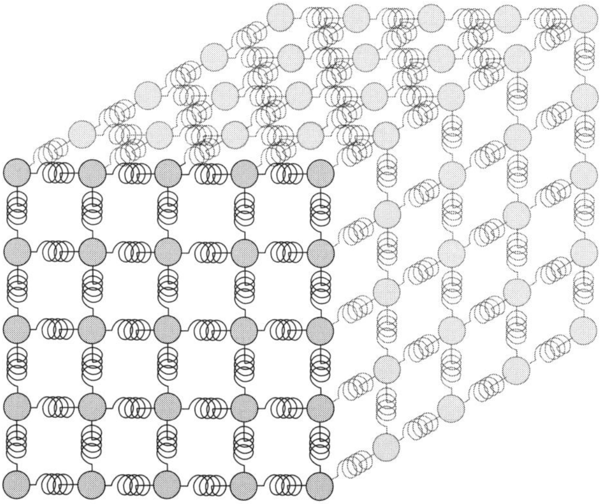

図 3.8　3 次元結晶格子の模型

で定義する．ただし $\varphi_{l_s}(j_s) = \frac{2}{\sqrt{L+1}} \sin \frac{\pi l_s j_s}{L+1}$ は 1 次元の結合振動子に対して式 (3.79) によって定義したものと同じである．ベクトル $\frac{\pi \vec{l}}{L+1}$ を波数ベクトルという．1 次元のときに示されたように，次の関係が得られる．

$$\text{規格直交完全性} \quad \sum_{j_1=1}^{L} \sum_{j_2=1}^{L} \sum_{j_3=1}^{L} \Phi_{\vec{k}}(\vec{j}) \Phi_{\vec{l}}(\vec{j}) = \delta_{k_1,l_1} \delta_{k_2,l_2} \delta_{k_3,l_3} \tag{3.119}$$

$$\text{固有値方程式} \quad \sum_{s=1}^{3} [\Phi_{\vec{l}}(\vec{j} + \vec{e}_s) - 2\Phi_{\vec{l}}(\vec{j}) + \Phi_{\vec{l}}(\vec{j} - \vec{e}_s)]$$
$$= 2 \sum_{s=1}^{3} \left(\cos \frac{\pi l_s}{L+1} - 1 \right) \Phi_{\vec{l}}(\vec{j})$$

● 基準座標

基準座標 $\vec{Q}_{\vec{l}}$ とその共役運動量 $\vec{P}_{\vec{l}}$ を，

$$\vec{Q}(\vec{l}) = \sum_{j_1=1}^{L} \sum_{j_2=1}^{L} \sum_{j_3=1}^{L} \vec{x}(\vec{j}) \Phi_{\vec{l}}(\vec{j}),$$
$$\vec{P}(\vec{l}) = \sum_{j_1=1}^{L} \sum_{j_2=1}^{L} \sum_{j_3=1}^{L} \vec{p}(\vec{j}) \Phi_{\vec{l}}(\vec{j}),$$

によって導入する．基準座標によってハミルトニアンは

$$H = \sum_{l_1=1}^{L} \sum_{l_2=1}^{L} \sum_{l_3=1}^{L} \left[\frac{\vec{P}(\vec{l})^2}{2m} + \frac{m\omega(\vec{l})^2}{2} \vec{Q}(\vec{l})^2 \right], \tag{3.120}$$

と書ける．ただし，$\omega(\vec{l})^2 = \frac{2K}{m} \sum_{s=1}^{3} (1 - \cos \frac{\pi l_s}{L+1})$ とする．

● 量子力学による取り扱い

基準座標 $Q_s(\vec{l})$ とその共役運動量 $P_s(\vec{k})$ を，古典力学と同様に

$$Q_s(\vec{l}) = \sum_{j_1=1}^{L} \sum_{j_2=1}^{L} \sum_{j_3=1}^{L} \Phi_{\vec{l}}(\vec{j}) x_s(\vec{j}), \quad P_s(\vec{l}) = -i\hbar \sum_{j_1=1}^{L} \sum_{j_2=1}^{L} \sum_{j_3=1}^{L} \Phi_{\vec{l}}(\vec{j}) \frac{\partial}{\partial x_s(\vec{j})},$$

によって定義する．このとき 1 次元で示したときと同様の手順によって交換関係

$$[Q_s(\vec{k}), P_t(\vec{l})] = i\hbar \delta_{s,t} \delta_{k_1,l_1} \delta_{k_2,l_2} \delta_{k_3,l_3},$$

を示すことができる．ハミルトニアンは

$$H = \sum_{l_1=1}^{L}\sum_{l_2=1}^{L}\sum_{l_3=1}^{L}\sum_{s=1}^{3}\left[\frac{P_s(\vec{l})^2}{2m} + \frac{m\omega(\vec{l})^2}{2}Q_s(\vec{l})^2\right].$$

この Debye 模型における $\omega(\vec{l})$ の $\vec{l}$ 依存性を無視し，$\omega(\vec{l}) = \omega$ としたものが，3.10.2 項で言及した Einstein 模型である．

● フォノンの消滅，生成演算子とハミルトニアン

次のように消滅，生成演算子を

$$a_s(\vec{l}) = \frac{1}{\sqrt{2\hbar m\omega(\vec{l})}}\left(m\omega(\vec{l})Q_s(\vec{l}) + iP_s(\vec{l})\right),$$

$$a_s(\vec{l})^\dagger = \frac{1}{\sqrt{2\hbar m\omega(\vec{l})}}\left(m\omega(\vec{l})Q_s(\vec{l}) - iP_s(\vec{l})\right),$$

で定義する．1 次元の場合と同様にして，交換関係

$$[a_s(\vec{k}), a_t(\vec{l})^\dagger] = \delta_{s,t}\delta_{k_1,l_1}\delta_{k_2,l_2}\delta_{k_3,l_3}, \tag{3.121}$$

を示すことができる．ハミルトニアンは消滅，生成演算子を用いて

$$H = \sum_{l_1=1}^{L}\sum_{l_2=1}^{L}\sum_{l_3=1}^{L}\sum_{s=1}^{3}\hbar\omega(\vec{l})\left(a_s(\vec{l})^\dagger a_s(\vec{l}) + \frac{1}{2}\right), \tag{3.122}$$

と表される．

● エネルギー固有値

この系のエネルギー固有値は負でない整数を $n_s(\vec{l})$ として次で与えられる

$$E(\{n_s(\vec{l})\}) = \sum_{s=1}^{3}\sum_{l_1=1}^{L}\sum_{l_2=1}^{L}\sum_{l_3=1}^{L}\hbar\omega(\vec{l})\left(n_s(\vec{l}) + \frac{1}{2}\right).$$

このように得られる励起は次元によらずフォノンとよばれる．

● 分配関数とエネルギー期待値

3 次元結合振動子の分配関数は

$$Z = \prod_{\vec{l}}\left(\frac{e^{-\beta\hbar\omega(\vec{l})/2}}{1 - e^{-\beta\hbar\omega(\vec{l})}}\right)^3 \tag{3.123}$$

となり，エネルギー期待値は，次のように求まる．

$$\langle E\rangle = -\frac{\partial}{\partial\beta}\log Z = \frac{\partial}{\partial\beta}\sum_{\vec{l}}\left(\frac{3}{2}\beta\hbar\omega(\vec{l}) + 3\log(1-e^{-\beta\hbar\omega(\vec{l})})\right)$$
$$= \sum_{\vec{l}}\left(\frac{3}{2}\hbar\omega(\vec{l}) + \frac{3\hbar\omega(\vec{l})}{e^{\beta\hbar\omega(\vec{l})}-1}\right). \qquad (3.124)$$

3.11.5 周期的境界をもつ 3 次元結合振動子 (*)

周期的境界をもつ結合振動子を，1 次元から 3 次元に拡張する．1 次元で見たように，周期的境界条件の結合振動子の統計力学的な結果は固定端境界のものとほとんど同じなので，数学的構造に興味のない読者はこの項を読み飛ばしてよい．各粒子を 3 次元のベクトル $\vec{j}=(j_1,j_2,j_3)$ $(j_s=1,2,3,\cdots,L,\ s=1,2,3)$ で特定し，各方向の単位ベクトルを $\vec{e}_1=(1,0,0)$，$\vec{e}_2=(0,1,0)$，$\vec{e}_3=(0,0,1)$ と定義する．各粒子の平衡の位置からの変位を $\vec{x}(\vec{j})=(x_1(\vec{j}),x_2(\vec{j}),x_3(\vec{j}))$ それらの共役運動量を $\vec{p}(\vec{j})=(p_1(\vec{j}),p_2(\vec{j}),p_3(\vec{j}))$ とする．ただし，周期的境界条件

$$\vec{x}(j_1+L,j_2,j_3)=\vec{x}(j_1,j_2,j_3)=\vec{x}(j_1,j_2+L,j_3)=\vec{x}(j_1,j_2,j_3+L),$$

を満たす．次のようなハミルトニアンを考える．

$$H=\sum_{j_1=1}^{L}\sum_{j_2=1}^{L}\sum_{j_3=1}^{L}\left[\frac{\vec{p}(\vec{j})^2}{2m}+\sum_{s=1}^{3}\frac{K}{2}\left(\vec{x}(\vec{j}+\vec{e}_s)-\vec{x}(\vec{j})\right)^2\right].$$

● 規格化直交系

ある規格化直交系を

$$\Phi_{\vec{l}}(\vec{j})=\varphi_{l_1}(j_1)\varphi_{l_2}(j_2)\varphi_{l_3}(j_3), \qquad (3.125)$$

で定義する．ただし $\varphi_{l_s}(j_s)=\frac{1}{\sqrt{L}}e^{i\frac{2\pi l_s j_s}{L}}$ は周期的境界条件に従う 1 次元の結合振動子に対して，式 (3.94) によって定義した関数で $N\to L$ としたものである．$\frac{2\pi}{L}\vec{l}$ を波数ベクトルという．そこでの注意に従って，$\vec{l}=(l_1,l_2,l_3)$ の範囲は，ある整数を n として $n\le l_1,l_2,l_3\le L+n$ としてよい．1 次元の場合に行ったように，L が偶数である場合に $M_+=L/2$，$M_-=L/2-1$，L が奇数である場合に $M_\pm=\pm(L-1)/2$ と定義し，$\vec{l}$ の範囲を

$$-M_-\le l_1,l_2,l_3\le M_+ \qquad (3.126)$$

とすると，後で低温展開を行うときに便利である．以後，これを波数の範囲とする．この場合，この関数の複素共役は次を満たす

$$\Phi_{\vec{l}}(\vec{j})^* = \Phi_{-\vec{l}}(\vec{j}). \tag{3.127}$$

1次元のときに示されたように，次の関係が得られる．

規格直交完全性
$$\sum_{j_1=1}^{L}\sum_{j_2=1}^{L}\sum_{j_3=1}^{L} \Phi_{\vec{k}}(\vec{j})^* \Phi_{\vec{l}}(\vec{j}) = \delta_{k_1,l_1}\delta_{k_2,l_2}\delta_{k_3,l_3} \tag{3.128}$$

$$\sum_{l_1=1}^{L}\sum_{l_2=1}^{L}\sum_{l_3=1}^{L} \Phi_{\vec{l}}(\vec{j})^* \Phi_{\vec{l}}(\vec{n}) = \delta_{j_1,n_1}\delta_{j_2,n_2}\delta_{j_3,n_3}$$

固有値方程式
$$\sum_{s=1}^{3}[\Phi_{\vec{l}}(\vec{j}+\vec{e}_s) - 2\Phi_{\vec{l}}(\vec{j}) + \Phi_{\vec{l}}(\vec{j}-\vec{e}_s)] = 2\sum_{s=1}^{3}\left(\cos\frac{2\pi l_s}{L} - 1\right)\Phi_{\vec{l}}(\vec{j}).$$

● 基準座標

基準座標 $\vec{Q}_{\vec{l}}$ とその共役運動量 $\vec{P}_{\vec{l}}$ を，

$$\vec{Q}(\vec{l}) = \sum_{j_1=1}^{L}\sum_{j_2=1}^{L}\sum_{j_3=1}^{L} \vec{x}(\vec{j})\Phi_{\vec{l}}(\vec{j}),$$

$$\vec{P}(\vec{l}) = \sum_{j_1=1}^{L}\sum_{j_2=1}^{L}\sum_{j_3=1}^{L} \vec{p}(\vec{j})\Phi_{\vec{l}}(\vec{j}),$$

によって導入する．$\vec{Q}(\vec{l})$，$\vec{P}(\vec{l})$ は複素数の成分からなる3次元ベクトルで，力学変数 $\vec{x}(\vec{j})$，$\vec{p}(\vec{j})$ の成分が実数であることから $\vec{Q}(\vec{l})^* = \vec{Q}(-\vec{l})$，$\vec{P}(\vec{l})^* = \vec{P}(-\vec{l})$ を満たす．基準座標によってハミルトニアンは

$$H = \sum_{l_1=-M_-}^{M_+}\sum_{l_2=-M_-}^{M_+}\sum_{l_3=-M_-}^{M_+}\left[\frac{|\vec{P}(\vec{l})|^2}{2m} + \frac{m\omega(\vec{l})^2}{2}|\vec{Q}(\vec{l})|^2\right], \tag{3.129}$$

と書ける．ただし，$\omega(\vec{l})^2 = \frac{2K}{m}\sum_{s=1}^{3}(1-\cos\frac{2\pi l_s}{L})$ とする．

● 量子力学による取り扱い

基準座標 $Q_s(\vec{l})$ とその共役運動量 $P_s(\vec{k})$ を，古典力学と同様に

$$Q_s(\vec{l}) = \sum_{j_1=1}^{L}\sum_{j_2=1}^{L}\sum_{j_3=1}^{L} \Phi_{\vec{l}}(\vec{j}) x_s(\vec{j}), \quad P_s(\vec{l}) = -i\hbar \sum_{j_1=1}^{L}\sum_{j_2=1}^{L}\sum_{j_3=1}^{L} \Phi_{\vec{l}}(\vec{j}) \frac{\partial}{\partial x_s(\vec{j})},$$

によって定義する．このとき１次元で示したときと同様の手順によって交換関係

$$[Q_s(\vec{k}), P_t(\vec{l})] = i\hbar \delta_{s,t}\delta_{k_1,l_1}\delta_{k_2,l_2}\delta_{k_3,l_3},$$

を示すことができる．

● フォノンの消滅，生成演算子とハミルトニアン

次のように消滅，生成演算子を

$$a_s(\vec{l}) = \frac{1}{\sqrt{2\hbar m\omega(\vec{l})}} \left(m\omega(\vec{l}) Q_s(\vec{l}) + iP_s(-\vec{l}) \right),$$

$$a_s(\vec{l})^\dagger = \frac{1}{\sqrt{2\hbar m\omega(\vec{l})}} \left(m\omega(\vec{l}) Q_s(-\vec{l}) - iP_s(\vec{l}) \right), \tag{3.130}$$

で定義すると，交換関係

$$[a_s(\vec{k}), a_t(\vec{l})^\dagger] = \delta_{s,t}\delta_{k_1,l_1}\delta_{k_2,l_2}\delta_{k_3,l_3}, \tag{3.131}$$

が成り立つ．

$$\left[\frac{|P_s(\vec{l})|^2}{2m} + \frac{m\omega(\vec{l})^2}{2} |Q_s(\vec{l})|^2 \right] = \frac{\hbar\omega(\vec{l})}{2} \left[a_s(\vec{l})^\dagger a_s(\vec{l}) + \frac{1}{2} + a_s(-\vec{l})^\dagger a_s(-\vec{l}) + \frac{1}{2} \right], \tag{3.132}$$

によって，ハミルトニアンは

$$H = \sum_{l_1=-M_-}^{M_+}\sum_{l_2=-M_-}^{M_+}\sum_{l_3=-M_-}^{M_+}\sum_{s=1}^{3} \hbar\omega(\vec{l}) \left(a_s(\vec{l})^\dagger a_s(\vec{l}) + \frac{1}{2} \right), \tag{3.133}$$

と表される．

● エネルギー固有値

この系のエネルギー固有値は負でない整数を $n_s(\vec{l})$ として次で与えられる

$$E(\{n_s(\vec{l})\}) = \sum_{l_1=-M_-}^{M_+}\sum_{l_2=-M_-}^{M_+}\sum_{l_3=-M_-}^{M_+}\sum_{s=1}^{3} \hbar\omega(\vec{l}) \left(n_s(\vec{l}) + \frac{1}{2} \right). \tag{3.134}$$

3.11.6 固定端境界をもつ格子振動（Debye 模型）の高温と低温での振る舞い

● **高温展開**

1 次元の場合と同様に，エネルギー期待値（内部エネルギー）(3.124) の高温での振る舞いは，近似的に等分配則を満たす．

$$\langle E\rangle \sim 3Nk_{\mathrm{B}}T.$$

ただし，上式の k_{B} は Boltzmann 定数である．$N=L^3$ とした．

● **低温展開**

低温でのエネルギー期待値と熱容量を調べるために波数ベクトル $\vec{k}=\frac{\pi\vec{l}}{L+1}$ を近似的に連続変数として取り扱う．大きな L に対して，波数 $k_s=\frac{\pi l_s}{L+1}$ のある関数 $f(\vec{k})$ $(l_s=1,2,\cdots,L,\quad s=1,2,3)$ に対する和を

$$\begin{aligned}\frac{1}{L^3}\sum_{l_1=1}^{L}\sum_{l_2=1}^{L}\sum_{l_3=1}^{L}&f(\frac{\pi l_1}{L+1},\frac{\pi l_2}{L+1},\frac{\pi l_3}{L+1})\\&\simeq\int_0^{\pi}\frac{dk_1}{\pi}\int_0^{\pi}\frac{dk_2}{\pi}\int_0^{\pi}\frac{dk_3}{\pi}f(k_1,k_2,k_3),\end{aligned}$$

と積分で近似的に表す．これは $L\to\infty$ で正確な等式となる．低温では $|\vec{k}|$ が小さい領域が積分に寄与するので，$\omega\simeq c|\vec{k}|$ と近似する．c は音速である．1 粒子あたりのエネルギー期待値を ω についての積分に変数変換すると，式 (3.124) によって

$$u-u_0=\frac{\langle E\rangle-E_0}{L^3}=\int\frac{d^3k}{\pi^3}\frac{3\hbar ck}{e^{\beta\hbar ck}-1}=\frac{3\hbar}{2\pi^2c^3}\int_0^{\omega_m}\frac{d\omega\omega^3}{e^{\beta\hbar\omega}-1}\quad(3.135)$$

となる．ただし E_0 は絶対零度での系のエネルギーであり，$\omega_m=(6\pi^2)^{1/3}c$ は Debye 切断とよばれる．これは，波数 $\vec{k}$ の総数は，粒子数 L^3 に一致しているので，

$$1=\frac{1}{L^3}\sum_{\vec{l}}1=\int\frac{d^3k}{\pi^3}=\int_0^{k_m}\frac{4\pi k^2}{8\pi^3}dk=\int_0^{\omega_m}\frac{d\omega\omega^2}{2\pi^2c^3}=\frac{\omega_m^3}{6\pi^2c^3},$$

で定める．この角振動数と Boltzmann 定数 k_{B} から定義される温度 $\Theta_D=\hbar\omega_m/k_{\mathrm{B}}$ は Debye 温度とよばれる．Debye 温度より十分低温となる $T\ll\Theta_{\mathrm{D}}$

表 3.3 いろいろな物質の Debye 温度 [5]

物質	$\Theta_D[K]$
Be	1440
Ag	225
Cu	343
C（ダイヤモンド）	2230
Si	645
Ge	374

では，1 次元で行った近似と同様に，1 粒子あたりのエネルギーの期待値 (3.135) において，$x = \beta\hbar\omega$ とおいて，極限 $\omega_m \to \infty$ を次のようにとった

$$u - u_0 = \frac{3}{2\pi^2 c^3 \beta^4 \hbar^3} \int_0^{\beta\hbar\omega_m} \frac{dx x^3}{e^x - 1} \simeq \frac{3}{2\pi^2 c^3 \beta^4 \hbar^3} \int_0^{\infty} \frac{dx x^3}{e^x - 1}, \quad (3.136)$$

が良い近似となる．低温で，3 次元の Debye 模型において 1 粒子のエネルギー期待値 $u - u_0$ は絶対温度の 4 乗に比例することがわかる．

$$u - u_0 \simeq \frac{\alpha_3}{4} T^4.$$

これより 3 次元での Debye 模型の 1 粒子比熱 c_3 は T^3 に比例する．

$$c_3 \simeq \alpha_3 T^3.$$

上でも述べたように，d 次元 Debye 模型の熱容量は低温で $c_d \sim \alpha_d T^d$ のように振る舞う．

注意 実際の固体は単純な立方格子でないことが多いので，一般には分散関係 $\omega(k)$ が 1 つのパラメーター c だけを含んだ形に書けない．そのときは，内部エネルギー (3.135) の積分に，2 つ以上のパラメーター，たとえば縦波，横波の速度 c_l，c_t を導入し，$d^3k = d\omega D(\omega) 3/c^3 \to d\omega D(\omega)(1/c_l^3 + 2/c_t^3)$ などのように取り扱う．ここでは $\omega \sim 0$ において，$D(\omega) = \omega^2$ と近似したが，一般には格子によって $D(\omega)$ はいろいろな関数になりうる．

3.12 熱放射

物体は常に電磁波を吸収し，放射している．これは真空中でも起る熱の交換である．物体から放射される電磁波の振動数に依存した強度が，物体の温度に依存していることは古くから知られている．たとえば，鉄などの金属を熱する

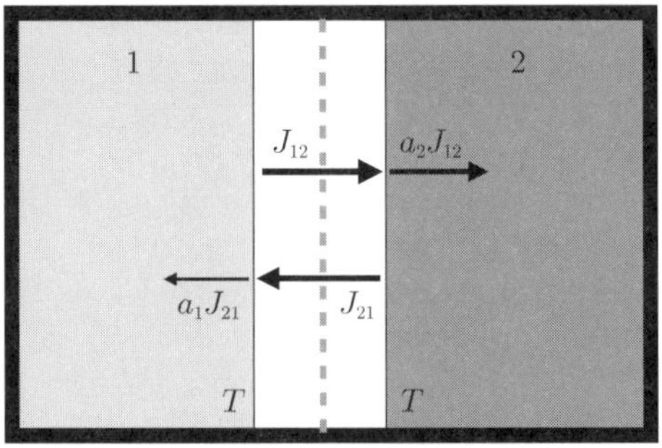

図 3.9　物体 1 と物体 2 の間に，振動数 ω の電磁波のみ透過できる面積 A のフィルターが設置されている．物体 1，2 の絶対温度は T である．

と，その温度が低いうちは発光色が赤いが，温度が高くなるについて橙色から白へと変わっていく．電磁波の振動数に関する強度分布を観測して温度を測定することも可能である．ここでは空洞放射を例にとって熱放射現象の一般的な性質を調べる．電磁波は Maxwell（マックスウェル）方程式に従う線形な波であるため，Debye 模型に似通った性質を示す．そのため，ベクトルポテンシャルに対して基準座標を定義すると，ハミルトニアンは独立な調和振動子に分解できる．Debye 模型と数学的な類似性がある一方，波数に切断がないことと電磁波が横波であることなど，決定的な相違点によって異なる統計力学的性質を示す．以下で解説する熱放射の理論は，放射温度計の理論的な基礎を与える．3.12 節は，田崎 (2008) [6] を参考にしている．

3.12.1　Kirchhoff（キルヒホッフ）の法則

物体の電磁波の吸収と放射に関して，物質によらない非常に一般的な法則が Kirchhoff の法則として知られている．ここではこの法則について解説する．物体が吸収または放射する電磁波によるエネルギーの移動は，熱として考えることができる．電磁波が，単位時間に，単位面積を通過させたエネルギーを，その電磁波の強度といって，単位 $\mathrm{W\ m^{-2} = J\ s^{-1}\ m^{-2}}$ で表す．断熱環境に置かれた物体 1 および物体 2 は，電磁波のエネルギー交換により平衡状態にあるとする．電磁波の角振動数ごとの吸収率は物質の性質によって値が定まる．議論を単純化するため，ある角振動数 ω の電磁波のみを透過させる，広い平面状のフィルターを通じて，物体 1 と物体 2 は角振動数 ω の電磁波のみの放射，吸収を行うと仮定する．物体の角振動数 ω の吸収率が $a(\omega)$ であるとすると，その物体が強度 $J(\omega)$ の放射を受けたとき，強度 $a(\omega)J(\omega)$ で吸収し，強度 $(1-a(\omega))J(\omega)$ で反射をする．また，物体が放射吸収をする面やフィルターの面積 A は十分に大きいとし，フィルターの境界付近を除き，ほとんどの位置で放射強度 $J(\omega)$ は一定で，フィルターを通過する単位時間あたりのエネルギーは $J(\omega)A$ であると仮定する．

すべての振動数 ω で，吸収率が $a(\omega)=1$ である理想的な仮想物体を黒体とよぶ．物体 1 および物体 2 の角振動数 ω の電磁波の吸収率をそれぞれ $a_1(\omega)$, $a_2(\omega)$ とする．絶対温度 T で物体 1 および物体 2 が独立している場合に，それぞれの放射の強度を $J_1(\omega,T)$，$J_2(\omega,T)$ とすると，物体 1 と物体 2 が単位時間に放射するエネルギーは，それぞれ $J_1(\omega,T)A$，$J_2(\omega,T)A$ である．一方，図 3.9 のように，物体 1 と物体 2 が独立でなく，平衡状態となっている場合は，物体 1 から物体 2 へ向かう放射の強度を $J_{12}(\omega)$ とすると，物体 2 は単位時間に $a_2(\omega)J_{12}(\omega)A$ のエネルギーを吸収し，$(1-a_2(\omega))J_{12}(\omega)A$ のエネルギーを反射する．同様に，物体 2 から物体 1 に向かう放射の強度を $J_{21}(\omega)$ とすると，物体 1 は単位時間に $a_1(\omega)J_{21}(\omega)A$ のエネルギーを吸収し，$(1-a_1(\omega))J_{21}(\omega)A$ のエネルギーを反射する．物体 1 および物体 2 からなる系は断熱環境にあり，外界と電磁波のやり取りを行わないと仮定しているので，以下の関係が得られる．

$$
\begin{aligned}
J_{12}(\omega)A &= J_1(\omega,T)A + (1-a_1(\omega))J_{21}(\omega)A, \\
J_{21}(\omega)A &= J_2(\omega,T)A + (1-a_2(\omega))J_{12}(\omega)A.
\end{aligned} \tag{3.137}
$$

平衡状態はこれらが一致するとき達成されるので

$$
J_{12}(\omega) = J_{21}(\omega),
$$

となる．これによって $J_{21}(\omega)$ を消去すると

$$
\begin{aligned}
J_{12}(\omega) &= J_1(\omega,T) + (1-a_1(\omega))J_{12}(\omega), \\
J_{12}(\omega) &= J_2(\omega,T) + (1-a_2(\omega))J_{12}(\omega).
\end{aligned} \tag{3.138}
$$

これから以下が得られる．

$$
J_1(\omega,T)/a_1(\omega) = J_{12}(\omega) = J_2(\omega,T)/a_2(\omega).
$$

物体2を黒体とすると $a_2(\omega)=1$ であり，$J_2(\omega,T)=J_{\mathrm{B}}(\omega,T)$ とおくと次が得られる．

$$J_1(\omega,T)/a_1(\omega)=J_{\mathrm{B}}(\omega,T).$$

したがって，電磁波の各振動数 ω に対し，物体の放射強度と吸収率の比は物体によらず，黒体の放射強度 $J_{\mathrm{B}}(\omega,T)$ に等しい．これを熱放射における Kirchhoff の法則という．

3.12.2 黒体放射と空洞放射

理想的な仮想物体である黒体の放射強度は，あらゆる物質の放射強度と吸収率の比を求めることになるので，これを求めよう．そのため，黒体と同じ性質をもつと思われる空洞を考える．小さな穴をあけた箱中の電磁波を考察する．小さな穴から電磁波が吸収されても，その穴から入射した電磁波のほとんどが出てこられないため空洞放射は黒体放射とみなすことができる．この穴から放射される電磁波の強度は箱内の電磁波のエネルギー密度 $u(\omega)$ と光速 c を用いて

$$J(\omega)=\frac{c}{4}u(\omega), \tag{3.139}$$

と表されるため，エネルギー密度 $u(\omega)$ を計算することが重要である．小さな穴からの空洞放射の強度が $cu(\omega)$ に比例することは，次のように理解できる．

図3.10のように，小さな穴の中心を原点とした直交直線座標 (x,y,z) と極座標 (r,θ,φ) を取る．$z>0$ の領域を空洞とし，空洞内の各点から放射される電磁波が，小さな穴から外 $(z<0)$ に放射されるとする．小さな穴の面積を ΔA とし，ある時間 t をとって $(ct)^2\gg\Delta A$ であるとする．空洞内の放射エネルギーが，ある時刻から時間 t の間に小さい穴から出て行くためには，半径 ct の半球内の各点から放射されるエネルギーが穴に向かっていくことが必要である．その半球領域の角振動数 ω をもつ電磁波のエネルギーの総量は半球の体積とエネルギー密度の積 $\frac{2}{3}\pi(ct)^3u(\omega)$ であるが，穴から出て行くエネルギーはこの一部であり，さらに係数がかかる．

穴の中心を原点とした直交直線座標 (x,y,z) をとり，それに基づき $(x,y,z)=r(\sin\theta\cos\varphi,\sin\theta\cos\varphi,\cos\theta)$ とした極座標 (r,θ,φ) をとる（図3.10）．区間 $(r,r+dr)$，$(\theta,\theta+d\theta)$，$(\varphi,\varphi+d\varphi)$ で定まる微小な直方体領域の体積は $drr^2d\varphi d\theta\sin\theta$ である．この領域の放射エネルギーは電磁波のエネルギー密度

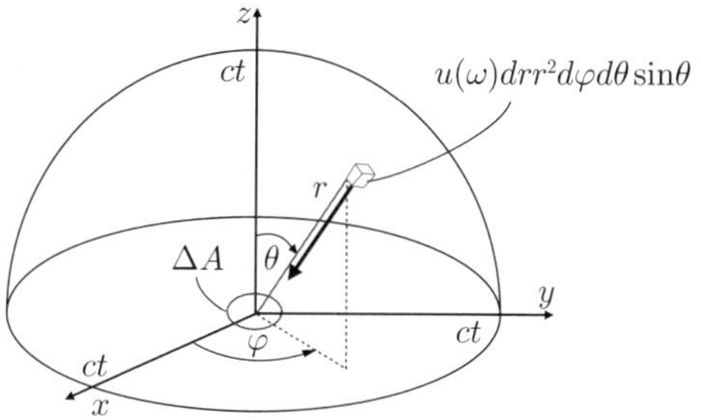

図 3.10 半径 ct の半球内の位置 (r, θ, φ) から等方的に放射される電磁波のエネルギーは，面積 ΔA の小さな穴に向かう流れのみが，外 $(z < 0)$ に放射される．

に体積をかけて

$$u(\omega) dr r^2 d\varphi d\theta \sin\theta$$

である．このうち穴に向かうエネルギーは穴の立体角 $\cos\theta \Delta A / r^2$ を全立体角 4π で割った係数がかかり，

$$u(\omega) dr d\varphi d\theta \sin\theta \cos\theta \Delta A / 4\pi \tag{3.140}$$

となる．r，θ，φ について半球領域 $0 < r < ct$，$0 < \theta < \frac{\pi}{2}$，$0 < \varphi < 2\pi$ で積分すると，穴から時間 t の間に出て行くエネルギーが

$$\int_0^{ct} u(\omega) dr \int_0^{2\pi} d\varphi \int_0^{\frac{\pi}{2}} d\theta \sin\theta \cos\theta \Delta A / 4\pi = \frac{ct}{4} u(\omega) \Delta A, \tag{3.141}$$

であるから，穴から出て行く放射の強度は $t\Delta A$ で割って

$$J(\omega) = \frac{c}{4} u(\omega), \tag{3.142}$$

と求まる．

3.12.3 空洞放射の統計力学

空洞放射のエネルギー密度の期待値を絶対温度の関数として求める方法は，Debye 模型におけるエネルギー密度の期待値の計算と数学的に類似している．しかし，電磁場が存在している空間が連続的なので波数および振動数の切断（最大値）がないことと，また，電磁場のゲージ不変性の存在により電磁波は縦波

成分をもたないことがDebye模型と異なっている．以下では空洞放射のエネルギー密度の期待値を絶対温度の関数として求めよう．Debye模型では，基準座標をとることにより，独立な調和振動子として扱うことができ，フォノン（音子）の消滅，生成演算子によってハミルトニアンの固有値を計算することができた．これに対応することをMaxwell方程式に従う電磁波に対して行うと，フォトン（光子）のハミルトニアンとエネルギー固有値を導くことができる．このハミルトニアンの導出は後の項に回し，与えられたエネルギー固有値から導かれる統計力学的な電磁波の性質を始めに調べよう．

● フォトン（光子）のハミルトニアンとエネルギー固有値

電磁波は横波であるから，波数ベクトルを定めるベクトル $\vec{l}=(l_1,l_2,l_3)$ に直交する2つの偏極成分 $s=1,2$ をもつ．本書では，周期的境界または固定端境界を取り扱う．周期的境界をとった場合，波数ベクトルは $\frac{2\pi\vec{l}}{L}$ $(l_i=0,\pm1,\pm2,\cdots)$ によって定まる．固定端境界では境界の外の電磁場がないとする．そのため波数ベクトルは $\frac{\pi\vec{l}}{L}$, $\vec{l}=(l_1,l_2,l_3)$ $(l_i=1,2,3,\cdots)$ によって定まる．どちらの境界条件の場合でも，任意の偏極成分 s，$r=1,2$ と波数を定める $\vec{l}$，$\vec{m}$ に対して，消滅演算子 $a_s(\vec{l})$ と生成演算子 $a_s(\vec{l})^\dagger$ が定義され，次の交換関係を満たす．

$$[a_s(\vec{l}),a_r(\vec{m})^\dagger]=\delta_{s,r}\delta_{\vec{l},\vec{m}},\quad [a_s(\vec{l}),a_r(\vec{m})]=0=[a_s(\vec{l})^\dagger,a_r(\vec{m})^\dagger]. \tag{3.143}$$

これらにより，電磁場のハミルトニアンは周期的境界に対して

$$H=\sum_{l_1=-\infty}^{\infty}\sum_{l_2=-\infty}^{\infty}\sum_{l_3=-\infty}^{\infty}\sum_{s=1}^{2}\hbar\omega(\vec{l})\left(a_s(\vec{l})^\dagger a_s(\vec{l})+\frac{1}{2}\right), \tag{3.144}$$

である．これを周期的境界条件を満たすフォトンまたは光子のハミルトニアンという．Debye模型における周期的境界条件を満たすフォノンのハミルトニアン(3.133)と類似しているが，先ほど解説したように消滅，生成演算子 $a_s(\vec{l})$, $a_s(\vec{l})^\dagger$ は横波と縦波からなる3成分 $s=1,2,3$ ではなく，横波のみからなる2成分 $s=1,2$ であることと，切断は存在せず，$M_\pm\to\infty$ となっているという2つの相違点がある．固定端境界に対するフォトンのハミルトニアンは，

$$H=\sum_{l_1=1}^{\infty}\sum_{l_2=1}^{\infty}\sum_{l_3=1}^{\infty}\sum_{s=1}^{2}\hbar\omega(\vec{l})\left(a_s(\vec{l})^\dagger a_s(\vec{l})+\frac{1}{2}\right), \tag{3.145}$$

で定まる．このハミルトニアンもDebye模型における固定端境界条件を満たすフォノンのハミルトニアン(3.122)に類似しているが，周期的境界と同様，2成分 $s=1,2$ であることと，切断がないことの2つの相違点がある．電磁場のエネルギー固有値は，周期的境界の場合に波数 $\frac{2\pi}{L}\vec{l}$，偏極 s をもつフォトンの数に対応する非負整数 $n_s(\vec{l})$ によって

$$E(\{n_s(\vec{l})\}) = \sum_{\vec{l}} \sum_{s=1}^{2} \hbar\omega(\vec{l}) \left(n_s(\vec{l}) + \frac{1}{2} \right) = \sum_{\vec{l}} \sum_{s=1}^{2} \hbar\omega(\vec{l}) n_s(\vec{l}) + E_0,$$

と求まる．ただし，波数ベクトルと角振動数の間の分散関係は周期的境界では $\omega = c\frac{2\pi|\vec{l}|}{L}$ である．ゼロ点エネルギー

$$E_0 = \sum_{\vec{l}} \hbar\omega(\vec{l}) \tag{3.146}$$

は，格子振動のDebye模型のゼロ点エネルギーが有限和であったことと異なり，$\vec{l}$ についての無限和によって発散してしまう．Debye模型や空洞放射において絶対零度まで冷却できたとしても，系のゼロ点エネルギー未満にエネルギーを減少させることはできず，ある操作によって，このようなゼロ点エネルギーを観測したり，取り出したりすることはできない．したがって，エネルギーの基準点をずらし，この観測不可能なゼロ点エネルギーを取り除いた有限な量

$$E(\{n_s(\vec{l})\}) - E_0,$$

が観測可能量となる．固定端境界では $\omega = c\frac{\pi|\vec{l}|}{L}$ と定まる．エネルギー $\hbar\omega(\vec{l})$ をもつ励起状態をフォトンまたは光子といい，量子数 $n_s(\vec{l})$ を光子数という．

● 電磁場の正準分布による取り扱い

絶対温度 T における正準分布の方法により次のような分配関数が得られる．

$$Z = \prod_{\vec{l}} \prod_{s=1}^{2} \sum_{n_s(\vec{l})=0}^{\infty} \exp\left[-\beta\hbar\omega(\vec{l}) \left(n_s(\vec{l}) + \frac{1}{2} \right) \right]. \tag{3.147}$$

ただし，周期的境界に対して積の範囲は，

$$\prod_{\vec{l}} = \prod_{l_1=-\infty}^{\infty} \prod_{l_2=-\infty}^{\infty} \prod_{l_3=-\infty}^{\infty}. \tag{3.148}$$

固定端境界に対して積の範囲は，

$$\prod_{\vec{l}} = \prod_{l_1=1}^{\infty} \prod_{l_2=1}^{\infty} \prod_{l_3=1}^{\infty} \tag{3.149}$$

と定まる．

Stefan-Boltzmann（ステファン-ボルツマン）の法則

分配関数 Z より，エネルギー期待値を求めると

$$\langle E \rangle = -\frac{\partial}{\partial \beta} \log Z = \sum_{\vec{l}} \left[\hbar\omega(\vec{l}) + \frac{2\hbar\omega(\vec{l})}{e^{\beta\hbar\omega(\vec{l})} - 1} \right] = E_0 + \sum_{\vec{l}} \frac{2\hbar\omega(\vec{l})}{e^{\beta\hbar\omega(\vec{l})} - 1}.$$

エネルギー期待値から観測できないゼロ点エネルギーを引き去って，体積で割り，

$$u = \frac{\langle E \rangle - E_0}{L^3},$$

によってエネルギー密度 u を定義すると，次のように得られる．

$$u = \frac{1}{L^3} \sum_{\vec{l}} \frac{2\hbar\omega(\vec{l})}{e^{\beta\hbar\omega(\vec{l})} - 1}.$$

周期的境界条件において，上で導かれたエネルギー密度の和は $L \to \infty$ で波数ベクトル $\vec{k} = \frac{2\pi\vec{l}}{L}$ の積分になる．これを $\omega = c|\vec{k}|$ に変数変換すると

$$u = \int_{-\infty}^{\infty} \frac{dk_1}{2\pi} \int_{-\infty}^{\infty} \frac{dk_2}{2\pi} \int_{-\infty}^{\infty} \frac{dk_3}{2\pi} \frac{2\hbar\omega(\vec{k})}{e^{\beta\hbar\omega(\vec{k})} - 1} = \int_0^{\infty} \frac{d\omega\omega^2}{\pi^2 c^3} \frac{\hbar\omega}{e^{\beta\hbar\omega} - 1} = \sigma T^4, \tag{3.150}$$

となる．ただし，$x = \hbar\beta\omega$ とおき，Boltzmann 定数を k_{B} として

$$\sigma = \frac{k_{\mathrm{B}}^4}{\pi^2 c^3 \hbar^3} \int_0^{\infty} dx \frac{x^3}{e^x - 1} = \frac{k_{\mathrm{B}}^4}{\pi^2 c^3 \hbar^3} \Gamma(4)\zeta(4) = \frac{\pi^2 k_{\mathrm{B}}^4}{15 c^3 \hbar^3},$$

と求まる．ここで出てきた Riemann のゼータ関数 $\zeta(s)$ は

$$\zeta(s) = \frac{1}{\Gamma(s)} \int_0^{\infty} \frac{x^{s-1}}{e^x - 1} dx,$$

と表され，$\zeta(4) = \frac{\pi^4}{90}$ であることが知られている[7]．この温度依存性は，格子振動では波数の切断があったため，Debye 温度より十分低温で近似的に成立したが，電磁場についてはあらゆる温度で成り立つ正確な式である．

固定端境界において，上で導かれたエネルギー密度の和は $L \to \infty$ で $\vec{k} = \frac{\pi\vec{l}}{L}$

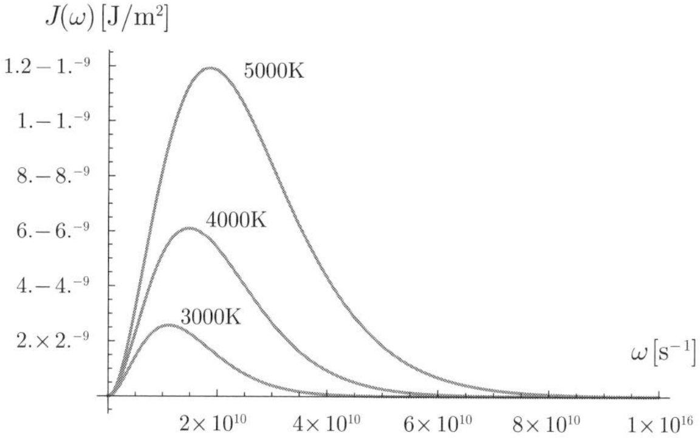

図 3.11　Planck 分布 $J(\omega)$ のグラフ

の積分になる．これを $\omega = c|\vec{k}|$ に変数変換すると

$$u = \int_0^\infty \frac{dk_1}{\pi} \int_0^\infty \frac{dk_2}{\pi} \int_0^\infty \frac{dk_3}{\pi} \frac{2\hbar\omega(\vec{k})}{e^{\beta\hbar\omega(\vec{k})} - 1} = \int_0^\infty \frac{d\omega\omega^2}{\pi^2 c^3} \frac{\hbar\omega}{e^{\beta\hbar\omega} - 1} = \sigma T^4, \tag{3.151}$$

となり，周期的境界条件の場合と同じ結果が得られる．これによって，空洞放射の強度 J とエネルギー密度の関係 (3.139) から，

$$J = \frac{c}{4}u = \frac{c}{4}\int_0^\infty \frac{d\omega\omega^2}{\pi^2 c^3} \frac{\hbar\omega}{e^{\beta\hbar\omega} - 1} = \frac{c\sigma}{4}T^4,$$

であることがわかる．また，角振動数に関する放射強度の分布を

$$J(\omega) = \frac{\hbar}{4\pi^2 c^2} \frac{\omega^3}{e^{\beta\hbar\omega} - 1}, \tag{3.152}$$

と定義すると強度分布は次の規格化条件

$$J = \int_0^\infty d\omega J(\omega),$$

を満たす．$J(\omega)$ は Planck 分布とよばれ，放射温度計の作成に重要である．低温では，近似的に $e^{\beta\hbar\omega} \gg 1$ であるから

$$J(\omega) \simeq \frac{\hbar}{4\pi^2 c^2}\omega^3 e^{-\beta\hbar\omega}, \tag{3.153}$$

と近似できる．

● Wien（ヴィーン）の変位則

$J(\omega)$ の最大値を与える ω は

$$0 = J'(\omega) = \frac{\hbar}{4\pi^2 c^2} \frac{\omega^2 (e^{\beta\hbar\omega}(3-\beta\hbar\omega)-3)}{(e^{\beta\hbar\omega}-1)^2}, \tag{3.154}$$

を満たす．このことから，次の方程式

$$e^x(3-x)-3=0, \tag{3.155}$$

の解を x とし，Boltzmann 定数を k_{B} と表記して，$J(\omega)$ の最大値を与える角振動数 $\omega = \omega_{\max}$ は

$$\omega_{\max} = \frac{x k_{\mathrm{B}} T}{\hbar} \tag{3.156}$$

と表される．方程式 (3.155) の数値的な近似解は $x \simeq 2.8214$ と与えられる．また，平面波の波数 $\vec{k}$ と波長 λ は

$$|\vec{k}| = \frac{2\pi}{\lambda}$$

の関係があるので，角振動数と

$$\omega = c|\vec{k}| = \frac{2\pi c}{\lambda},$$

の関係がある．強度分布を λ で表すと

$$J(\omega)(-d\omega) = -J\left(\frac{2\pi c}{\lambda}\right)\frac{d\omega}{d\lambda}d\lambda = J\left(\frac{2\pi c}{\lambda}\right)\frac{2\pi c}{\lambda^2}d\lambda = \frac{4\pi^2 c^2 \hbar}{\lambda^5}\frac{d\lambda}{e^{2\pi\beta\hbar c/\lambda}-1}.$$

この分布を λ で微分し 0 とおくと

$$2\pi\beta\hbar c/\lambda - 5(1-e^{-2\pi\beta\hbar c/\lambda}) = 0, \tag{3.157}$$

が得られる．したがって，

$$y - 5(1-e^{-y}) = 0, \tag{3.158}$$

の解を $y(\simeq 4.9651)$ とし，k_{B} を Boltzmann 定数とすると，放射強度の最大値を与える $\lambda_{\max}$ は

$$\lambda_{\max} = \frac{2\pi\hbar c}{k_{\mathrm{B}} T y}, \tag{3.159}$$

を満たす．この関係は Wien の変位則とよばれる．この波長による放射強度分布の最大を与える $\lambda_{\max}$ と角振動数による放射強度分布の最大を与える $\omega_{\max}$ の積は

$$\lambda_{\max}\omega_{\max} = 2\pi c\frac{x}{y},$$

となり温度によらない．

例題　角振動数 ω に対する放射強度 $J(\omega)$ の Planck 分布の近似公式 (3.153) と式 (3.156) を用いて，次の問いに答えよ．

(1) 放射強度分布 $J(\omega)$ を最大にする ω を近似公式 (3.153) から求め，正確な式 (3.156) と比較せよ．
(2) 黒体の放射強度が角振動数 $\omega \simeq 1.15 \times 10^{15}$ s^{-1} において最大となるとき，その黒体の絶対温度を定めよ．

解答　(1) 近似的な Planck の分布公式 (3.153) を ω で微分すると

$$J'(\omega) \simeq \frac{d}{d\omega}\frac{\hbar}{4\pi^2c^2}\omega^3 e^{-\beta\hbar\omega} = \frac{\hbar}{4\pi^2c^2}(3\omega^2 - \beta\hbar\omega^3)e^{-\beta\hbar\omega}$$
$$= \frac{\hbar\omega^2}{4\pi^2c^2}(3 - \beta\hbar\omega)e^{-\beta\hbar\omega}.$$

$J'(\omega) = 0$ とすると，$\omega \simeq \frac{3}{\hbar\beta} = \frac{3k_{\mathrm{B}}T}{\hbar}$ と求まる．正確な式から $\omega_{\max} = \frac{xk_{\mathrm{B}}T}{\hbar} \simeq \frac{2.8214k_{\mathrm{B}}T}{\hbar}$ がわかる．放射強度分布の最大値を与える角振動数の近似値の相対誤差は

$$\frac{|\omega_{\max} - 3k_{\mathrm{B}}T/\hbar|}{\omega_{\max}} \simeq \frac{3 - 2.8214}{2.8214} \simeq 0.0633,$$

となって，温度によらない．よって，低温で成り立つと考えたこの近似は，放射強度分布の最大値を与える角振動数に限って，温度によらず良い近似となる．

(2) 最大値を与える角振動数 (3.156) に値を代入すると

$$T = \frac{\hbar\omega_{\max}}{xk_{\mathrm{B}}} \simeq \frac{1.0546 \times 10^{-34} \times 1.15 \times 10^{15}}{2.8214 \times 1.3806 \times 10^{-23}} \simeq 3.11 \times 10^3\ \mathrm{K},$$

と求まる．

Rayleigh-Jeans（レイリー - ジーンズ）の法則

エネルギー密度 (3.150) において古典極限 $\hbar \to 0$ をとると積分はやはり発散してしまうが，積分区間を有限にとどめれば

$$\int_{\omega_1}^{\omega_2} \frac{d\omega\omega^2}{\pi^2 c^3} k_{\mathrm{B}} T,$$

となって有限となる．この表式は Rayleigh-Jeans の法則とよばれる．

3.12.4　フォトンのハミルトニアンとエネルギー固有値の導出 (*)

ここでは Maxwell 方程式からフォトンのハミルトニアン (3.144)，(3.145) を導出する．導出過程が気にならない読者は，この項を読み飛ばしてもよい．

ゲージ不変性

ベクトルポテンシャルを $\vec{A}$，スカラーポテンシャルを ϕ とすると電場 $\vec{E}$ と磁場 $\vec{B}$ は

$$\vec{E} = -\nabla\phi - \frac{\partial \vec{A}}{\partial t}, \quad \vec{B} = \nabla \times \vec{A}$$

と表される．ある任意関数 $\Lambda(\mathbf{x}, t)$ によって，ベクトルポテンシャルを

$$\vec{A}' = \vec{A} + \nabla\Lambda,$$

スカラーポテンシャルを

$$\phi' = \phi - \frac{\partial \Lambda}{\partial t},$$

とゲージ変換しても同じ電場，磁場を与える．この余分な自由度を取り除くため，ゲージ固定条件を課す．電磁場の力学変数はゲージ固定条件を課したポテンシャル $(\vec{A}, \phi)$ である．

真空中の Maxwell 方程式

周期的境界条件を満たす立方体，または固定端境界をもつ立方体の箱を考え，その内部は真空であるとする．固定端境界は，導体または誘電体でできていて，真電荷や表面電流はなく，境界面の外で電磁場は $\vec{0}$ とする．ここでは位置座標を $\vec{r} = (x, y, z)$ または $\vec{r} = (x_1, x_2, x_3)$ と表し，立方体の箱内部の $0 < x_1, x_2, x_3 < L$ は真空であるとする．箱の内部の電磁場は次の真空中の

Maxwell 方程式を満たす

$$\nabla \times \vec{B} = \frac{1}{c^2}\frac{\partial \vec{E}}{\partial t}, \nabla \cdot \vec{E} = 0, \tag{3.160}$$

$$\nabla \times \vec{E} = -\frac{\partial \vec{B}}{\partial t}, \nabla \cdot \vec{B} = 0. \tag{3.161}$$

ただし，c は光速である．これに，ゲージ固定条件として $\nabla \cdot \vec{A} = 0$, $\frac{\partial \phi}{\partial t} = 0$ を選び，ポテンシャルを代入すると Maxwell 方程式は

$$\left(\nabla^2 - \frac{1}{c^2}\frac{\partial^2}{\partial t^2}\right)\vec{A} = \vec{0}, \tag{3.162}$$

$$\nabla^2 \phi = 0, \tag{3.163}$$

となる．空間全域で Laplace（ラプラス）方程式を満たす ϕ は定数だけなので，$\vec{A}(\vec{r}, t)$ が次の方程式

$$\left(\nabla^2 - \frac{1}{c^2}\frac{\partial^2}{\partial t^2}\right)\vec{A} = \vec{0}, \tag{3.164}$$

$$\nabla \cdot \vec{A} = 0, \tag{3.165}$$

を満たせば，真空中の電場 $\vec{E}(\vec{r}, t) = -\dot{\vec{A}}$ と，磁束密度 $\vec{B}(\vec{r}, t) = \nabla \times \vec{A}$ は，Maxwell 方程式 (3.160) と (3.161) を満たす．

● 電磁場のエネルギー

真空の誘電率を ϵ_0，透磁率を μ_0 とすると，光速は $c = \sqrt{\frac{1}{\epsilon_0 \mu_0}}$ である．電磁場のエネルギー密度は，これらを用いて次のように表される．

$$\mathcal{H} = \frac{\epsilon_0}{2}\vec{E}^2 + \frac{1}{2\mu_0}\vec{B}^2.$$

エネルギーはこれを積分し，ベクトルポテンシャルで表すと

$$H = \int d^3r \mathcal{H} = \int d^3r \Big[\sum_{i=1}^{3} \frac{\epsilon_0}{2}\left(\frac{\partial A_i}{\partial t}\right)^2 + \frac{1}{2\mu_0}\sum_{i=1}^{3}\sum_{j=1}^{3}(\partial_i A_j)^2\Big]. \tag{3.166}$$

ただし，$\partial_i = \frac{\partial}{\partial x_i}$ $(i = 1, 2, 3)$ と表した．系を量子力学で取り扱うことを考え，ラグランジアン密度を

$$\mathcal{L} = \frac{\epsilon_0}{2}\vec{E}^2 - \frac{1}{2\mu_0}\vec{B}^2 = \sum_{i=1}^{3} \frac{\epsilon_0}{2}\left(\frac{\partial A_i}{\partial t}\right)^2 - \frac{1}{2\mu_0}\sum_{i=1}^{3}\sum_{j=1}^{3}(\partial_i A_j)^2 \tag{3.167}$$

とし，これを積分してラグランジアンを

$$L = \int d^3 r \mathcal{L} \tag{3.168}$$

とすると，ラグランジュ方程式

$$\frac{\partial}{\partial t}\frac{\partial \mathcal{L}}{\partial \dot{A}_i} - \sum_{j=1}^{3} \partial_j \frac{\partial \mathcal{L}}{\partial(\partial_j A_i)} = 0,$$

から波動方程式 (3.164) を導くこともできる．

● 周期的境界条件の基準座標

Debye 模型と同様に基準座標を用いて電磁場を独立な調和振動子の集まりに変換する．1 辺の長さ L の立方体中の周期的境界条件を満たす Fourier（フーリエ）規格化直交基底を，$\vec{l} = (l_1, l_2, l_3)$ $(l_i = 0, \pm 1, \pm 2, \cdots)$ と $\vec{r} = (x_1, x_2, x_3)$ $(0 \le x_1, x_2, x_3 \le L)$ に対して

$$\Phi_{\vec{l}}(\vec{r}) = L^{-\frac{3}{2}} e^{\frac{i2\pi l_1 x_1}{L}} e^{\frac{i2\pi l_2 x_2}{L}} e^{\frac{i2\pi l_3 x_3}{L}} = L^{-\frac{3}{2}} e^{\frac{i2\pi \vec{l}\cdot\vec{r}}{L}},$$

によって定義する．これらは次の周期的境界条件

$$\Phi_{\vec{l}}(x_1+L, x_2, x_3) = \Phi_{\vec{l}}(x_1, x_2+L, x_3) = \Phi_{\vec{l}}(x_1, x_2, x_3+L) = \Phi_{\vec{l}}(x_1, x_2, x_3),$$

と $\vec{l} = (l_1, l_2, l_3)$，$\vec{m} = (m_1, m_2, m_3)$ に対して，規格直交完全性

$$\int_0^L dx_1 \int_0^L dx_2 \int_0^L dx_3 \Phi_{\vec{l}}(\vec{r})\Phi_{\vec{m}}(\vec{r}) = \delta_{\vec{l}+\vec{m},\vec{0}},$$

および，立方体内の任意の点 $\vec{r} = (x, y, z)$，$\vec{r}' = (x', y', z')$ に対して

$$\sum_{l_1=-\infty}^{\infty}\sum_{l_2=-\infty}^{\infty}\sum_{l_3=-\infty}^{\infty} \Phi_{\vec{l}}(\vec{r})\Phi_{-\vec{l}}(\vec{r}') = \delta(\vec{r} - \vec{r}'),$$

を満たす．ただし $\delta(\vec{r} - \vec{r}')$ は Dirac（ディラック）のデルタ関数であり，任意のこの立方体内の点の関数 $f(\vec{r})$ に対して

$$\int_0^L dx_1' \int_0^L dx_2' \int_0^L dx_3' \delta(\vec{r} - \vec{r}') f(\vec{r}') = f(\vec{r}),$$

を満たす．1 辺 L の立方体の中に電磁場を閉じ込め，周期的境界条件

$$A_i(x_1+L, x_2, z x_3) = A_i(x_1, x_2+L, x_3) = A_i(x_1, x_2, x_3+L) = A_i(x_1, x_2, x_3)$$

を課し，Fourier 級数展開する．

$$A_i(\vec{r}) = \sum_{l_1=-\infty}^{\infty} \sum_{l_2=-\infty}^{\infty} \sum_{l_3=-\infty}^{\infty} q_i(\vec{l}) \Phi_{\vec{l}}(\vec{r}). \tag{3.169}$$

ゲージ固定条件 $\nabla \cdot \vec{A} = 0$ から，$\sum_{i=1}^{3} l_i q_i(\vec{l}) = 0$ であることに注意すると，独立な自由度は $\vec{l} = (l_1, l_2, l_3)$ に垂直な 2 成分であり，電磁波は横波であることがわかる．$\vec{l}$ に垂直な単位ベクトルを $\vec{e}_s(\vec{l})$ $(s = 1, 2)$ とし，$\vec{q}(\vec{l})$ のその方向の成分を $q_s(\vec{l}) = \vec{e}_s(\vec{l}) \cdot \vec{q}(\vec{l})$ とおく．また，$\omega(\vec{l}) = c\frac{2\pi}{L}|\vec{l}|$ とおき，ラグランジアン (3.168) を Fourier 変換したラグランジアンが得られる．

$$L = \sum_{l_1=-\infty}^{\infty} \sum_{l_2=-\infty}^{\infty} \sum_{l_3=-\infty}^{\infty} \sum_{s=1}^{2} \left(\frac{\epsilon_0}{2} \dot{q}_s(\vec{l}) \dot{q}_s(-\vec{l}) - \frac{\epsilon_0}{2} \omega(\vec{l})^2 q_s(\vec{l}) q_s(-\vec{l}) \right). \tag{3.170}$$

基準座標の運動量は

$$p_s(\vec{l}) = \frac{\partial L}{\partial \dot{q}_s(\vec{l})} = \epsilon_0 \dot{q}_s(-\vec{l}), \tag{3.171}$$

であるから，ハミルトニアンは次で表される．

$$H = \sum_{l_1=-\infty}^{\infty} \sum_{l_2=-\infty}^{\infty} \sum_{l_3=-\infty}^{\infty} \sum_{s=1}^{2} \left(\frac{1}{2\epsilon_0} p_s(\vec{l}) p_s(-\vec{l}) + \frac{\epsilon_0}{2} \omega(\vec{l})^2 q_s(\vec{l}) q_s(-\vec{l}) \right). \tag{3.172}$$

$A_i(x, y, z)$ は実数であるから，複素共役は $q_s(\vec{l})^* = q_s(-\vec{l})$ であり，その時間微分 $\dot{A}_i(x, y, z)$ も実数であるから，同様に $p_s(\vec{l})^* = p_s(-\vec{l})$ である．

● 電磁場の量子論

ハミルトニアン (3.172) は消滅，生成演算子

$$a_s(\vec{l}) = \frac{1}{\sqrt{2\epsilon_0 \hbar \omega(\vec{l})}} \left(\epsilon_0 \omega(\vec{l}) q_s(\vec{l}) + i p_s(-\vec{l}) \right),$$

$$a_s(\vec{l})^\dagger = \frac{1}{\sqrt{2\epsilon_0 \hbar \omega(\vec{l})}} \left(\epsilon_0 \omega(\vec{l}) q_s(-\vec{l}) - i p_s(\vec{l}) \right),$$

によって次のように書かれる.

$$H=\sum_{l_1=-\infty}^{\infty}\sum_{l_2=-\infty}^{\infty}\sum_{l_3=-\infty}^{\infty}\sum_{s=1}^{2}\hbar\omega(\vec{l})\left(a_s(\vec{l})^\dagger a_s(\vec{l})+\frac{1}{2}\right).$$

よって，周期的境界条件を満たすフォトンのハミルトニアン (3.144) が導かれた．また，任意の s，$r=1,2$ と $\vec{l}$，$\vec{m}$ に対して，次の交換関係

$$[q_s(\vec{l}),p_r(\vec{m})]=i\hbar\delta_{s,r}\delta_{\vec{l},\vec{m}},\tag{3.173}$$

を仮定すると消滅，生成演算子の交換関係

$$[a_s(\vec{l}),a_r(\vec{m})^\dagger]=\delta_{s,r}\delta_{\vec{l},\vec{m}},\quad [a_s(\vec{l}),a_r(\vec{m})]=0=[a_s(\vec{l})^\dagger,a_r(\vec{m})^\dagger],\tag{3.174}$$

が得られる.

注意　**交換関係 (3.173) について**　ここでは複素力学変数の交換関係も，通常のように定めてよい理由を解説する．力学変数 $q_s(\vec{l})$ の位置座標表示を (3.169) で定義すると，ラグランジアン密度は $A_s(\vec{r})$ によって (3.167) と表される．$A_s(\vec{r})$ も $A_s(\vec{r})$ の正準共役運動量

$$\Pi_s(\vec{r})=\frac{\partial\mathcal{L}}{\partial\dot{A}_s}=\epsilon_0\dot{A}_s(\vec{r}),$$

も実数である．量子力学でこれらを取り扱うには，これらをエルミート演算子とし，$A_s(\vec{r})$ と $\Pi_r(\vec{m})$ の交換関係を

$$[A_s(\vec{r}),\Pi_r(\vec{r}')]=i\hbar\delta_{s,r}\delta(\vec{r}-\vec{r}'),\tag{3.175}$$

と定める．これより交換関係 (3.173) が得られる.

$$\begin{aligned}[q_s(\vec{l}),p_r(\vec{m})]&=\int d^3r\int d^3r'\,\Phi_{\vec{l}}(\vec{r})\Phi_{\vec{m}}(\vec{r}')[A_s(\vec{r}),\Pi_r(\vec{r}')]\\&=\int d^3r\int d^3r'\,\Phi_{\vec{l}}(\vec{r})\Phi_{\vec{m}}(\vec{r}')i\hbar\delta_{s,r}\delta(\vec{r}-\vec{r}')\qquad(3.176)\\&=i\hbar\delta_{s,r}\delta_{\vec{l},\vec{m}}.\qquad(3.177)\end{aligned}$$

● 固定端境界

固定端境界の場合，電磁場に対する直交関数系は Debye 模型のものに比べて少し煩雑である．立方体内に閉じ込められた真空中の電磁波を以下のような境界条件で取り扱い，系の量子化したハミルトニアンを対角化する．この立方体

の境界に真電荷や電流はなく，境界の外に電磁場はないとする．境界では，電場 $\vec{E}(\vec{r},t) = -\dot{\vec{A}}(\vec{r},t)$ は境界面に直交し，磁束密度 $\vec{B}(\vec{r},t) = \nabla \times \vec{A}(\vec{r},t)$ の境界面に直交する成分は消えているとする．1 辺の長さが L の立方体内部の電磁場のベクトルポテンシャルを，次のように Fourier 級数展開する．

$$A_i(\vec{r},t) = \sum_{l_1=1}^{\infty}\sum_{l_2=1}^{\infty}\sum_{l_3=1}^{\infty} q_i(l_1,l_2,l_3,t)\Phi_{i,\vec{l}}(x_1,x_2,x_3). \tag{3.178}$$

ベクトルの値をとる関数系 $\vec{\Phi}_{\vec{l}}(\vec{r}) = (\Phi_{1,\vec{l}}(x_1,x_2,x_3),\ \Phi_{2,\vec{l}}(x_1,x_2,x_3),\ \Phi_{3,\vec{l}}(x_1,x_2,x_3))$ は，$\vec{A}(\vec{r})$ がその境界条件を満たすように選ばれなければならない．この関数系は次の規格化直交性

$$\int_0^L dx_1 \int_0^L dx_2 \int_0^L dx_3 \Phi_{i,\vec{l}}(x_1,x_2,x_3)\Phi_{i,\vec{k}}(x_1,x_2,x_3) = \delta_{l_1,k_1}\delta_{l_2,k_2}\delta_{l_3,k_3},$$

と固有値方程式

$$\nabla^2\Phi_{i,\vec{l}}(x_1,x_2,x_3) = \lambda\Phi_{i,\vec{l}}(x_1,x_2,x_3),$$

を満たすとする．式 (3.178) で定まる $\vec{A}(\vec{r},t)$ は Maxwell 方程式 (3.164) とゲージ固定条件 (3.165) を満たし，電場 $-\dot{\vec{A}}(\vec{r},t)$ が境界面に直交し，磁束密度 $\nabla \times \vec{A}(\vec{r},t)$ の境界に対する直交成分が消える．これらの境界条件と規格化直交性を満たすように固有値方程式の解 $\Phi_{i,\vec{l}}(x_1,x_2,x_3)$ を以下で求めよう．この固有値方程式を，たとえば $i=1$ に対して，次のように変数分離する

$$\Phi_{1,\vec{l}}(x_1,x_2,x_3) = \varphi(x_1)\psi(x_2)\chi(x_3).$$

これによって固有値方程式は次のように表され

$$\frac{d^2\varphi}{dx_1^2}\psi\chi + \varphi\frac{d^2\psi}{dx_2^2}\chi + \varphi\psi\frac{d^2\chi}{dx_3^2} = \lambda\varphi\psi\chi,$$

両辺を $\varphi\psi\chi$ で割って

$$\frac{1}{\varphi}\frac{d^2\varphi}{dx_1^2} + \frac{1}{\psi}\frac{d^2\psi}{dx_2^2} + \frac{1}{\chi}\frac{d^2\chi}{dx_3^2} = \lambda.$$

各 $\varphi(x_1)$，$\psi(x_2)$，$\chi(x_3)$ は，それぞれ x_1，x_2，x_3 の 1 変数関数なので，上式の左辺の各項は定数でなければならない．したがって，それぞれの φ，ψ，χ が次の固有値方程式

$$\frac{d^2\varphi}{dx_1^2} = \lambda_1\varphi, \quad \frac{d^2\psi}{dx_2^2} = \lambda_2\psi, \quad \frac{d^2\chi}{dx_3^2} = \lambda_3\chi, \tag{3.179}$$

および，$\lambda = \lambda_1 + \lambda_2 + \lambda_3$ を満たす．これらは積分定数を C_i，D_i として

$$\varphi(x_1) = C_1 \cos\sqrt{-\lambda_1}x_1 + D_1 \sin\sqrt{-\lambda_1}x_1, \tag{3.180}$$

$$\psi(x_2) = C_2 \cos\sqrt{-\lambda_2}x_2 + D_2 \sin\sqrt{-\lambda_2}x_2, \tag{3.181}$$

$$\chi(x_3) = C_3 \cos\sqrt{-\lambda_3}x_3 + D_3 \sin\sqrt{-\lambda_3}x_3, \tag{3.182}$$

と表すことができる．$\vec{\Phi}_{\vec{l}}(\vec{r})$ は境界面に直交するので，$\Phi_{1,\vec{l}}(x_1, x_2, x_3) = \varphi(x_1)\psi(x_2)\chi(x_3)$ は境界 $x_2 = 0, L$ または $x_3 = 0, L$ で消えなければならず，

$$\psi(0) = 0 = \psi(L), \quad \chi(0) = 0 = \chi(L),$$

が得られる．この境界条件から，

$$\psi(x_2) = \sin(\pi l_2 x_2/L), \quad \chi(x_3) = \sin(\pi l_3 x_3/L), \tag{3.183}$$

と，固有関数が求まり，固有値は

$$\lambda_2 = -\left(\frac{\pi l_2}{L}\right)^2, \quad \lambda_3 = -\left(\frac{\pi l_3}{L}\right)^2,$$

と求まる．ただし，l_2，l_3 は正の整数である．$\Phi_{i,\vec{l}}$ の $i = 2, 3$ に対して同様の議論により

$$\begin{aligned}
\Phi_{1,\vec{l}}(x_1, x_2, x_3) &= \varphi_1(x_1)\sin(\pi l_2 x_2/L)\sin(\pi l_3 x_3/L),\\
\Phi_{2,\vec{l}}(x_1, x_2, x_3) &= \sin(\pi l_1 x_1/L)\varphi_2(x_2)\sin(\pi l_3 x_3/L),\\
\Phi_{3,\vec{l}}(x_1, x_2, x_3) &= \sin(\pi l_1 x_1/L)\sin(\pi l_2 x_2/L)\varphi_3(x_3),
\end{aligned} \tag{3.184}$$

が得られる．ただし，見た目の対称性を良くするため，$i = 1$ の場合に導入した，まだ完全には定まっていない固有関数を $\varphi(x_1) = \varphi_1(x_1)$ と表記し，他の成分の定まっていない固有関数を $\varphi_2(x_2)$，$\varphi_3(x_3)$ と表記している．これを式 (3.178) に代入して定まる $\vec{A}(\vec{r}, t)$ は自動的に磁束密度 $\nabla \times \vec{A}(\vec{r}, t)$ の境界条件を満たすので，境界条件だけでは，上式における $\varphi_i(x_i)$ は定まらない．これを定めるため，さらにゲージ固定条件 (3.165) を次のように具体的に書く．

$$\partial_1 A_1(\vec{r}) + \partial_2 A_2(\vec{r}) + \partial_3 A_3(\vec{r}) = 0. \tag{3.185}$$

この条件は考えている立方体の境界と内部の任意の点 $\vec{r}$ で成り立たなければならない．境界 $x_1 = 0, L$ では，$A_2 = 0 = A_3$ であるから $\partial_1 A_1 = 0$ が得られる．他の境界面 $x_2 = 0, L$ や $x_3 = 0, L$ でも同様なので

$$\begin{aligned} &\partial_1 A_1(0, x_2, x_3) = 0 = \partial_1 A_1(L, x_2, x_3), \\ &\partial_2 A_2(x_1, 0, x_3) = 0 = \partial_2 A_2(x_1, L, x_3), \\ &\partial_3 A_3(x_1, x_2, 0) = 0 = \partial_2 A_3(x_1, x_2, L), \end{aligned} \tag{3.186}$$

が得られる．固有値方程式 (3.179) の一般解 (3.180) がこの境界条件を満たすから $D_i = 0$ となり

$$\varphi_i(x_i) = C_i \cos(\pi l_i x_i / L)$$

が得られ，固有値は $\lambda_i = -\frac{\pi^2 l_i^2}{L^2}$ と求まる．ただし，l_i の範囲は正の整数全体である．この結果により $\Phi_{i,\vec{l}}(\vec{r})$ の各成分を規格化して

$$\begin{aligned} \Phi_{1,\vec{l}}(x_1, x_2, x_3) &= (2/L)^{\frac{3}{2}} \cos(\pi l_1 x_1/L) \sin(\pi l_2 x_2/L) \sin(\pi l_3 x_3/L), \\ \Phi_{2,\vec{l}}(x_1, x_2, x_3) &= (2/L)^{\frac{3}{2}} \sin(\pi l_1 x_1/L) \cos(\pi l_2 x_2/L) \sin(\pi l_3 x_3/L), \\ \Phi_{3,\vec{l}}(x_1, x_2, x_3) &= (2/L)^{\frac{3}{2}} \sin(\pi l_1 x_1/L) \sin(\pi l_2 x_2/L) \cos(\pi l_3 x_3/L), \end{aligned} \tag{3.187}$$

を得る．固有値方程式 (3.179) における固有値は，$\vec{l} = (l_1, l_2, l_3)$ として

$$\lambda = -\frac{\pi^2}{L^2}\vec{l}^{\,2} = -\frac{\pi^2}{L^2}(l_1^2 + l_2^2 + l_3^2),$$

と定まる．これらの直交関数系を Fourier 級数展開 (3.178) に代入し立方体内の任意の点 $\vec{r}$ のゲージ固定条件を書くと

$$\begin{aligned} 0 &= \nabla \cdot \vec{A} \\ &= -(2/L)^{\frac{3}{2}} \sum_{l_1=1}^{\infty} \sum_{l_2=1}^{\infty} \sum_{l_3=1}^{\infty} \sum_{i=1}^{3} \frac{\pi l_i}{L} q_i(\vec{l}) \sin(\pi l_1 x_1/L) \sin(\pi l_2 x_2/L) \sin(\pi l_3 x_3/L). \end{aligned}$$

よって右辺の各 Fourier 係数は次のように消える．

$$\sum_{i=1}^{3} l_i q_i(\vec{l}) = \vec{l}\cdot\vec{q}(\vec{l}) = 0. \tag{3.188}$$

これにより，ゲージ固定条件 $\nabla\cdot\vec{A}=0$ が立方体の境界および内部でも満たされる．条件 (3.188) によって，座標 $q_i(\vec{l})$ の独立な自由度は $\vec{l}=(l_1,l_2,l_3)$ に垂直な 2 成分であり，電磁波は横波であることがわかる．$\vec{l}$ に垂直な単位ベクトルを $\vec{e}_s(\vec{l})$ $(s=1,2)$ とし，$\vec{q}(\vec{l})$ のその方向の成分を $q_s(\vec{l})=\vec{e}_s(\vec{l})\cdot\vec{q}(\vec{l})$ とおく．$\vec{A}$ に対する Maxwell 方程式 (3.164) から各 $\vec{l}$ に対して

$$\left(\frac{d^2}{dt^2}+\frac{c^2\pi^2\vec{l}^{\,2}}{L^2}\right)q_s(\vec{l})=0,$$

となり，$q_s(\vec{l})$ は角振動数 $\omega(\vec{l})=c\pi|\vec{l}|/L$ の調和振動子の方程式を満たすことがわかる．ラグランジアンは

$$L=\sum_{l_1=1}^{\infty}\sum_{l_2=1}^{\infty}\sum_{l_3=1}^{\infty}\sum_{s=1}^{2}\left(\frac{\epsilon_0}{2}\dot{q}_s(\vec{l})^2-\frac{\epsilon_0}{2}\omega(\vec{l})^2q_s(\vec{l})^2\right), \tag{3.189}$$

である．基準座標の運動量を

$$p_s(\vec{l})=\frac{\partial L}{\partial\dot{q}_s(\vec{l})}=\epsilon_0\dot{q}_s(\vec{l}),$$

と定義すると，任意の s，$r=1,2$ と $\vec{l}$，$\vec{m}$ に対して，次の正準交換関係

$$[q_s(\vec{l}),p_r(\vec{m})]=i\hbar\delta_{s,r}\delta_{\vec{l},\vec{m}}, \tag{3.190}$$

が成り立つことを解析力学と量子化の規則に従って仮定する．エネルギーは次で表される

$$H=\sum_{l_1=1}^{\infty}\sum_{l_2=1}^{\infty}\sum_{l_3=1}^{\infty}\sum_{s=1}^{2}\left(\frac{1}{2\epsilon_0}p_s(\vec{l})^2+\frac{\epsilon_0}{2}\omega(\vec{l})^2q_s(\vec{l})^2\right). \tag{3.191}$$

格子振動の場合に同じく消滅，生成演算子を

$$a_s(\vec{l})=\frac{1}{\sqrt{2\epsilon_0\hbar\omega(\vec{l})}}\left(\epsilon_0\omega(\vec{l})q_s(\vec{l})+ip_s(\vec{l})\right),$$

$$a_s(\vec{l})^\dagger=\frac{1}{\sqrt{2\epsilon_0\hbar\omega(\vec{l})}}\left(\epsilon_0\hbar\omega(\vec{l})q_s(\vec{l})-ip_s(\vec{l})\right)$$

と定義すると消滅，生成演算子の交換関係

$$[a_s(\vec{l}), a_r(\vec{m})^\dagger] = \delta_{s,r}\delta_{\vec{l},\vec{m}}, \quad [a_s(\vec{l}), a_r(\vec{m})] = 0 = [a_s(\vec{l})^\dagger, a_r(\vec{m})^\dagger], \tag{3.192}$$

が得られる．これらによってハミルトニアンは次のように書かれる．

$$H = \sum_{l_1=1}^{\infty}\sum_{l_2=1}^{\infty}\sum_{l_3=1}^{\infty}\sum_{s=1}^{2} \hbar\omega(\vec{l})\left(a_s(\vec{l})^\dagger a_s(\vec{l}) + \frac{1}{2}\right).$$

したがって固定端境界条件を満たすフォトンのハミルトニアン (3.145) が導かれた．

電磁波の古典統計力学

ここで，固定端境界条件を満たす電磁波のエネルギー密度の期待値を絶対温度 T における正準分布の方法により古典論によって計算する．ただし，分散関係 $\omega(\vec{l}) = c\frac{\pi}{L}|\vec{l}|$ から各波数の振動数が定まっている．上で導かれたハミルトニアン (3.191) に対する古典的な分配関数は

$$Z = \int \prod_{l_1=1}^{\infty}\prod_{l_2=1}^{\infty}\prod_{l_3=1}^{\infty}\prod_{s=1}^{2} dp_s(\vec{l})\, dq_s(\vec{l})\, e^{-\beta H}$$

と表される．エネルギー密度の期待値を分配関数 $u = -\frac{1}{L^3}\frac{\partial}{\partial\beta}\log Z$ より求めると，格子振動のときと同様に等分配の法則が成り立つ．電磁場は単位体積あたりの自由度が無限大であるため，エネルギー密度の期待値は $\infty \times \frac{kT}{2}$ となり発散してしまう．熱放射はどんな温度領域でも，量子力学で取り扱わなければならない．

3 章の問題

問 3.1　ある N 個の粒子からなる巨視的な系を考える．この系は周りを熱浴に覆われていて，熱平衡状態にあるとする．この系のとりうる力学的状態を $j = 1, 2, 3, \cdots, n$ とし，そのエネルギーは E_j であるとする．この系の力学的状態が j である確率 P_j を次のような考え方から定めよう．そのために熱浴はこの系に比べて大きければどんなものでもよいので，この系と同じものを $M - 1$ 個熱浴として用意する．全部で M 個の系のうち，状態 j をとっている系の個数を M_j とし，全体のエネルギーは $\mathcal{E}$ として一定であるという条件のもとで次の問いに答えよ．

(1) 力学的状態 j をとっている系の個数 M_j に対する拘束条件の式を 2 つ書け．

(2) 力学的状態 j をとっている系の個数を M_j とするとき，M 個の系からなる全系の状態数 W を M_j で表せ．

(3) 拘束条件のもとに $\log W$ が最大となるような M_j を求めたい．そのため M_1 と M_n は他の M_j $(j = 2, 3, \cdots, n-1)$ の関数であると仮定する．拘束条件を微分することにより

$$\frac{\partial M_1}{\partial M_j}, \qquad \frac{\partial M_n}{\partial M_j},$$

を求めよ．

(4) 拘束条件のもとに $\log W$ を各 M_j で微分し，極大となる条件より

$$M_j = \frac{M}{Z_N} e^{-\beta E_j},$$

であることを示せ．ただし，Z_N と β は

$$Z_N = \sum_{j=1}^{n} e^{-\beta E_j}, \quad \beta = \frac{-1}{E_n - E_1} \log \frac{M_n}{M_1},$$

とおいた．Z_N は分配関数とよばれる．

問 3.2　3 次元空間中の容積 V の箱の中に古典力学に従う自由粒子が閉じ込められ，絶対温度 T の熱浴と平衡状態になっている．各粒子の運動量を $\vec{p}_n$ $(n = 1, 2, \cdots, N)$ として，ハミルトニアンは次で与えられる．

$$H = \sum_{n=1}^{N} \frac{\vec{p}_n mm^2}{2m}.$$

この系の力学変数 $\vec{r}_n, \vec{p}_n (n = 1, 2, \cdots, N)$ は正準分布に従うとして，次の問いに答えよ．

(1) 分配関数を求めよ．

(2) エネルギー期待値を求めよ．

(3) エネルギーの分散を求め，1 粒子あたりのエネルギーの測定値に対して大数の法則が成り立つことを示せ．

問 3.3　前問の分配関数の運動量による積分をエネルギー E による積分で次のように表すことができる．

$$Z_N = \frac{V^N}{N!} \int d^3p_1 \int d^3p_2 \cdots \int d^3p_N e^{-\beta E} = \frac{V^N}{N!} \int_0^\infty dE D(E) e^{-\beta E}.$$

このとき，$D(E)$ は状態密度とよばれる．次の問いに答えよ．

(1) $3N$ 次元の運動量空間における半径 $\sqrt{2mE}$ の $3N-1$ 次元球面の表面積を $\Omega_{3N-1}(2mE)^{\frac{3N-1}{2}}$ と書くとき，これを用いて状態密度 $D(E)$ を表せ．

(2) ガンマ関数は

$$\Gamma(s) = \int_0^\infty dx x^{s-1} e^{-x},$$

で定義される．これを用いて，分配関数を表せ．

問 3.4　1 つの長さが a の要素 N 個が鎖状に繋がっている．j 番目 $(j = 1, 2, \cdots, N)$ の要素は正方向を向いているか負の方向を向いているかの 2 状態 $s_j = \pm 1$ をとり，ハミルトニアンはほぼ 0 で，無視できるとする．この鎖状の系を絶対温度 T の熱浴に入れ，鎖の片側を固定し，もう一方の端に一定の外力 f を作用させて十分な時間が経つと平衡状態になって，鎖の全長は $X = a\sum_{j=1}^{N} s_j$ となった．この系を正準分布の方法で取り扱う．次の問いに答えよ．

(1) 次で定義される分配関数を計算せよ．

$$Z_N(X) = \sum_{s_1=\pm 1} \cdots \sum_{s_N=\pm 1} \delta_{X, \sum_{j=1}^{N} s_j}.$$

(2) Helmholtz 自由エネルギー $F(T,X)=-kT\log Z_N(X)$ を求め，Stirling の公式を用いてエントロピーを計算し，小正準法で得られた結果と比較せよ．

(3) 外力 f を絶対温度 T，系の全長 X の関数として求めよ．

(4) 外力 f が小さいときは全長が短く $X \ll aN$ である．このとき，Hooke の法則を示せ．

問 3.5　3つの準位 $-\epsilon$，0，ϵ をとる粒子が N 個ある．この系を正準分布の方法で取り扱うとき，次の問いに答えよ．

(1) N 粒子からなる系の分配関数を求めよ．

(2) エネルギー期待値を求め，その絶対零度極限と高温極限を求めよ．

(3) 1粒子比熱を求め，その絶対零度極限と高温極限を求めよ．

問 3.6　ここでは前章と同様にして，2次関数のポテンシャルによって閉じ込められた3次元空間中の粒子のハミルトニアンを

$$H=\sum_{n=1}^{N}\left[\frac{\vec{p}_n^{\,2}}{2m}+\frac{m\omega^2}{2}\vec{r}_n^{\,2}\right]$$

とし，この系を古典的な正準分布で取り扱う．状態方程式を以下のようにして導け．

(1) 位置の分散 $\langle \vec{r}_n^{\,2}\rangle$ を T の関数として表せ．

(2) ここではある定数を $A>0$ として，1粒子あたりの体積を位置の標準偏差の半径の球の体積とし，

$$V=\sum_{n=1}^{N}\frac{4\pi}{3}A\langle \vec{r}_n^{\,2}\rangle^{\frac{3}{2}}=\frac{4\pi}{3}AN\left(3\frac{kT}{m\omega^2}\right)^{\frac{3}{2}}$$

によって閉じ込められた気体の体積を定義すると，閉じ込めポテンシャルのパラメーター ω と体積の微分の間には次の関係がある．

$$\omega\frac{dV}{d\omega}=-3V.$$

これらと，ハミルトニアンの体積 V による微分によって圧力は

$$P=-\left\langle\frac{\partial H}{\partial V}\right\rangle$$

であることから，状態方程式を求めよ．

問 3.7　Debye 模型の基準座標の正準交換関係 (3.105) から，式 (3.106) で定義されるフォノンの消滅，生成演算子の交換関係 (3.107) を求めよ．

問 3.8$^{(*)}$ 消滅，生成演算子の定義を用いて，ハミルトニアン (3.133) が，基準座標で表した 3 次元 Debye 模型のハミルトニアン (3.129) に等しいことを示せ．

問 3.9　Planck 分布の公式 (3.152) を絶対温度 T について解き，角振動数 ω と強度分布 $J(\omega)$ で表せ．黒体から角振動数 $\omega = 1.18 \times 10^{14}\ \mathrm{s}^{-1}$ に対応する放射強度が $J(1.18 \times 10^{14}) = 2.55 \times 10^{-12}\ \mathrm{J/m^2}$ であるとき，この黒体の絶対温度 T を推定せよ．

第4章

大正準分布（グランドカノニカル分布）

正準分布では熱浴とエネルギーの交換をして平衡状態となっている系の粒子数 N を固定して取り扱った．ここで紹介する大正準分布では，熱浴と系の間にエネルギーと粒子の交換を許して，平衡状態となっている系の粒子数も力学変数であるとして取り扱う．大正準分布では，粒子数あるいは物質量を熱力学変数として取り扱う熱力学の形式を，微視的な力学と確率論的な考察から導く．この形式は電子系や原子系の低温での性質を調べるのに有益な方法として知られている．

4.1 大正準分布の定義

粒子数も熱力学変数として正準分布を拡張すると，大正準分布が得られる．これによれば，考えている系が粒子数 N_j，エネルギー E_j の状態 j をとる確率は，

$$P_j = \frac{e^{-\beta(E_j - N_j\mu)}}{\Xi} \tag{4.1}$$

となる．ただし，Ξ は大分配関数とよばれ，すべての状態に対する次のような和で定義される．

$$\Xi = \sum_j e^{-\beta(E_j - N_j\mu)}.$$

μ は化学ポテンシャルで 1 粒子あたりの Gibbs 自由エネルギーであり，$\beta = \frac{1}{kT}$ は正準分布と同じく Boltzmann 定数 k と絶対温度 T で表されている．また，大分配関数 Ξ は粒子数 N の正準分布の分配関数 Z_N を使って，

$$\Xi(\beta, V, \mu) = \sum_{N=0}^{\infty} Z_N(\beta, V) e^{\beta\mu N} \tag{4.2}$$

と書くこともできる．

4.1.1　大正準分布の導出

系は，熱浴とエネルギーおよび粒子を交換して平衡状態に達しているとする．正準分布において N 粒子状態の確率分布を導いたと同様に，等確率の原理を仮定すれば，注目している系の状態の分布が導かれる．

図 4.1 に示すように，熱浴と系の全エネルギーを $\mathcal{E}$ とし，全粒子数を $\mathcal{N}$ とする．系はエネルギー固有状態 j をとっていて，そのエネルギー固有値が E_j，粒子数が N_j であるとすると熱浴のエネルギーと粒子数は

$$\mathcal{E} - E_j, \quad \mathcal{N} - N_j$$

である．熱浴も力学系であるからそのエネルギーの状態数を $W_{\mathrm{R}}(\mathcal{E} - E_j, \mathcal{N} - N_j)$ とする．エネルギー $\mathcal{E}$ をもつ，熱浴と系全体の状態数を $W(\mathcal{E}, \mathcal{N})$ とするとき，等確率の原理によって N 粒子からなる系が状態 j をとる確率は

$$P_j = \frac{W_{\mathrm{R}}(\mathcal{E} - E_j, \mathcal{N} - N_j)}{W(\mathcal{E}, \mathcal{N})},$$

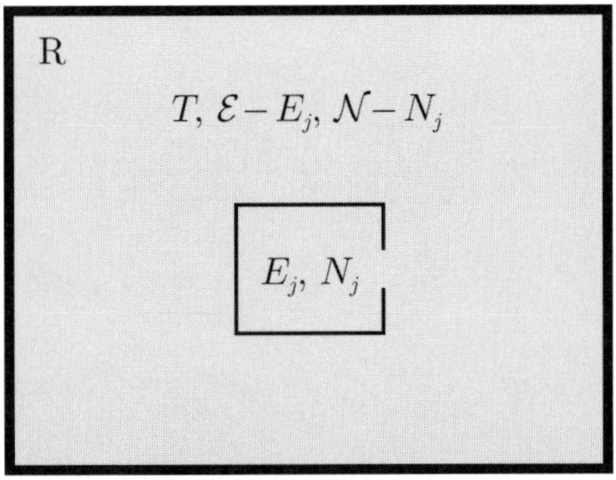

図 4.1　ある系が絶対温度 T の熱浴 R とエネルギーおよび粒子の交換をしながら平衡状態にある．全粒子数を $\mathcal{N}$，全エネルギーを $\mathcal{E}$ とし，系が粒子数 N_j，エネルギー固有値 E_j の状態 j をとっていると，熱浴の粒子数は $\mathcal{N} - N_j$，エネルギーは $\mathcal{E} - E_j$ である．

である．系のすべての状態にわたって和をとると，次の等式が得られる

$$W(\mathcal{E},\mathcal{N})=\sum_j W_{\mathrm{R}}(\mathcal{E}-E_j,\mathcal{N}-N_j).$$

これを用いると，系が状態 j をとる確率は

$$P_j=\frac{W_{\mathrm{R}}(\mathcal{E}-E_j,\mathcal{N}-N_j)}{\Xi W_{\mathrm{R}}(\mathcal{E},\mathcal{N})}, \tag{4.3}$$

となる．ただし，

$$\Xi=\sum_j \frac{W_{\mathrm{R}}(\mathcal{E}-E_j,\mathcal{N}-N_j)}{W_{\mathrm{R}}(\mathcal{E},\mathcal{N})}.$$

注目している系のエネルギーは熱浴を含んだ全体に比べて小さく $E_j \ll \mathcal{E}$, $N_j \ll \mathcal{N}$ であるから

$$\log\frac{W_{\mathrm{R}}(\mathcal{E}-E_j,\mathcal{N}-N_j)}{W_{\mathrm{R}}(\mathcal{E},\mathcal{N})}\simeq -E_j\frac{\partial}{\partial\mathcal{E}}\log W_{\mathrm{R}}(\mathcal{E},\mathcal{N})-N_j\frac{\partial}{\partial\mathcal{N}}\log W_{\mathrm{R}}(\mathcal{E},\mathcal{N})$$
$$=-E_j\beta+N_j\beta\mu. \tag{4.4}$$

ただし

$$\beta=\frac{\partial}{\partial\mathcal{E}}\log W_{\mathrm{R}}(\mathcal{E},\mathcal{N}),\quad \beta\mu=-\frac{\partial}{\partial\mathcal{N}}\log W_{\mathrm{R}}(\mathcal{E},\mathcal{N}),$$

とおいた．これを (4.3) に代入すると分布 (4.1) が得られる．

状態変数が連続的な古典力学に従う粒子に対しても，確率密度関数が同様に得られる．

4.1.2 熱力学との対応

● 熱力学的温度

エネルギー $\mathcal{E}$，粒子数 $\mathcal{N}$ をもつ熱浴の状態数 $W_{\mathrm{R}}(\mathcal{E},\mathcal{N})$ により

$$S=k\log W_{\mathrm{R}}(\mathcal{E},\mathcal{N}),$$

は熱浴のエントロピーである．大正準分布を導出する過程で

$$\beta=\frac{\partial}{\partial\mathcal{E}}\log W_{\mathrm{R}}(\mathcal{E},\mathcal{N}),\quad \beta\mu=-\frac{\partial}{\partial\mathcal{N}}\log W_{\mathrm{R}}(\mathcal{E},\mathcal{N}),$$

によって β，μ が定義されるから，粒子数も熱力学変数とした熱力学における Clausius 等式

$$TdS = d\mathcal{E} + PdV - \mu d\mathcal{N},$$

を認めると，β を定義したときの熱浴のエネルギーによる偏微分が体積と粒子数を一定にした微分であれば，熱力学的な温度 T と $\beta = \frac{1}{kT}$ の関係にあり，μ は化学ポテンシャルであることがわかる．

一方，大分配関数 Ξ は $\alpha = -\beta\mu$ とおいて変化 $(\alpha, \beta, V) \to (\alpha + d\alpha, \beta + d\beta, V + dV)$ に対して，

$$\begin{aligned} d\log\Xi &= \frac{1}{\Xi}\frac{\partial\Xi}{\partial\alpha}d\alpha + \frac{1}{\Xi}\frac{\partial\Xi}{\partial\beta}d\beta + \frac{1}{\Xi}\frac{\partial\Xi}{\partial V}dV \\ &= \sum_j \Big(- N_j d\alpha - E_j d\beta - \beta dE_j \Big) \frac{e^{-\beta E_j - \alpha N_j}}{\Xi} \\ &= -\langle N\rangle d\alpha - \langle E\rangle d\beta + \beta PdV, \end{aligned} \tag{4.5}$$

と変化する．ただし，容器の容積変化 $V \to V + dV$ は閉じ込めポテンシャルの変化に対応するので，圧力 P を用いて

$$\langle dE_j \rangle = -PdV$$

であるとした．$\alpha = -\frac{\mu}{kT}$ と $\beta = \frac{1}{kT}$ によって

$$d\alpha = \frac{\mu dT}{kT^2} - \frac{d\mu}{kT}, \quad d\beta = -\frac{dT}{kT^2}$$

であるから，熱力学におけるグランドポテンシャルを kT で割ったものの全微分は，

$$\begin{aligned} d\Big(\frac{\Omega}{kT}\Big) &= \Big(\frac{N\mu - F}{kT^2} - \frac{S}{kT}\Big)dT - \frac{N}{kT}d\mu - \frac{P}{kT}dV \\ &= \frac{N\mu - U}{kT^2}dT - \frac{N}{kT}d\mu - \frac{P}{kT}dV \\ &= Nd\alpha + Ud\beta - \beta PdV \end{aligned} \tag{4.6}$$

と求まる．ただし，ここでは熱力学においてのグランドポテンシャルの物質量 n の依存性を粒子数 N に読み替えている．熱力学における粒子数 N と内部エネルギー U のそれぞれを，大正準分布における粒子数期待値 $\langle N\rangle$ およびエネル

ギー期待値 $\langle E\rangle$ と同一視すると，グランドポテンシャルは大分配関数によって

$$\Omega = -kT\log\Xi$$

と表される．

● 重要な熱力学量

以上のことから，いろいろな熱力学量は，大分配関数から次のように計算される．

粒子数期待値 $\langle N\rangle$（粒子数 N）

$\alpha = -\beta\mu$ とおいて，

$$\langle N\rangle = -\frac{\partial}{\partial\alpha}\log\Xi.$$

これは，大正準分布 (4.1) が与えられているので

$$\langle N\rangle = \sum_j N_j P_j = \sum_j N_j \frac{e^{-\beta E_j-\alpha N_j}}{\Xi} = -\frac{1}{\Xi}\frac{\partial\Xi}{\partial\alpha} = -\frac{\partial}{\partial\alpha}\log\Xi$$

と導かれる．

エネルギー期待値（内部エネルギー U）

$$U = \langle E\rangle = -\frac{\partial}{\partial\beta}\log\Xi.$$

これも大正準分布 (4.1) により

$$\langle E\rangle = \sum_j E_j P_j = \sum_j E_j \frac{e^{-\beta E_j-\alpha N_j}}{\Xi} = -\frac{1}{\Xi}\frac{\partial\Xi}{\partial\beta} = -\frac{\partial}{\partial\beta}\log\Xi$$

と導かれる．

グランドポテンシャル Ω と状態方程式

$$PV = \mu\langle N\rangle - F = -\Omega = kT\log\Xi.$$

Helmholtz 自由エネルギー F

$$F = \mu\langle N\rangle - kT\log\Xi.$$

エントロピー S

$$S = \frac{U-F}{T} = \frac{1}{T}\langle E\rangle - \frac{\mu}{T}\langle N\rangle + k\log\Xi.$$

例題　古典的な自由粒子を大正準分布で取り扱うとき，次の問いに答えよ．

(1) 自由粒子の正準分布の分配関数

$$Z_N = \frac{1}{N!}\left[V\left(\frac{2\pi m}{\beta}\right)^{3/2}\right]^N$$

を用いて大分配関数 Ξ を求めよ．

(2) これを用いて，粒子数の期待値 $\langle N\rangle$，エネルギー期待値 $\langle E\rangle$，圧力 P を計算し，状態方程式，等分配の法則が成り立っていることを確かめよ．

解答　(1) 化学ポテンシャルを μ とし，$\alpha = -\beta\mu$ とおいて理想気体の正準分布の分配関数を用いると，大分配関数は

$$\Xi = \sum_{N=0}^{\infty}\frac{1}{N!}\left[V\left(\frac{2\pi m}{\beta}\right)^{3/2}e^{-\alpha}\right]^N = \exp\left[V\left(\frac{2\pi m}{\beta}\right)^{3/2}e^{-\alpha}\right]. \tag{4.7}$$

(2) 粒子数の期待値は

$$\langle N\rangle = -\frac{\partial}{\partial\alpha}\log\Xi(\alpha,\beta,V) = V\left(\frac{2\pi m}{\beta}\right)^{3/2}e^{-\alpha},$$

エネルギー期待値は

$$\langle E\rangle = -\frac{\partial}{\partial\beta}\log\Xi(\alpha,\beta,V) = \frac{3}{2\beta}V\left(\frac{2\pi m}{\beta}\right)^{3/2}e^{-\alpha} = \frac{3}{2\beta}\langle N\rangle,$$

となり，等分配の法則が成り立っている．圧力は

$$P = \frac{kT}{V}\log\Xi(\alpha,\beta,V) = \frac{kT}{V}V\left(\frac{2\pi m}{\beta}\right)^{3/2}e^{-\alpha} = \frac{kT}{V}\langle N\rangle,$$

であるから，理想気体の状態方程式が成り立つ．

4.2 量子力学における同種粒子

4.2.1 同種粒子の原理と同種粒子の分類

多粒子を扱う古典力学では，いくつかの野球のボールの運動や，太陽の周りを運動する惑星などを粒子として取り扱うが，これらの例では，それぞれの粒子はその質量や傷などの個性から識別できることが前提となっている．観測者は地球と火星を一瞬で識別できるし，ほぼ同じように見える野球のボールでさえ精密な測定をすれば質量などの属性を調べることが可能である．古典力学の例では，各粒子のそれぞれに番号や名前を付けることが可能かどうかということは問題にもならない．しかし，量子力学的な同種粒子の集団があったとき，これらの中の各粒子をそれらの属性に基づいて区別するのは原理的に不可能である．たとえば電子は，すべて完全に同じ電荷，スピン，質量などの属性をもっているからである．また古典力学に従う多粒子であれば，各粒子の初期位置で番号付けが可能であり，それらの運動を動画で撮れば連続に変化する各時刻での位置の追跡が可能となり，常にそれぞれの粒子を識別できる．ところが量子力学では不確定性原理によって，各粒子の位置をより正確に定めようとすればするほど，その時刻の運動量はより不確定となる．つまり，次の瞬間の位置は不確定となるため，連続に変化する各時刻での位置情報を得ることは原理的に不可能である．量子力学では連続に変化する各時刻で得られる情報は状態だけである．これによって，各粒子の位置情報は離散化された時刻のみでの情報となり，それぞれの位置で観測される粒子がどの番号の粒子であるかを特定することが不可能となる．このように同種粒子からなる多粒子では各粒子に番号や名前を付けることが原理的に不可能なので，これらの粒子の状態は粒子の座標の入れ替えを行っても同じ状態となることを原理として認める．具体的には，N 個の同種粒子の座標を $\vec{r}_1, \vec{r}_2, \cdots, \vec{r}_N$ とし，この系の波動関数を $\Psi(\vec{r}_1, \vec{r}_2, \cdots, \vec{r}_N)$ としたとき，粒子の座標 $\vec{r}_k$ と $\vec{r}_l$ の入れ替えはこの同種粒子の状態を不変に保つということを原理として前提とすると

$$\Psi(\vec{r}_1, \vec{r}_2, \cdots, \vec{r}_k, \cdots, \vec{r}_l, \cdots, \vec{r}_N) = C\Psi(\vec{r}_1, \vec{r}_2, \cdots, \vec{r}_l, \cdots, \vec{r}_k, \cdots, \vec{r}_N),$$

となる．この関係は任意の $\vec{r}_1, \vec{r}_2, \cdots, \vec{r}_N$ に対して成り立つので，もう一度この関係を使うことにより $C^2 = 1$ となり，これにより $C = \pm 1$ が示される．

Bose（ボーズ）粒子と Fermi（フェルミ）粒子

波動関数の対称性は粒子の種類による $C = \pm 1$ の符号で定まり，次の2通りに分類される．

Bose 粒子

$C = 1$ に従う粒子は Bose 粒子とよばれ，Bose-Einstein 統計に従うという．スピンが 0, 1, 2, $\cdots$ の整数である粒子，たとえば光子，フォノン，Higgs 粒子などがこの統計に従う．1粒子のある物理量の固有状態を $\varphi_j(\vec{r})$ $(j = 1, 2, 3, \cdots)$ としたとき，たとえば2粒子状態

$$\Psi(\vec{r}_1, \vec{r}_2) = \varphi_j(\vec{r}_1)\varphi_k(\vec{r}_2) + \varphi_j(\vec{r}_2)\varphi_k(\vec{r}_1)$$

は粒子の位置座標の入れ替え $\vec{r}_1 \leftrightarrow \vec{r}_2$ に対して，$C = 1$ として

$$\Psi(\vec{r}_1, \vec{r}_2) = C\Psi(\vec{r}_2, \vec{r}_1),$$

が成り立つ．特に，同じ1粒子状態 $j = k$ を2粒子が占有する

$$\Psi(\vec{r}_1, \vec{r}_2) = \varphi_j(\vec{r}_1)\varphi_j(\vec{r}_2),$$

も許される．一般に，自由な Bose 粒子は1つの1粒子状態 j を何個でも粒子が占有できる．

Fermi 粒子

$C = -1$ に従う粒子は Fermi 粒子とよばれ，Fermi-Dirac 統計に従うという．スピンが 1/2, 3/2, $\cdots$ の半整数の粒子，たとえば電子，陽子，中性子，ニュートリノなどがこの統計に従う．たとえば，1粒子の固有状態を $\varphi_j(\vec{r})$ $(j = 1, 2, 3, \cdots)$ としたとき，2粒子状態

$$\Psi(\vec{r}_1, \vec{r}_2) = \varphi_j(\vec{r}_1)\varphi_k(\vec{r}_2) - \varphi_j(\vec{r}_2)\varphi_k(\vec{r}_1),$$

は粒子の位置座標の入れ替え $\vec{r}_1 \leftrightarrow \vec{r}_2$ に対して，$C = -1$ として

$$\Psi(\vec{r}_1, \vec{r}_2) = C\Psi(\vec{r}_2, \vec{r}_1),$$

が成り立つ．上で与えた2粒子状態において $j = k$ とすると $\Psi(\vec{r}_1, \vec{r}_2) = 0$ となって，2粒子状態を与えない．このように Fermi 粒子の多粒子状態は1つの1粒子状態に1個までしか入れない．この Fermi 粒子の性質は Pauli（パウリ）

の原理または Pauli の排他律とよばれる．

同種粒子の大正準分布

正準分布で同種粒子の熱力学量は計算しにくいが，大正準分布を用いると簡単に計算できる．正準分配関数 Z_N を求めるには，各 1 粒子状態 j を占めている粒子数を n_j とし，制限

$$N = \sum_j n_j \tag{4.8}$$

を満たす n_j についての和をとる必要があるが，大分配関数 Ξ に対し，その制限は必要ない．同種粒子からなる多粒子系の状態は，各 1 粒子状態 j の粒子数 n_j を定めることで指定されるから，次のように n_j の和を自由にとってよい．1 粒子状態 j のエネルギー固有値を ϵ_j とし，

$$\Xi = \sum_{n_1}\sum_{n_2}\cdots\prod_j e^{-\beta n_j(\epsilon_j-\mu)} = \prod_j\left[\sum_{n_j} e^{-\beta n_j(\epsilon_j-\mu)}\right] \tag{4.9}$$

と書くことができる．次の量に対して，1 粒子状態 j にある粒子数 N_j の和をとると，Bose-Einstein(BE) 統計または，Fermi-Dirac(FD) 統計に従う同種粒子に対してそれぞれ

$$\sum_{n_j} e^{-\frac{n_j(\epsilon_j-\mu)}{kT}} = \begin{cases} \dfrac{1}{1-e^{-\beta(\epsilon_j-\mu)}} & \text{(BE)} \\ 1+e^{-\beta(\epsilon_j-\mu)} & \text{(FD)} \end{cases} \tag{4.10}$$

と求まる．Fermi 粒子と Bose 粒子は低温ではとても異なる性質をもっている．次節からそれぞれの同種粒子の性質を調べていく．

4.3　自由 Fermi 粒子

4.3.1　自由 Fermi 粒子の大分配関数

これ以降，Fermi 粒子の例として，自由電子系を考える．3 次元空間中，質量 m の自由電子が粒子数期待値 $\langle N\rangle$，温度 T で 1 辺 L の正方形の中に入れられている．周期的境界条件をとって，この系を大正準分布で扱うとき，化学ポテンシャルを μ として大分配関数は

$$\Xi = \prod_{j_x=-\infty}^{\infty} \prod_{j_y=-\infty}^{\infty} \prod_{j_z=-\infty}^{\infty} \left[\sum_{N(\vec{p})=0}^{1} e^{-(\frac{\vec{p}^2}{2m}-\mu)N(\vec{p})/kT} \right]^2. \tag{4.11}$$

ただし，$\vec{p} = \frac{2\pi\hbar}{L}(j_x, j_y, j_z)$ である．右辺が 2 乗されているのは電子がスピン 1/2 をもつため，1 つの運動量 $\vec{p}$ をもつ状態にスピン上向きと下向きの 2 つの状態が縮退しているからである．

● 粒子数期待値

粒子数期待値を $\langle N \rangle$ とする条件

$$\langle N \rangle = kT \frac{\partial}{\partial \mu} \log \Xi \tag{4.12}$$

から，化学ポテンシャル μ が定まる．この条件は Fermi 分布関数

$$f(\epsilon, T, \mu) = \frac{1}{e^{\beta(\epsilon-\mu)} + 1}$$

を用いて

$$\langle N \rangle = 2 \sum_{j_x=-\infty}^{\infty} \sum_{j_y=-\infty}^{\infty} \sum_{j_z=-\infty}^{\infty} f(\epsilon_{\vec{j}}, T, \mu), \tag{4.13}$$

と表される．ただし，$\epsilon_{\vec{j}} = \frac{\vec{p}^2}{2m}$ である．

● エネルギー期待値

エネルギー期待値は

$$\langle E \rangle = 2 \sum_{j_x=-\infty}^{\infty} \sum_{j_y=-\infty}^{\infty} \sum_{j_z=-\infty}^{\infty} \epsilon_{\vec{j}} f(\epsilon_{\vec{j}}, T, \mu). \tag{4.14}$$

● 積分による近似計算法

粒子数 (4.13) とエネルギー (4.14) の 1 粒子状態に関する和を連続変数 $\vec{p}$ に関する積分で表すと

$$\langle N \rangle = 2V \int \frac{d^3\vec{p}}{(2\pi\hbar)^3} f(\frac{\vec{p}^2}{2m}, T, \mu), \quad \langle E \rangle = 2V \int \frac{d^3\vec{p}}{(2\pi\hbar)^3} \frac{\vec{p}^2}{2m} f(\frac{\vec{p}^2}{2m}, T, \mu)$$

となる．ただし，$V = L^3$ とおいた．

● 状態密度

運動量 $\vec{p}$ についての積分は，電子のエネルギーに対する状態密度を $D(\epsilon)$ と

すると，ϵ に関する積分

$$\langle N \rangle = \quad 2V \int_0^\infty d\epsilon D(\epsilon) f(\epsilon, T, \mu), \qquad \langle E \rangle = \quad 2V \int_0^\infty d\epsilon D(\epsilon) \epsilon f(\epsilon, T, \mu) \tag{4.15}$$

に書き換えることができる．3 次元では状態密度が

$$D(\epsilon) = \frac{m^{3/2}}{\sqrt{2}\pi^2\hbar^3}\sqrt{\epsilon}, \tag{4.16}$$

となる．

4.3.2　絶対零度での性質

絶対零度での自由電子の性質を調べよう．化学ポテンシャル μ をある正の定数に固定して，絶対零度 $T \to 0$ の極限を取ると Fermi 分布関数は

$$f(\epsilon, 0, \mu) = 1 \quad (\epsilon < \mu) \tag{4.17}$$

$$f(\epsilon, 0, \mu) = \frac{1}{2} \quad (\epsilon = \mu) \tag{4.18}$$

$$f(\epsilon, 0, \mu) = 0 \quad (\epsilon > \mu) \tag{4.19}$$

となる．$f(\epsilon, 0, \mu)$ を ϵ の関数として図示すると図 4.2 のようになる．

$D_0 = \frac{m^{3/2}}{\sqrt{2}\pi^2\hbar^3}$ とおき，3 次元での状態密度 (4.16) を $D(\epsilon) = D_0\sqrt{\epsilon}$ と書くと，絶対零度の化学ポテンシャル μ_0 は

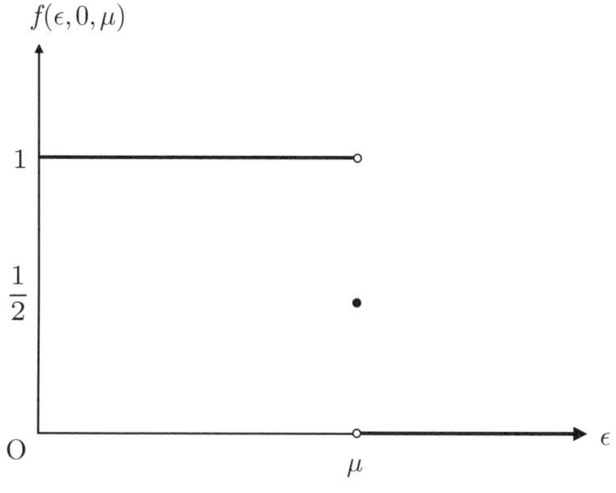

図 4.2　絶対零度での Fermi 分布関数 $f(\epsilon, 0, \mu)$

$$\langle N\rangle = 2V\int_0^\infty d\epsilon D(\epsilon) f(\epsilon, 0, \mu_0) = 2V\int_0^{\mu_0} d\epsilon D(\epsilon) = 2D_0 V\int_0^{\mu_0} d\epsilon\sqrt{\epsilon}$$
$$= \frac{4}{3}D_0 V\mu_0^{\frac{3}{2}} = \frac{2\sqrt{2}m^{3/2}}{3\pi^2\hbar^3}\mu_0^{\frac{3}{2}}V$$

数密度 $n = \langle N\rangle/V$ の関数として $\mu_0 = \frac{\hbar^2}{2m}\left(3\pi^2 n\right)^{2/3}$ と求まる．この絶対零度での化学ポテンシャル μ_0 は Fermi エネルギーとよばれ，ϵ_{F} と書かれるときがある．この μ_0 と粒子数密度 $n = \frac{\langle N\rangle}{V}$ を用いると，状態密度は次のように表すことができる．

$$D(\epsilon) = D_0\sqrt{\epsilon} = \frac{3}{4}n\mu_0^{-\frac{3}{2}}\sqrt{\epsilon}. \tag{4.20}$$

系のエネルギー期待値は

$$\langle E\rangle = 2D_0 V\int_0^{\mu_0} d\epsilon\epsilon^{\frac{3}{2}} = \frac{4}{5}D_0 V\mu_0^{\frac{5}{2}}.$$

エネルギー密度の期待値は

$$u = \frac{\langle E\rangle}{V} = \frac{3}{5}n\mu_0$$

と表される．Pauli の排他律のため自由 Fermi 粒子の集団は，基底状態であっても 1 粒子基底エネルギーから非常に高いエネルギーである Fermi エネルギーまでの 1 粒子エネルギーをもつ．この性質が Fermi 粒子の集団の有限温度での性質に大きく影響する．

例題　銀の伝導電子の Fermi エネルギー μ_0 とそれに対応する温度 $T_{\mathrm{F}} = \mu_0/k$ の値を求めよ．T_{F} を Fermi 縮退温度という．電子の質量は 9.11×10^{-28} g，$\hbar = 1.05\times10^{-27}$ erg s，銀の原子量は 108 で，密度は 10.5 g/cm^3 であり，原子のイオン 1 個あたり 1 個の伝導電子をもつ [8]．この伝導電子を自由電子気体として考えてよい．

解答　絶対零度の化学ポテンシャルは

$$\mu_0 = \frac{\hbar^2}{2m}\left(3\pi^2 n\right)^{2/3} \simeq 8.73\times10^{-12}\mathrm{erg}. \tag{4.21}$$

これを Boltzmann 定数 $k \simeq 1.38\times10^{-16}$ erg/K で割って Fermi 縮退温度

を求めると

$$T_{\rm F} \simeq 6.33 \times 10^4 {\rm K},$$

となって，室温と比べてずっと高い $(300 \ll T_{\rm F})$. このことにより，銀の伝導電子にとって室温は非常に低い温度であると考えてよい．

4.3.3 電子気体の低温での振る舞い

● 低温での振る舞い（Sommerfeld （ゾンマーフェルト）展開）

たくさんの Fermi 粒子からなる系は，低温ではほとんど絶対零度の性質に支配される．金属結晶内では各金属原子が電子を放出して，その電子はあたかも自由電子のような振る舞いをしている．前項の例題で，銀の Fermi 縮退温度が室温に比べて非常に高いことを見た．このことにより室温程度であると，低エネルギー励起状態がこれらの伝導電子の巨視的な性質を支配する．1 粒子状態の空間で Fermi エネルギーをもつ状態の作る面を Fermi 面という．今考えている 3 次元 Fermi 粒子の 1 粒子状態は運動量で定まるので，Fermi 面は運動量の大きさが $p_{\rm F} = \sqrt{2m\mu_0}$ によって定まる球面となる．伝導電子の低エネルギー状態は Fermi 面付近の電子がその近傍に励起した状態である．ここでは，これらの自由電子による比熱が $C_e = \gamma T$ となり，温度 T に比例することを導き，γ の値を求め，実験と比較する．伝導電子の比熱が低温で絶対温度 T に比例することは，ある種の電子間相互作用があっても，次元が異なっても，成立している普遍的な現象として知られている．

● Sommerfeld の漸近公式

低温 $\mu_0 \gg kT$ では Fermi 分布関数 $f(\epsilon, T, \mu)$ と任意の微分可能な関数 $g(\epsilon)$ に対して

$$I \equiv \int_0^\infty d\epsilon f(\epsilon) g(\epsilon) \simeq \int_0^\mu d\epsilon g(\epsilon) + \frac{\pi^2}{6} g'(\mu)(kT)^2 \qquad (4.22)$$

が良い近似となる．図 4.3 にいくつかの温度での Fermi 分布関数 $f(\epsilon, T, \mu)$ を 1 粒子エネルギーの 1 変数関数とみなした $f(\epsilon)$ と，その導関数 $f'(\epsilon)$ のグラフを示す．

この公式は次のようにして導かれる．関数 g の積分 G を

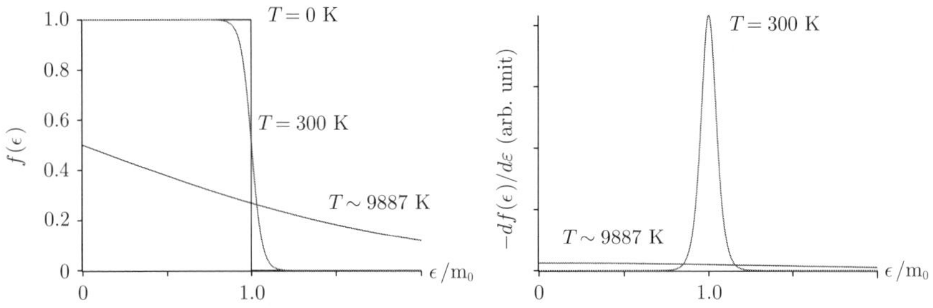

図 4.3　各温度における Fermi 縮退温度 $\mu_0/k = 10^4$ K の Fermi 分布関数 $f(\epsilon)$ とその導関数 $f'(\epsilon)$

$$G(\epsilon) = \int_0^{\epsilon} dx g(x)$$

で定義するとき，部分積分によって，

$$I = \Big[f(\epsilon)G(\epsilon)\Big]_0^{\infty} - \int_0^{\infty} d\epsilon \frac{\partial f}{\partial \epsilon} G(\epsilon) = -\int_0^{\infty} d\epsilon \frac{\partial f}{\partial \epsilon} G(\epsilon),$$

となる．$f(\infty) = 0$，$G(0) = 0$ に注意せよ．この関数

$$-\frac{\partial f}{\partial \epsilon} = \frac{\beta e^{\beta(\epsilon-\mu)}}{(1+e^{\beta(\epsilon-\mu)})^2} = \frac{\beta}{4}\cosh^{-2}\frac{\beta}{2}(\epsilon-\mu)$$

は $\beta \gg \mu$ のとき，近似的に原点に鋭いピークをもつ $\epsilon - \mu$ の偶関数とみなすことができる．またこの関数は $\epsilon - \mu \sim 0$ 以外でほぼ 0 であるから積分の下限を $\epsilon - \mu \to -\infty$ に拡張してもほとんど値が変わらない．$G(\epsilon)$ を $\epsilon = \mu$ の周りで Taylor 展開する．

$$G(\epsilon) = G(\mu) + (\epsilon-\mu)G'(\mu) + \frac{1}{2}(\epsilon-\mu)^2 G''(\mu) + \cdots,$$

積分に代入して，2 項目以降で積分の下限を $-\infty$ に拡張すると

$$I = -\int_0^{\infty} d\epsilon \frac{\partial f}{\partial \epsilon}[G(\mu) + (\epsilon-\mu)g(\mu) + \frac{1}{2}(\epsilon-\mu)^2 g'(\mu) + \cdots] \tag{4.23}$$

$$= -G(\mu)[f(\infty) - f(0)] - \int_{-\infty}^{\infty} d\epsilon \frac{\partial f}{\partial \epsilon}(\epsilon-\mu)g(\mu) - \frac{g'(\mu)}{2}\int_{-\infty}^{\infty} d\epsilon \frac{\partial f}{\partial \epsilon}(\epsilon-\mu)^2. \tag{4.24}$$

$f(\infty) = 0$，$f(0) = 1$，そして第 2 項は $\epsilon - \mu$ の奇関数の積分なので消えるから，次の近似式が導かれる．

$$I = G(\mu) - \frac{g'(\mu)}{2}\int_{-\infty}^{\infty} d\epsilon \frac{\partial f}{\partial \epsilon}(\epsilon - \mu)^2.$$

第 2 項目を $x = \beta(\epsilon - \mu)$ と置換して再び部分積分すると

$$\frac{g'(\mu)}{2}\int_{-\infty}^{\infty} d\epsilon \frac{\partial f}{\partial \epsilon}(\epsilon - \mu)^2 = g'(\mu)\int_{0}^{\infty} dx \frac{\partial f}{\partial x}\frac{x^2}{\beta^2} = -2g'(\mu)(kT)^2\int_{0}^{\infty} dx \frac{x}{1+e^x}$$
$$= -g'(\mu)\zeta(2)(kT)^2.$$

ただし ζ 関数の公式

$$\int_0^{\infty} dx \frac{x^{s-1}}{e^x + 1} = (1 - 2^{1-s})\Gamma(s)\zeta(s) \tag{4.25}$$

を用いた．この公式は被積分関数を以下のように Taylor 展開して和の n 番目の項において $nx = y$ と置換積分すると

$$\int_0^{\infty} dx \frac{x^{s-1}}{e^x + 1} = \int_0^{\infty} dx \frac{x^{s-1}e^{-x}}{1 + e^{-x}} = \int_0^{\infty} dx x^{s-1}\sum_{n=1}^{\infty}(-1)^{n-1}e^{-nx}$$
$$= -\Gamma(s)\sum_{n=1}^{\infty}\frac{(-1)^n}{n^s}$$

が得られる．最後の和は $\zeta(s)$ の級数による定義

$$\zeta(s) = \sum_{n=1}^{\infty}\frac{1}{n^s}$$

を用いると，

$$-\sum_{n=1}^{\infty}\frac{(-1)^n}{n^s} + \zeta(s) = \sum_{n=1}^{\infty}\frac{2}{(2n)^s} = 2^{1-s}\sum_{n=1}^{\infty}\frac{1}{n^s} = 2^{1-s}\zeta(s)$$

であるから，公式 (4.25) が得られる．この公式と $\zeta(2) = \frac{\pi^2}{6}$ を用いて Sommerfeld の漸近公式 (4.22) が導かれる．

注意 統計力学でよく用いられるゼータ関数の特殊値 [7]

$$\zeta(2) = \frac{\pi^2}{6}, \quad \zeta\left(\frac{3}{2}\right) = 2.612\cdots, \quad \zeta(4) = \frac{\pi^4}{90}, \quad \zeta\left(\frac{5}{2}\right) = 1.341\cdots.$$

● 粒子数密度の期待値と化学ポテンシャル

粒子数密度の期待値と化学ポテンシャルの関係

$$\langle N \rangle = \quad 2V \int_0^\infty d\epsilon D(\epsilon) f(\epsilon, T, \mu),$$

より，有限温度での化学ポテンシャルは，状態密度 (4.20) を用いて

$$1 = \frac{3}{2}\mu_0^{-3/2} \int_0^\infty d\epsilon \sqrt{\epsilon} f(\epsilon, T, \mu), \tag{4.26}$$

から定まる．Sommerfeld の公式によって温度 T での化学ポテンシャルは絶対零度の化学ポテンシャル μ_0 を用いて

$$\mu(T) = \mu_0 \Big[1 - \frac{\pi^2}{12}\left(\frac{kT}{\mu_0}\right)^2 + \cdots\Big] \tag{4.27}$$

となる．ただし，μ を μ_0 の周りで Taylor 展開し，最低次をとることで右辺第 2 項は $\left(\frac{kT}{\mu}\right)^2 \simeq \left(\frac{kT}{\mu_0}\right)^2$ とすることができる．

● エネルギー期待値

同様にして，エネルギー期待値は

$$\langle E \rangle = \frac{3}{2}\langle N \rangle \mu_0^{-3/2} \int_0^\infty d\epsilon \epsilon^{3/2} f(\epsilon, T, \mu), \tag{4.28}$$

と書くことができ，

$$\langle E \rangle = -\left(\frac{\partial}{\partial \beta}\log \Xi\right)_{(\beta\mu=一定)} = \frac{3}{5}\langle N \rangle \mu_0 \Big[1 + \frac{5\pi^2}{12}\left(\frac{kT}{\mu_0}\right)^2 + \cdots\Big] \tag{4.29}$$

となる．

● 自由電子による定積 1 粒子比熱

以上により，低温での定積 1 粒子比熱は絶対温度に比例する

$$c_V = \gamma T.$$

ただし，係数 γ を μ_0 で表すと

$$\gamma = \frac{\pi^2 k^2}{2\mu_0}.$$

例題　銀の伝導電子を自由 Fermi 粒子であるとして 1mol あたりの比熱係数 γ を求めよ．電子の質量は 9.11×10^{-28} g，$\hbar = 1.05 \times 10^{-27}$ erg s，銀の原子量は 108，密度は 10.5 g/cm^3 であり [8]，原子のイオン 1 個あたり 1 個の伝導電子をもつ．

解答 前項で求めたように Fermi 縮退温度は

$$T_{\mathrm{F}} \simeq 6.33 \times 10^4 \mathrm{K},$$

となって，室温と比べてずっと高い $(300 \ll T_{\mathrm{F}})$．よって，電子比熱は室温程度は低温であると考え，Sommerfeld 展開を用いてよい．金属の原子量を M g/mol，密度を ρ g/cm^3，Avogadro 定数を $A \simeq 6.02 \times 10^{23}$ mol^{-1} とすると数密度は $n = A\rho/M$ であり，1mol あたりの比熱係数は

$$\begin{aligned} \gamma &= \left(\frac{\pi}{3n}\right)^{\frac{2}{3}} \left(\frac{k}{\hbar}\right)^2 mA \\ &= \left(\frac{\pi M}{3\rho}\right)^{\frac{2}{3}} \left(\frac{k}{\hbar}\right)^2 mA^{\frac{1}{3}} \simeq 1.37 \times 10^3 (M/\rho)^{\frac{2}{3}} \quad \mathrm{erg/(K^2\ mol)}. \end{aligned} \tag{4.30}$$

銀では $\gamma \simeq 6.47 \times 10^3$ erg/(K^2 mol) $= 6.47 \times 10^{-4}$ J/(K^2 mol) と求まる．

例題 金属のモル比熱は以下のような T^3 と T に比例した項で表される．

$$c_V = \alpha T^3 + \gamma T. \tag{4.31}$$

右辺の第 1 項は結晶の格子振動からの項であり，第 2 項は電子比熱からの項である．以下のグラフはモル比熱の実験値から計算される

$$\frac{c_V}{T} = \alpha T^2 + \gamma \tag{4.32}$$

を縦軸に，T^2 を横軸にとって表している．グラフから γ を読み取り，自由 Fermi 気体による理論値と比較せよ．

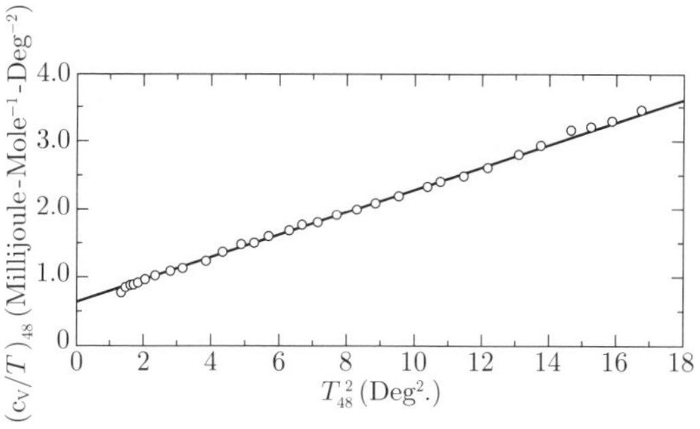

図 4.4 銀のモル比熱の低温での振る舞い．【S. Corak.et al.（2001）Fig.6 [9] Copyright (2023) by the American Physical Society】をもとに作成．

解答　グラフの切片から $\gamma \simeq 6 \times 10^{-4}$ J/(K^2 mol) 程度に読み取ることができ，理論予測が実験結果と合っている．電子比熱は Fermi 縮退温度が $10^4 \sim 10^5$ K とかなり高いので室温程度でも Sommerfeld 展開が良い近似となるが，格子振動からの比熱は Debye 温度より十分低い温度でないと Debye 近似が使えないことに注意せよ．銀の Debye 温度は 225K である．

Pauli 常磁性

自由電子気体の磁性について調べよう．Bohr 磁子を $\mu_{\mathrm{B}} = e\hbar/2mc\ (>0)$ とすると，電子は負の電荷をもつため，電子 1 個の磁気モーメントは $-\mu_{\mathrm{B}}$ である．z 方向の定磁場 B の中の 1 個の電子はスピンの z 成分が $\pm\frac{1}{2}$ のとき，Zeeman エネルギー $\pm\mu_{\mathrm{B}}B$ をもつ．これまで用いていた Fermi 分布関数 $f(\epsilon, T, \mu)$ の定義域は $\epsilon > 0$ であるから，ここでもこれを用いると，化学ポテンシャルから Zeeman エネルギーを引いて表すことができる．スピン $\pm\frac{1}{2}$ の電子総数 $N_\pm$ は

$$N_\pm = V\int_0^\infty d\epsilon D(\epsilon) f(\epsilon, T, \mu \mp \mu_{\mathrm{B}}B)$$

と表すことができる．$B > 0$ に対して $N_+ < N_-$ となる．磁場 B が十分小さいとして磁化 $M = -\mu_{\mathrm{B}}(N_+ - N_-)$ を低温 $T \ll \mu_0/k$ で求めると

$$\begin{aligned}
M &= -\mu_{\mathrm{B}}(N_+ - N_-) = V\mu_{\mathrm{B}}\int_0^\infty d\epsilon D(\epsilon)[f(\epsilon, T, \mu + \mu_{\mathrm{B}}B) - f(\epsilon, T, \mu - \mu_{\mathrm{B}}B)] \\
&\simeq V\mu_{\mathrm{B}}\int_0^\infty d\epsilon D(\epsilon)(-2\mu_{\mathrm{B}}B)\frac{\partial}{\partial\epsilon}f(\epsilon, 0, \mu_0) \\
&= \Big[-2V\mu_{\mathrm{B}}^2 BD(\epsilon)f(\epsilon, 0, \mu_0)\Big]_0^\infty + 2V\mu_{\mathrm{B}}^2 B\int_0^{\mu_0} D'(\epsilon)d\epsilon \\
&= 2V\mu_{\mathrm{B}}^2 D(\mu_0)B,
\end{aligned}$$

と求まる．ただし

$$\frac{\partial}{\partial\mu}f(\epsilon, T, \mu) = -\frac{\partial}{\partial\epsilon}f(\epsilon, T, \mu),$$

を使った．磁化率は

$$\frac{\partial M}{\partial B} = 2V\mu_{\mathrm{B}}^2 D(\mu_0)$$

となる．比熱と異なり，絶対零度における寄与が消えずに主要項として残るため，有限温度の効果は非常に小さい補正となる．ここでは，有限温度による補正項は無視した．自由電子の常磁性（Pauli 常磁性）の磁化率は Fermi 縮退温度よりずっと低い室温以下の温度であれば絶対零度まで温度にほとんど依存していない．このことは局在電子の常磁性（2 準位系）と大きく異なっている．

4.3.4 電子気体の高温での振る舞い

高温では，自由電子が Maxwell 分布から定まる理想気体と同じ振る舞いをすることを確かめよう．

ここでは，化学ポテンシャルの高温での振る舞いを調べることによって，絶対温度 T を Fermi 縮退温度 μ_0/k で測って $\tau \equiv kT/\mu_0$ とおく．化学ポテンシャル μ の代わりに $\alpha \equiv -\mu/kT$ を使うと，式 (4.26) によって α は τ の関数として

$$1 = \frac{3}{2}\tau^{3/2}\int_0^\infty \frac{x^{1/2}}{e^{x+\alpha}+1}dx \tag{4.33}$$

から定まる．被積分関数の分母分子に e^{-x} をかけて得られる関数の下界と上界は

$$\frac{x^{\frac{1}{2}}e^{-x}}{e^\alpha+1} \leq \frac{x^{\frac{1}{2}}e^{-x}}{e^\alpha+e^{-x}} \leq \frac{x^{\frac{1}{2}}e^{-x}}{e^\alpha}$$

で定まるので，下界からは

$$1 \geq \frac{3}{2}\tau^{3/2}\frac{1}{e^\alpha+1}\int_0^\infty x^{1/2}e^{-x}dx = \frac{3}{2}\Gamma\left(\frac{3}{2}\right)\frac{\tau^{3/2}}{e^\alpha+1},$$

が得られ，上界から

$$1 \leq \frac{3\tau^{3/2}}{2e^\alpha}\Gamma\left(\frac{3}{2}\right),$$

が得られる．$z\Gamma(z) = \Gamma(z+1)$ より

$$\Gamma\left(\frac{5}{2}\right)\tau^{3/2} - 1 \leq e^\alpha \leq \Gamma\left(\frac{5}{2}\right)\tau^{3/2},$$

がいえる．よって，十分高温では $e^\alpha \simeq \Gamma\left(\frac{5}{2}\right)\tau^{3/2} \gg 1$ となる．高温では，

Fermi 気体のエネルギー期待値 (4.28) は

$$\begin{aligned}\langle E\rangle &= 2D_0V\int_0^\infty d\epsilon\frac{\epsilon^{\frac{3}{2}}}{e^{\beta\epsilon+\alpha}+1}\simeq 2D_0V\int_0^\infty d\epsilon\frac{\epsilon^{\frac{3}{2}}}{e^{\beta\epsilon}\Gamma(\frac{5}{2})\tau^{3/2}+1}\\ &\simeq\frac{3}{2}\langle N\rangle\mu_0^{-\frac{3}{2}}\int_0^\infty d\epsilon\epsilon^{\frac{3}{2}}e^{-\beta\epsilon}\Gamma\left(\frac{5}{2}\right)^{-1}\tau^{-3/2}=\frac{3}{2}\langle N\rangle\mu_0^{-\frac{3}{2}}\beta^{-\frac{5}{2}}\tau^{-3/2}\\ &=\frac{3}{2}\langle N\rangle kT,\end{aligned}$$

が得られる．状態方程式は

$$\begin{aligned}PV &= kT\log\Xi = 2\times\frac{3}{4}kT\mu_0^{-3/2}\langle N\rangle\int_0^\infty d\epsilon\sqrt{\epsilon}\log(1+e^{-\beta\epsilon-\alpha})\\ &\simeq\frac{3}{2}kT\mu_0^{-3/2}\langle N\rangle\int_0^\infty d\epsilon\sqrt{\epsilon}\log\left[1+e^{-\beta\epsilon}\Gamma\left(\frac{5}{2}\right)^{-1}\tau^{-3/2}\right]\\ &\simeq\frac{3}{2}kT\mu_0^{-3/2}\langle N\rangle\int_0^\infty d\epsilon\sqrt{\epsilon}e^{-\beta\epsilon}\Gamma\left(\frac{5}{2}\right)^{-1}\tau^{-3/2}\\ &=\frac{3}{2}kT\mu_0^{-3/2}\beta^{-\frac{3}{2}}\langle N\rangle\Gamma\left(\frac{3}{2}\right)\Gamma\left(\frac{5}{2}\right)^{-1}\tau^{-3/2}\\ &=\langle N\rangle kT,\end{aligned}$$

となる．このようにして，高温では Fermi 気体のエネルギー期待値と状態方程式は古典的な理想気体のものに一致することがわかる．

上で導いたように高温では $e^{-\alpha}\ll 1$ である．このことを用いて上で状態方程式を導いたと同様の方法で，高温における大分配関数の対数を α，β，V の関数として求めることができる．

$$\begin{aligned}\log\Xi &= 2VD_0\int_0^\infty d\epsilon\sqrt{\epsilon}\log(1+e^{-\beta\epsilon-\alpha})\simeq 2VD_0\int_0^\infty d\epsilon\sqrt{\epsilon}e^{-\beta\epsilon-\alpha}\\ &\simeq 2VD_0\beta^{-\frac{3}{2}}\int_0^\infty dx\sqrt{x}e^{-x-\alpha}\simeq 2VD_0\beta^{-\frac{3}{2}}\Gamma\left(\frac{3}{2}\right)e^{-\alpha}\simeq\frac{2V}{h^3}\left(\frac{2\pi m}{\beta}\right)^{\frac{3}{2}}e^{-\alpha}.\end{aligned} \tag{4.34}$$

ただし，$\Gamma\left(\frac{3}{2}\right)=\frac{\sqrt{\pi}}{2}$，$D_0=\frac{m^{3/2}}{\sqrt{2}\pi^2\hbar^3}$，$h=2\pi\hbar$ を用いた．4.1.2 項の例題では，大分配関数 (4.7) を古典的な正準分布の分配関数から求めた．各 N に対する古典的な分配関数 Z_N を h^3 で割って，スピン自由度を考慮して 2 倍し，N について和をとると

$$\Xi = \sum_{N=0}^{\infty} \frac{1}{N!}\left[\frac{2V}{h^3}\left(\frac{2\pi m}{\beta}\right)^{3/2} e^{-\alpha}\right]^N = \exp\left[\frac{2V}{h^3}\left(\frac{2\pi m}{\beta}\right)^{\frac{3}{2}} e^{-\alpha}\right],$$

となって，高温における自由電子の大分配関数の漸近形に一致する．2 章 2.3.5 項，3 章 3.2.5 項では，N 個の同種自由粒子の状態を粒子の置換について区別しないとして，すべての状態にわたって和をとるとき，置換の数 $N!$ で割って状態数や分配関数を計算した．その取り扱いは，Helmholtz 自由エネルギーなどを示量変数として得るために必要であった．ここでは，量子的な同種 Fermi 粒子を正確に取り扱い，高温の振る舞いを調べることによって，$N!$ で割って分配関数を求めることの正当性を確かめることができた．同様の考察は Bose 粒子に対しても行うことができる．4 章の問題，問 4.5(4) を参照すること．

4.4 自由 Bose 粒子

前節で，Fermi-Dirac 統計に従う自由電子の比熱が，低温で絶対温度に比例していることを導いた．Pauli 原理に従って 1 つの 1 粒子状態には 1 個までの粒子しか入れないということの帰結である．これとは逆に Bose-Einstein 統計に従う粒子は 1 つの 1 粒子状態にいくつでも粒子が入ることができる．そのため低温では，巨視的な数の粒子が一番エネルギーの低い 1 粒子基底状態に入ってしまう．これを Bose 凝縮とよんでいる．ここでは自由粒子の Bose 凝縮の相転移を調べよう．

4.4.1 自由 Bose 粒子の大分配関数

Bose 統計に従う粒子が 1 辺 L の立方体の中に粒子数期待値 $\langle N\rangle$，温度 T で閉じ込められている．周期的境界条件をとると，この系の大分配関数 Ξ は

$$\begin{aligned}\Xi &= \prod_{j_x=-\infty}^{\infty}\prod_{j_y=-\infty}^{\infty}\prod_{j_z=-\infty}^{\infty}\left[\sum_{N(\vec{p})=0}^{\infty} e^{-(\frac{\vec{p}^2}{2m}-\mu)N(\vec{p})/kT}\right] \\ &= \prod_{j_x=-\infty}^{\infty}\prod_{j_y=-\infty}^{\infty}\prod_{j_z=-\infty}^{\infty}\frac{1}{1-e^{-\beta\epsilon(\vec{j})-\alpha}},\end{aligned} \tag{4.35}$$

である．ただし，$\vec{p} = \frac{2\pi\hbar}{L}(j_x, j_y, j_z)$，$\epsilon(\vec{j}) = \frac{\vec{p}^2}{2m}$，$\alpha = -\beta\mu$ である．

● 粒子数期待値

$$\langle N \rangle = -\frac{\partial}{\partial \alpha} \log \Xi, \tag{4.36}$$

から化学ポテンシャルが決められる．粒子数密度を $n = \langle N \rangle / V$ とおき，この条件を1粒子の基底状態 $\vec{p} = \vec{0}$ を占める粒子数密度 n_0 とそうでない状態を占める粒子数密度 n' に分けて書くと

$$n = n_0 + n', \tag{4.37}$$

$$n_0 = \frac{1}{V(e^{\alpha} - 1)}, \tag{4.38}$$

$$n' = \frac{1}{V} \sum_{\vec{j} \neq \vec{0}} \frac{1}{e^{\beta\epsilon(\vec{j})+\alpha} - 1}, \tag{4.39}$$

と書くことができる．

● 自由粒子の状態密度

状態密度 $D(\epsilon) = D_0\sqrt{\epsilon}$，$D_0 = \frac{m^{\frac{3}{2}}}{\sqrt{2}\pi^2\hbar^3}$ を使うと，

$$n' = \int_0^{\infty} \frac{d\epsilon D(\epsilon)}{e^{\beta\epsilon+\alpha} - 1}$$

と書くことができる．これを次で定義される Appell（アッペル）のゼータ関数

$$\zeta_{\alpha}(s) = \frac{1}{\Gamma(s)} \int_0^{\infty} \frac{x^{s-1}dx}{e^{x+\alpha} - 1} = \sum_{n=1}^{\infty} \frac{e^{-n\alpha}}{n^s} \tag{4.40}$$

を用いて表すと

$$n' = D_0(kT)^{3/2}\Gamma\left(\frac{3}{2}\right)\zeta_{\alpha}\left(\frac{3}{2}\right) = \left(\frac{mkT}{2\pi\hbar^2}\right)^{3/2} \zeta_{\alpha}\left(\frac{3}{2}\right), \tag{4.41}$$

が得られる．ここで

$$\Gamma\left(\frac{3}{2}\right) = \frac{\sqrt{\pi}}{2}$$

を用いた．

● 化学ポテンシャル μ を決める式

全粒子数密度を定める式 (4.37) は

$$n = \frac{1}{V}\frac{1}{e^{\alpha}-1} + \left(\frac{mkT}{2\pi\hbar^2}\right)^{3/2} \zeta_{\alpha}\left(\frac{3}{2}\right) \tag{4.42}$$

と表される．これにより化学ポテンシャル μ が定まる．

4.4.2 Bose-Einstein 凝縮転移

Bose 凝縮の相転移を以下で調べる．粒子数密度 $n = \langle N \rangle / V$ を有限に保って，粒子数期待値 $\langle N \rangle$，体積 V などの示量変数を無限大にする極限を考えよう．1 粒子基底状態の粒子数密度

$$n_0 = \frac{1}{V(e^{\alpha}-1)},$$

を α について解いてこの極限をとる．$n_0 > 0$ ならば以下のように

$$\lim_{V\to\infty} \alpha = \lim_{V\to\infty} \log\left[1 + \frac{1}{Vn_0}\right] = 0,$$

と極限が求まる．ところで，$n_0 > 0$ となる温度領域では，$n = n_0 + n'$ であるから，$0 \le n' < n$ となる．ここでは $\alpha = 0$ であるから，Appell のゼータ関数は通常の Riemann のゼータ関数となる．

$$n' = \left(\frac{mkT}{2\pi\hbar^2}\right)^{\frac{3}{2}} \zeta\left(\frac{3}{2}\right). \tag{4.43}$$

したがって $n = n'$ となる温度を

$$T_c = \left[\frac{n}{\zeta\left(\frac{3}{2}\right)}\right]^{\frac{2}{3}} \frac{2\pi\hbar^2}{mk}, \tag{4.44}$$

とおくと，1 粒子基底状態をとっている粒子数密度 n_0 とそうでない状態をとっている粒子数密度 n' は

$$T \le T_c \qquad n_0 = n\left[1 - \left(\frac{T}{T_c}\right)^{\frac{3}{2}}\right], \qquad n' = n\left(\frac{T}{T_c}\right)^{\frac{3}{2}}, \tag{4.45}$$

$$T \ge T_c \qquad n_0 = 0, \qquad n' = n = \left(\frac{mkT}{2\pi\hbar^2}\right)^{\frac{3}{2}} \zeta_{\alpha}\left(\frac{3}{2}\right), \tag{4.46}$$

となる．ただし α は T の関数として式 (4.46) で定まっている．これらは極限

をとったときの値であって，有限系では $T < T_c$ で $\alpha \neq 0$，また，$T > T_c$ でも $n_0 \neq 0$ などとなっていることに注意せよ．

単位体積あたりのエネルギー期待値は

$$u = \frac{m^{3/2}}{\sqrt{2}\pi^2\hbar^3}\int_0^\infty \frac{\epsilon^{3/2}d\epsilon}{e^{\beta(\epsilon-\mu)}-1} = \frac{m^{3/2}(kT)^{\frac{5}{2}}}{\sqrt{2}\pi^2\hbar^3}\Gamma\left(\frac{5}{2}\right)\zeta_\alpha\left(\frac{5}{2}\right) \tag{4.47}$$

である．

$\alpha > 0$ が微小なとき，$\zeta_\alpha(s)$ の次の漸近公式 (4.51) は量子気体の解析：問 4.4（Fermi 気体の中間温度における振る舞い），問 4.5 (Bose 凝縮転移における化学ポテンシャルやエネルギーの導関数の不連続性）などに有用である．一般の非整数 s に対し，次の漸近公式が成り立つ．

$$\zeta_\alpha(s) = \zeta(s) + \frac{\pi\alpha^{s-1}}{\sin\pi s\Gamma(s)} - \alpha\zeta(s-1) + O(\alpha^2). \tag{4.48}$$

【証明 $^{(*)}$】

関数 $\zeta_\alpha(s)$ の積分表示 (4.40) において被積分関数を $z = x$ として複素関数に拡張し，実数の正軸に沿った積分で表す．

$$\zeta_\alpha(s) = \frac{1}{\Gamma(s)}\int_0^\infty \frac{z^{s-1}dz}{e^{z+\alpha}-1}.$$

複素数 z と非整数の $s(>0)$ に対する z^s を一意的な関数として定義するために，次のようにすると便利である．複素変数を $z(x,\theta) = xe^{i\theta}$ と表示するとき，微小量 $\delta > 0$ を導入し次の極限をとると

$$\lim_{\delta\to 0} z(x,\delta) = \lim_{\delta\to 0} xe^{i\delta} = x, \quad \lim_{\delta\to 0} z(x,2\pi-\delta) = \lim_{\delta\to 0} xe^{i(2\pi-\delta)} = x,$$

となって極限は一致する．しかし，実数の正軸近くで z^s の極限を

$$\lim_{\delta\to 0} z(x,\delta)^s = \lim_{\delta\to 0}[xe^{i\delta}]^s = \lim_{\delta\to 0} x^s e^{i\delta s} = x^s,$$

と定義すると

$$\lim z(x,2\pi-\delta)^s = \lim_{\delta\to 0}[xe^{i(2\pi-\delta)}]^s = x^s e^{2\pi i s},$$

となって一致せず，この関数を $\theta = 2\pi$ で係数 $e^{2\pi i s}$ による不連続関数として取り扱う．たとえば $s = 1/2$ の場合に $\lim_{\delta\to 0}[e^{i\delta}]^{\frac{1}{2}} = 1$ と定義するならば，

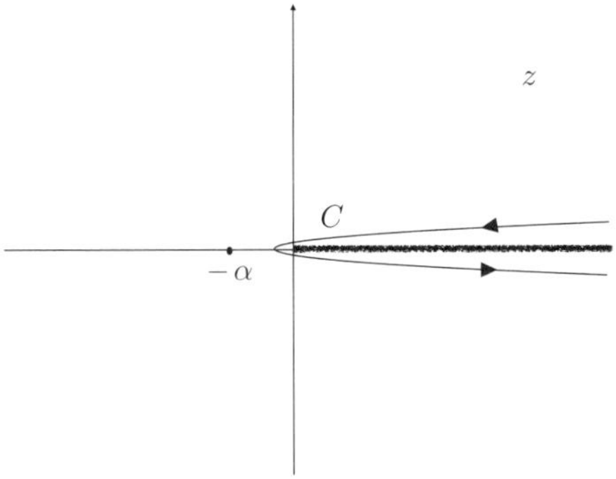

図 4.5 積分経路 C

$\lim\limits_{\delta\to 0}[e^{i(2\pi-\delta)}]^{\frac{1}{2}} = -1$ と定義しなければならないことに対応している．このように定義した複素関数 z^s の不連続線である正の実軸をこの関数の分岐という．分岐の位置は任意に定義できるが，ここでは，複素関数 z^s に対する分岐を正の実軸とする．以上のことより，次の第 1 項では $z = xe^{i(2\pi-\delta)}$ として，第 2 項との差を，分岐をもつ複素積分で表すと，

$$
\begin{aligned}
e^{2\pi is}\zeta_\alpha(s) - \zeta_\alpha(s) &= \lim_{\delta\searrow 0}\lim_{X\nearrow\infty}\frac{1}{\Gamma(s)}\left[\int_0^{Xe^{i(2\pi-\delta)}}\frac{z^{s-1}dz}{e^{z+\alpha}-1} - \int_0^{Xe^{i\delta}}\frac{z^{s-1}dz}{e^{z+\alpha}-1}\right] \\
&= \frac{1}{\Gamma(s)}\int_C \frac{z^{s-1}dz}{e^{z+\alpha}-1}.
\end{aligned}
$$

積分経路を図 4.5 で示す．したがって $\zeta_\alpha(s)$ は次の複素積分で表される

$$
\zeta_\alpha(s) = \frac{1}{(e^{2\pi is}-1)\Gamma(s)}\int_C \frac{z^{s-1}dz}{e^{z+\alpha}-1}.
$$

被積分関数は $z = -\alpha$ において極をもつため，積分経路 C を $z = -\alpha$ まで延長した経路を C^* とした積分は，経路を変形させることによって，元の C に沿った積分と $z = -\alpha$ を囲む閉じた経路 $C_{-\alpha}$ の積分の和で表される

$$
\int_{C^*}\frac{z^{s-1}dz}{e^{z+\alpha}-1} = \int_{C_{-\alpha}}\frac{z^{s-1}dz}{e^{z+\alpha}-1} + \int_C \frac{z^{s-1}dz}{e^{z+\alpha}-1}.
$$

右辺の第 1 項は留数定理によって

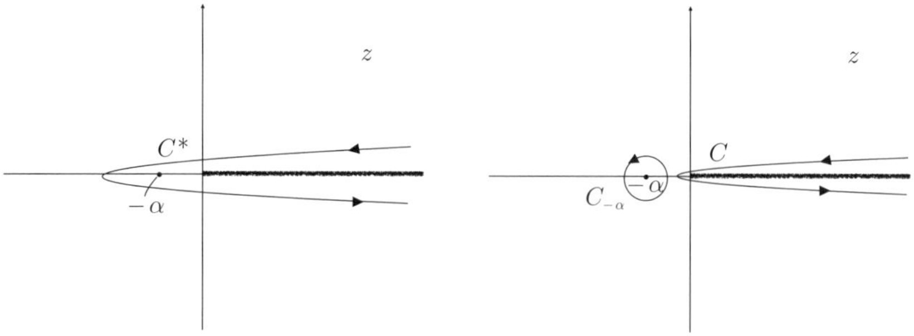

図 4.6　積分経路 C^* とその C, $C_{-\alpha}$ への分解

$$\int_{C_{-\alpha}} \frac{z^{s-1}dz}{e^{z+\alpha}-1} = 2\pi i(-\alpha)^{s-1} = 2\pi i e^{\pi i(s-1)}\alpha^{s-1},$$

と得られる．ただし $-1 = e^{\pi i}$ を用いた．次の関数を

$$\zeta_{\alpha,1}(s) = \frac{1}{(e^{2\pi is}-1)\Gamma(s)}\int_{C^*} \frac{z^{s-1}dz}{e^{z+\alpha}-1},$$

によって定義すると，これらの結果から

$$\zeta_{\alpha,1}(s) = \frac{2\pi i e^{\pi i(s-1)}\alpha^{s-1}}{(e^{2\pi is}-1)\Gamma(s)} + \zeta_\alpha(s) = -\frac{\pi\alpha^{s-1}}{\sin\pi s\Gamma(s)} + \zeta_\alpha(s),$$

が得られる．ただし，$\sin\pi s = \frac{e^{\pi is}-e^{-\pi is}}{2i}$ を用いた．これより

$$\zeta_\alpha(s) = \zeta_{\alpha,1}(s) + \frac{\pi\alpha^{s-1}}{\sin\pi s\Gamma(s)},$$

が得られる．$\zeta_{\alpha,1}(s)$ の積分を次のように変形する．

$$\begin{aligned}\int_{C^*} \frac{z^{s-1}dz}{e^{z+\alpha}-1} &= \int_{C^*} \frac{(e^z-1+e^{z+\alpha}-e^{z+\alpha})z^{s-1}dz}{(e^z-1)(e^{z+\alpha}-1)} \\ &= \int_{C^*} \frac{(e^z-e^{z+\alpha})z^{s-1}dz}{(e^z-1)(e^{z+\alpha}-1)} + \int_{C^*} \frac{z^{s-1}dz}{e^z-1} \\ &= (1-e^\alpha)\int_{C^*} \frac{e^z z^{s-1}dz}{(e^z-1)(e^{z+\alpha}-1)} + \int_{C^*} \frac{z^{s-1}dz}{e^z-1}. \quad (4.49)\end{aligned}$$

これにより

$$\zeta_{\alpha,1}(s) = \frac{1-e^\alpha}{(e^{2\pi is}-1)\Gamma(s)}\int_{C^*} \frac{e^z z^{s-1}dz}{(e^z-1)(e^{z+\alpha}-1)} + \zeta(s)$$

であるから次の関数を α について $\alpha=0$ の周りで Taylor 展開することができ,

$$\begin{aligned}
\zeta_{\alpha,1}(s)-\zeta(s) &= \frac{-\alpha}{(e^{2\pi is}-1)\Gamma(s)}\int_{C^*}\frac{e^z z^{s-1}dz}{(e^z-1)^2}+O(\alpha^2)\\
&= \frac{\alpha}{(e^{2\pi is}-1)\Gamma(s)}\int_{C} z^{s-1}\frac{\partial}{\partial z}\frac{1}{e^z-1}dz+O(\alpha^2)\\
&= \frac{-\alpha}{(e^{2\pi is}-1)\Gamma(s)}\int_{C}\frac{(s-1)z^{s-2}}{e^z-1}dz+O(\alpha^2)\\
&= \frac{-\alpha}{(e^{2\pi i(s-1)}-1)\Gamma(s-1)}\int_{C}\frac{z^{s-2}}{e^z-1}dz+O(\alpha^2)\\
&= -\alpha\zeta(s-1)+O(\alpha^2).
\end{aligned}\tag{4.50}$$

ただし $(s-1)\Gamma(s-1)=\Gamma(s)$ および $e^{-2\pi i}=1$ を用いた．以上のことから $\zeta_\alpha(s)$ の $0<\alpha\ll 1$ に対する次のような漸近公式が得られる．

$$\zeta_\alpha(s)=\zeta(s)+\frac{\pi\alpha^{s-1}}{\sin\pi s\Gamma(s)}-\alpha\zeta(s-1)+O(\alpha^2). \tag{4.51}$$

証明終わり．

ただし，重要な $s=\frac{3}{2},\frac{5}{2}$ の場合に漸近公式 (4.51) は

$$\zeta_\alpha\left(\frac{3}{2}\right)\simeq\zeta\left(\frac{3}{2}\right)-2\sqrt{\pi}\alpha^{\frac{1}{2}}-\zeta\left(\frac{1}{2}\right)\alpha+O(\alpha^2), \tag{4.52}$$

$$\zeta_\alpha\left(\frac{5}{2}\right)\simeq\zeta\left(\frac{5}{2}\right)-\zeta\left(\frac{3}{2}\right)\alpha+\frac{4\sqrt{\pi}}{3}\alpha^{\frac{3}{2}}+O(\alpha^2), \tag{4.53}$$

となる．漸近公式 (4.52)，(4.53) を得るには $\Gamma(\frac{3}{2})=\frac{\sqrt{\pi}}{2}$，$\Gamma(\frac{5}{2})=\frac{3}{2}\Gamma(\frac{3}{2})=\frac{3\sqrt{\pi}}{4}$ を用いる．今の議論で，α は $0<\alpha\ll 1$ としているので，$\alpha^{\frac{1}{2}}\gg\alpha\gg\alpha^{\frac{3}{2}}$ である．$s=\frac{3}{2},\frac{5}{2}$ に対する式 (4.52)，(4.53) において式 (4.51) の α^{s-1} と α の項の寄与の強さが逆転していることに注意せよ．

4章の問題

問 4.1　古典力学に従う自由粒子を大正準分布で取り扱うとき，4.1.2 項例題で求めた大分配関数 (4.7) を用いて次の問いに答えよ．

(1) エネルギーのゆらぎ

$$\frac{\sqrt{\langle(E-\langle E\rangle)^2\rangle}}{\langle E\rangle} \tag{4.54}$$

を $\langle N\rangle$ で表せ．

(2) 粒子数のゆらぎ

$$\frac{\sqrt{\langle(N-\langle N\rangle)^2\rangle}}{\langle N\rangle} \tag{4.55}$$

を $\langle N\rangle$ で表し，粒子数が多くなるとゆらぎが消えることを示せ．

(3) 粒子数 N をもつ確率は

$$P_N = \frac{Z_N(T,V)e^{\frac{\mu N}{kT}}}{\sum_{M=0}^{\infty} Z_M(T,V)e^{\frac{\mu M}{kT}}} \tag{4.56}$$

である．これは Poisson 分布

$$P_N = \frac{\langle N\rangle^N}{N!}e^{-\langle N\rangle} \tag{4.57}$$

をしていることを示せ．

問 4.2　1 粒子の基底状態 $\phi_0(\vec{r})$ と第 1 励起状態 $\phi_1(\vec{r})$，第 2 励起状態 $\phi_2(\vec{r})$ を自由な同種 2 粒子が占めるとき，基底状態と第 1 励起状態の波動関数をスピンのない Fermi 粒子，Bose 粒子の場合に答えよ．ただしこれらの 2 粒子の座標を $\vec{r}_1$, $\vec{r}_2$ とする．またスピン $\frac{1}{2}$ の Fermi 粒子の場合，各粒子の Pauli 演算子 σ^z の固有値 ± 1 に属する固有状態を $|\pm\rangle$ とし，エネルギーはこの固有値に依存しないとして，基底状態と第 1 励起状態を答えよ．

問 4.3　1 粒子のエネルギー固有値には縮退がなく，小さい順に ϵ_j $(j=1,2,\cdots)$ と並べられていて，ϵ_j はスピンの値に依存しないとする．これらの固有状態 j を N 個の同種粒子が占めるとき，この N 粒子系の基底エネルギーを，Bose 粒子とスピン $\frac{1}{2}$ の Fermi 粒子とそれぞれについて答えよ．

問 4.4　化学ポテンシャルが $\mu = 0$ となる温度の自由電子の性質を見てみよう．$\mu = 0$ 付近を調べるために，積分で定義される関数

$$F(\alpha, s) \equiv \frac{1}{\Gamma(s)} \int_0^\infty dx \frac{x^{s-1}}{e^{x+\alpha} + 1} \tag{4.58}$$

を用いて α を定める方程式 (4.13) から得られる条件 (4.26) を書くと

$$1 = \Gamma\left(\frac{5}{2}\right)\left(\frac{kT}{\mu_0}\right)^{3/2} F\left(\alpha, \frac{3}{2}\right).$$

定義式 (4.58) の右辺の被積分関数を $e^{-x-\alpha}$ について展開すると F は

$$F(\alpha, s) = -\sum_{n=1}^{\infty} \frac{(-e^{-\alpha})^n}{n^s}$$

と無限級数に表すことができる．これを，Appell のゼータ関数

$$\zeta_\alpha(s) \equiv \sum_{n=1}^{\infty} \frac{e^{-\alpha n}}{n^s}$$

で表すと

$$F(\alpha, s) = \zeta_\alpha(s) - 2^{1-s} \zeta_{2\alpha}(s)$$

と書くことができる．α が小さいとき，Appell のゼータ関数の漸近公式 (4.52) を使うと，$\mu = 0$ となる温度付近で μ の温度依存性を求めることができる．以下の問いに答えよ．

(1) ゼータ関数の公式 (4.25) を用いて $\mu = 0$ $(\alpha = 0)$ となる温度を求めよ．

(2) $\mu = 0$ $(\alpha = 0)$ となる温度でのエネルギー期待値を求めよ．

(3) $\mu = 0$ $(\alpha = 0)$ となる温度での定積比熱を求めよ．

（**注意**：その他の領域を調べるには積分 (4.33) を数値的に求めなければならない.）

問 4.5　自由 Bose 気体について次の問いに答えよ．

(1) $0 < \alpha \ll 1$ が小さいときの漸近公式 (4.52) を用いて自由 Bose

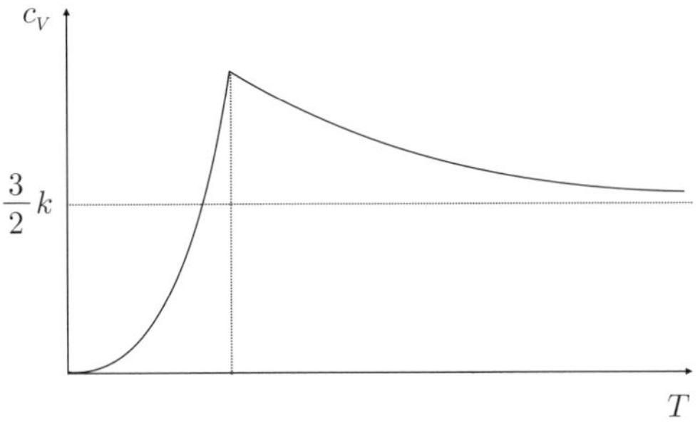

$$T_c = n^{\frac{2}{3}}\zeta\left(\frac{3}{2}\right)^{-\frac{2}{3}}\frac{2\pi\hbar^2}{mk}$$

図 4.7　1 粒子定積比熱 $c_V(T)$ の温度依存性．$T = T_c$ で導関数 $c'_V(T)$ が不連続となる．

気体のエネルギー密度の期待値 (4.47) から 1 粒子定積比熱 c_V の導関数 $\frac{\partial c_V}{\partial T}$ を計算し，$T = T_c$ で不連続であることを示せ．

(2) 転移点 T_c 付近の高温側と低温側での状態方程式

$$PV = kT \log \Xi$$

をそれぞれ求めよ．

(3) 古典極限 $\hbar \to 0$ では Bose 凝縮転移は消失し，比熱は理想気体比熱 $\frac{3}{2}nk$ となることを示せ．

(4) 高温 $\frac{2\pi\hbar^2}{mkT} \ll 1$ で大分配関数 Ξ を α，β，V の関数として求め，古典理想気体の大分配関数に一致することを示せ．

第5章

各章の問題の解答

5.1　1章の問題の解答

問 1.1　X の期待値は $N\mu$，分散は $N\Delta^2$，標準偏差は $\sqrt{N}\Delta$ である．

問 1.2　(1)

$$\Gamma(1) = \int_0^\infty dx e^{-x} = \Big[- e^{-x} \Big]_0^\infty = 1.$$

$x = y^2$ と置換すると，Gauss 積分の公式が使えて，

$$\Gamma\Big(\frac{1}{2}\Big) = \int_0^\infty dx x^{-\frac{1}{2}} e^{-x} = 2\int_0^\infty dy e^{-y^2} = \sqrt{\pi}.$$

(2) 本文で導いた関数等式 $s\Gamma(s) = \Gamma(s+1)$ と $\Gamma(1) = 1$ から，s が正の整数ならば

$$\Gamma(s) = (s-1)\Gamma(s-1) = (s-1)(s-2)\cdots 2\Gamma(1) = (s-1)!$$

と求まる．

(3) 始めの 2 式は $y = ax^2$，最後の式では $z = ay$ と置換する．

$$\int_0^\infty x^{2n+1} \mathrm{e}^{-ax^2} dx = \frac{1}{2a^{n+1}} \int_0^\infty y^n \mathrm{e}^{-y} dy = \frac{1}{2a^{n+1}} \Gamma(n+1)$$
$$= \frac{n!}{2a^{n+1}},$$
$$\int_{-\infty}^\infty x^{2n} \mathrm{e}^{-ax^2} dx = \frac{1}{2} a^{-n-\frac{1}{2}} \int_0^\infty y^{n-\frac{1}{2}} \mathrm{e}^{-y} dy = \frac{1}{2} a^{-n-\frac{1}{2}} \Gamma\Big(n + \frac{1}{2}\Big),$$
$$\int_0^\infty y^n \mathrm{e}^{-ay} dy = a^{-n-1} \int_0^\infty z^n \mathrm{e}^{-z} dz = a^{-n-1} \Gamma(n+1).$$

(4) 正の整数 s に対して，$x = sy$ と置換し

$$s! = \Gamma(s+1) = \int_0^\infty dx x^s e^{-x} = s^{s+1}\int_0^\infty dy e^{-s(y-\log y)}.$$

被積分関数は指数 $f(y) = -s(y - \log y)$ が最大になる y で最大となる．最大となる y は y で微分した極値条件 $0 = f'(y) = -s(1-1/y)$ から求められ，$y = 1$ となる．Taylor の定理により $y = 1$ の周りで展開すると，$y - 1$ について 1 次の項は消え，ある $0 < \theta < 1$ に対して次式が成り立つ．

$$y - \log y = 1 + \frac{1}{2}(y-1)^2 + \frac{1}{3}(y-1)^3\frac{-1}{(1+\theta(y-1))^3}.$$

これを被積分関数に代入し，さらに $z = \sqrt{s}(y-1)$ と置換すると

$$\int_0^\infty dy e^{-s(y-\log y)} = \int_{-\sqrt{s}}^\infty \frac{dz}{\sqrt{s}} e^{-s}\exp\left[-\frac{z^2}{2} + \frac{z^3}{3\sqrt{s}}\frac{1}{(1+\theta z/\sqrt{s})^3}\right].$$

これらにより極限 $s \to \infty$ をとると

$$\begin{aligned}\lim_{s\to\infty}\frac{s!}{s^{s+\frac{1}{2}}e^{-s}} &= \lim_{s\to\infty}\int_{-\sqrt{s}}^\infty dz\exp\left[-\frac{z^2}{2} + \frac{z^3}{3\sqrt{s}}\frac{1}{(1+\theta z/\sqrt{s})^3}\right]\\ &= \int_{-\infty}^\infty dz\exp\left[-\frac{z^2}{2}\right] = \sqrt{2\pi}.\end{aligned} \tag{5.1}$$

これによって結果が得られる．次の関数

$$g(s) = \frac{\Gamma(s+1)}{s^{s+\frac{1}{2}}e^{-s}\sqrt{2\pi}} - 1$$

に対して，得られた公式から $\lim_{s\to\infty}|g(s)| = 0$ となるので，十分大きな s に対して $g(s) \sim 0$ である．得られた式に十分大きな $s = N \gg 1$ を代入すると

$$\frac{\Gamma(N+1)}{N^{N+\frac{1}{2}}e^{-N}\sqrt{2\pi}} \sim 1$$

である．この両辺の対数をとって積を分解すると

$$\log\Gamma(N+1) - \log N^{N+\frac{1}{2}} - \log e^{-N} - \log\sqrt{2\pi} \sim 0,$$

となり，$\Gamma(N+1) = N!$ を代入すれば，1.3.1 項に書かれている Stirling の公式 (1.14) が得られる．

注意　以下の注意は細かいことなので，気にならない人は読み飛ばしてよい．数学的には，極限 (5.1) において極限と積分の順序の交換ができるかどうかの検討が必要である．Taylor 展開する前の表現を，1.2.2 項の式 (1.2) で定義される真偽関数 I を用いて z の積分で表すと

$$\begin{aligned}&\lim_{s\to\infty}\frac{s!}{s^{s+\frac{1}{2}}e^{-s}}\\&\qquad=\lim_{s\to\infty}\int_{-\infty}^{\infty}dzI(z+\sqrt{s}>0)\exp[-\sqrt{s}z+s\log(1+z/\sqrt{s})],\end{aligned}$$

となる．$s>1$ において，被積分関数は s に依存しない上界

$$\begin{aligned}&I(z+\sqrt{s}>0)\exp[-\sqrt{s}z+s\log(1+z/\sqrt{s})]\\&\qquad\le I(z>0)\exp[-z+\log(1+z)]+I(z<0)\exp[-z^2/2]\end{aligned}$$

をもつ．この上界の区間 $(-\infty,\infty)$ の積分は収束するので，1.3.2 項で述べた Lebesgue（ルベーグ）の優収束定理によって，極限と積分の順序の交換が許される．次の第 2 項における対数関数を $1/\sqrt{s}$ で展開することによって，極限

$$\lim_{s\to\infty}[-\sqrt{s}z+s\log(1+z/\sqrt{s})]=-\frac{z^2}{2},$$

が得られる．これによって上で得られた極限が正当化される．

問 1.3　(1) ベータ関数の積分表示において $x=\cos^2\theta$ と置換すると，$dx/d\theta=-2\cos\theta\sin\theta$ であり積分範囲は $(0,1)$ から $(\pi/2,0)$ となるから

$$\begin{aligned}\mathrm{B}(p,q)&=\int_0^1 dx x^{p-1}(1-x)^{q-1}\\&=-2\int_{\frac{\pi}{2}}^{0}\cos^{2p-2}\theta(1-\cos^2\theta)^{q-1}\cos\theta\sin\theta d\theta\\&=2\int_0^{\frac{\pi}{2}}\cos^{2p-1}\theta\sin^{2q-1}\theta d\theta.\end{aligned}\tag{5.2}$$

(2) ガンマ関数の積分表示において $x=t^2$ と置換すれば，次を示すことができる．

$$\Gamma(s)=\int_0^{\infty}dxe^{-x}x^{s-1}=2\int_0^{\infty}dte^{-t^2}t^{2s-1}.$$

(3) 前問で得られた公式から得られる次の積分を 2 次元の極座標

$(x,y)=(r\cos\theta, r\sin\theta)$ に変換すると

$$\begin{aligned}\Gamma(p)\Gamma(q) &= 4\int_0^\infty\int_0^\infty e^{-x^2-y^2}x^{2p-1}y^{2q-1}dxdy \\ &= 4\int_0^\infty drr\int_0^{\frac{\pi}{2}} d\theta e^{-r^2}r^{2p+2q-2}\cos^{2p-1}\theta\ \sin^{2q-1}\theta \\ &= 4\int_0^\infty dre^{-r^2}r^{2p+2q-1}\int_0^{2\pi} d\theta\cos^{2p-1}\theta\ \sin^{2q-1}\theta \\ &= \Gamma(p+q)\mathrm{B}(p,q). \qquad (5.3)\end{aligned}$$

よって公式が得られる.

問 1.4　(1) 半径 a の1次元球の体積は

$$\int_{x^2<a^2} dx\ 1 = \int_{-a}^{a} dx\ 1 = 2a.$$

半径 a の2次元球の体積（面積）は，極座標 $(x,y)=(r\cos\theta, r\sin\theta)$ をとると

$$\int_{x^2+y^2<a^2} dxdy\ 1 = \int_0^a drr\int_0^{2\pi} d\theta\ 1 = \int_0^a 2\pi rdr = \pi a^2.$$

(2) 半径 a の3次元球の体積は，極座標 $(x,y,z)=(r\sin\theta\cos\varphi, r\sin\theta\sin\varphi, r\cos\theta)$ によって次のように求まる.

$$\begin{aligned}\int_{x^2+y^2+z^2<a^2} 1 &= \int_0^a drr^2\int_0^\pi d\theta\sin\theta\int_0^{2\pi} d\varphi 1 = \int_0^a 4\pi r^2dr \\ &= \frac{4}{3}\pi a^3.\end{aligned}$$

(3) 半径 r の3次元球面の面積を A_3r^3 とするとき，半径 a の4次元球の体積は

$$\int_0^a drr^3A_3 = A_3\frac{a^4}{4}.$$

問 1.5　(1) 定義によって $D_1(a)=2a$ である.

(2) 本文にあるように

$$D_n(a) = \int\cdots\int_{\sum_{j=1}^{n-1}x_j^2<a^2-x_n^2} dx_1\cdots dx_n$$

$$= \int_{-a}^{a} dx_n D_{n-1}\Big(\sqrt{a^2 - x_n^2}\Big), \tag{5.4}$$

であり，これと $D_n(a) = a^n D_n(1)$ を用いて，次の等式を得る．

$$\begin{aligned} D_n(a) &= \int_{-a}^{a} dx_n D_{n-1}\left(\sqrt{a^2 - x_n^2}\right) = 2D_{n-1}(1)\int_0^a dx_n (a^2 - x_n^2)^{\frac{n-1}{2}} \\ &= 2a^n D_{n-1}(1)\int_0^1 dy(1-y^2)^{\frac{n-1}{2}} = a^n D_{n-1}(1)\int_0^1 dx x^{-\frac{1}{2}}(1-x)^{\frac{n-1}{2}} \\ &= a^n D_{n-1}(1)\mathrm{B}\Big(\frac{1}{2}, \frac{n+1}{2}\Big) = a^n D_{n-1}(1)\frac{\Gamma\Big(\frac{1}{2}\Big)\Gamma\Big(\frac{n+1}{2}\Big)}{\Gamma\Big(\frac{n+2}{2}\Big)}. \end{aligned} \tag{5.5}$$

ただし，$x_n = ay$，$x = y^2$ とおいた．

(3) $\Gamma(\frac{1}{2}) = \sqrt{\pi}$ より漸化式

$$\Gamma\Big(\frac{n+2}{2}\Big)D_n(1) = \sqrt{\pi}\Gamma\Big(\frac{n+1}{2}\Big)D_{n-1}(1) = \cdots = \pi^{\frac{n-1}{2}}\Gamma\Big(\frac{3}{2}\Big)D_1(1),$$

を示すことができ，$D_1(a) = 2a$ より

$$D_n(a) = \frac{\pi^{\frac{n}{2}}}{\Gamma(\frac{n}{2}+1)}a^n$$

と求まる．

問 1.6　(1) 半径 a の n 次元球の体積は，$n = 1$，2，3 に対して，以下の問いのため次のように計算する．$n = 1$ に対して

$$D_1(a) = \int_{x^2<a^2} dx = 2a.$$

$n = 2$ に対して，2 次元の極座標 $(x, y) = (r\cos\theta, r\sin\theta)$ をとってヤコビアン J を計算すると $J = r$ であり，$dx_1dx_2 = |J|drd\theta = rdrd\theta$ となることから次が得られる．

$$\begin{aligned} D_2(a) &= \int_{x_1^2+x_2^2<a^2} dx_1dx_2 = \int_0^a drr\int_0^{2\pi} d\theta = \int_0^a drr(2\pi) \\ &= \big[\pi r^2\big]_0^a = \pi a^2. \end{aligned}$$

$n = 3$ に対しては，次のように書き換え 2 次元の極座標 r，θ で計算し，$r^2 = s$ と置換し積分すると

$$D_3(a) = \int_{x_1^2+x_2^2+x_3^2<a^2} dx_1dx_2dx_3 = \int_{x_1^2<a^2-x_2^2-x_3^2} dx_1dx_2dx_3$$
$$= \int\int_{x_2^2+x_3^2<a^2} dx_2dx_3 D_1\left(\sqrt{a^2-x_2^2-x_3^2}\right)$$
$$= \int\int_{x_2^2+x_3^2<a^2} dx_2dx_3 2\sqrt{a^2-x_2^2-x_3^2}$$
$$= \int_0^a drr\int_0^{2\pi} d\theta 2\sqrt{a^2-r^2} = 4\pi\int_0^a drr\sqrt{a^2-r^2}$$
$$= 2\pi\int_0^{a^2} ds(a^2-s)^{\frac{1}{2}}$$
$$= \left[-\frac{4\pi}{3}(a^2-s)^{\frac{3}{2}}\right]_0^{a^2} = \frac{4\pi}{3}a^3, \tag{5.6}$$

と求まる.

(2) 前問で $D_3(a)$ を求めたやり方と同様に，一般の n に対しても，定義を書き換えることにより次の等式

$$D_n(a) = \int\cdots\int_{\sum_{j=1}^{n-2} x_j^2<a^2-x_n^2-x_{n-1}^2} dx_1\cdots dx_n$$
$$= \int\int_{x_{n-1}^2+x_n^2<a^2} dx_n dx_{n-1} D_{n-2}\left(\sqrt{a^2-x_{n-1}^2-x_n^2}\right), \tag{5.7}$$

が得られる.

(3) 前問で得られた表式に対して極座標 $(x_{n-1}, x_n) = (r\cos\theta, r\sin\theta)$ を用い，$r^2 = a^2 s$ とおくことにより

$$D_n(a) = 2\pi\int_0^a drrD_{n-2}(\sqrt{a^2-r^2}) = \pi a^2\int_0^1 dsD_{n-2}(a\sqrt{1-s})$$
$$= \pi a^n D_{n-2}(1)\int_0^1 ds(1-s)^{\frac{n}{2}-1},$$

が得られる.

(4) 前問の解答から次の漸化式

$$D_n(1) = \pi D_{n-2}(1)\int_0^1 ds(1-s)^{\frac{n}{2}-1} = \frac{2\pi}{n}D_{n-2}(1),$$

を導く事ができる.

(5) n が奇数の場合，漸化式を解くと

$$D_n(1) = \frac{\pi}{\frac{n}{2}} D_{n-2}(1) = \cdots = \frac{\pi^{\frac{n-1}{2}}}{\frac{n}{2}(\frac{n}{2}-1)\cdots\frac{3}{2}} D_1(1)$$
$$= \frac{\pi^{\frac{n-1}{2}}}{\frac{n}{2}(\frac{n}{2}-1)\cdots\frac{3}{2}\cdot\frac{1}{2}} \frac{D_1(1)}{2} = \frac{\pi^{\frac{n}{2}}}{\Gamma(\frac{n}{2}+1)}.$$

ただし，$D_1(1)=2$，$s\Gamma(s)=\Gamma(s+1)$ と $\Gamma(\frac{1}{2})=\sqrt{\pi}$ を用いた．n が偶数の場合，

$$D_n(1) = \frac{\pi}{\frac{n}{2}} D_{n-2}(1) = \cdots = \frac{\pi^{\frac{n-2}{2}}}{\frac{n}{2}(\frac{n}{2}-1)\cdots 2\cdot 1} D_2(1)$$
$$= \frac{\pi^{\frac{n}{2}}}{\Gamma(\frac{n}{2}+1)}.$$

ただし，$D_2(1)=\pi$ を用いた．これらにより，公式が得られる．

問 1.7　(1) n 次元空間での次の Gauss 積分を計算すると

$$I = \int_{-\infty}^{\infty} dx_1 \int_{-\infty}^{\infty} dx_2 \cdots \int_{-\infty}^{\infty} dx_n \exp[-a\sum_j^n x_j^2] = \left(\frac{\pi}{a}\right)^{\frac{n}{2}}.$$

(2) 極座標でこの積分を計算する．$r^2 = \sum_{j=1}^n x_j^2$ とおいて角度部分の積分から現れる因子を A_{n-1} とおき，$r^2 = s$ と変数変換すると

$$I = A_{n-1}\int_0^{\infty} dr r^{n-1} e^{-ar^2} = \frac{A_{n-1}}{2}\int_0^{\infty} ds s^{\frac{n-2}{2}} e^{-as}$$
$$= \frac{A_{n-1}}{2}\Gamma\left(\frac{n}{2}\right)a^{-\frac{n}{2}},$$

と表せる．ただしガンマ関数

$$\Gamma(x) = \int_0^{\infty} ds s^{x-1} e^{-s},$$

を用いた．(1) の結果と見比べて半径 1 の $n-1$ 次元球面の面積 A_{n-1} を求めると

$$A_{n-1} = \frac{2\pi^{\frac{n}{2}}}{\Gamma(\frac{n}{2})},$$

となる．この半径 1 の $n-1$ 次元球面の面積 A_{n-1} を用いると，半径 a の n 次元球の体積は

$$\int_0^a drr^{n-1}A_{n-1} = \frac{a^n}{n}A_{n-1} = \frac{a^n}{n}\frac{2\pi^{\frac{n}{2}}}{\Gamma(\frac{n}{2})} = \frac{\pi^{\frac{n}{2}}a^n}{\Gamma(\frac{n}{2}+1)},$$

となる．これによって問 1.5，1.6 の結果が得られる．

5.2　2 章の問題の解答

問 2.1　(1) $N=2$ のとき，これらの粒子がすべて領域 D 内に存在する確率は $\left(\frac{V_{\rm D}}{V}\right)^2$.

(2) これら N 個の粒子がすべて領域 D 内に存在する確率は $\left(\frac{V_{\rm D}}{V}\right)^N$ であり，$\frac{V_{\rm D}}{V}<1$ であるから N について単調減少である．

(3) $p_{\rm D}=\frac{V_{\rm D}}{V}$ とおくと，これらの粒子の M 個が領域 D 内に，残りの $N-M$ 個が領域 D の外に存在する確率は

$$P_M = \frac{N!}{M!(N-M)!}p_{\rm D}^M(1-p_{\rm D})^{N-M}$$

である．確率 P_M の対数をとって Stirling の公式を用いると

$$\begin{aligned}\log P_M &= \log\frac{N!}{M!(N-M)!}p_{\rm D}^M(1-p_{\rm D})^{N-M}\\ &\simeq N\log N - N - M\log M + M - (N-M)\log(N-M)\\ &\quad + N - M + M\log p_{\rm D} + (N-M)\log(1-p_{\rm D}).\end{aligned}$$

この微分を 0 とおくと

$$0 = \frac{\partial}{\partial M}\log P_M = \log\frac{p_{\rm D}}{1-p_{\rm D}}\frac{N-M}{M}$$

となり，これより $M=p_{\rm D}N$ が得られ，これを $\log P_M$ に代入し P_M の最大値が近似的に得られる．

$$\begin{aligned}\log P_M \simeq{}& N\log N - N - Np_{\rm D}\log Np_{\rm D} + Np_{\rm D}\\ &- (N-Np_{\rm D})\log(N-Np_{\rm D}) + N - Np_{\rm D}\\ &+ Np_{\rm D}\log p_{\rm D} + (N-Np_{\rm D})\log(1-p_{\rm D}) \simeq 0.\end{aligned}$$

(別解) N 個の粒子のうち M 個が D 内にあり，$N-M$ 個がその外

にある確率 P_M の差分を計算すると

$$\begin{aligned}P_M - P_{M-1} &= \frac{N!}{M!(N-M)!}p_{\mathrm{D}}^M(1-p_{\mathrm{D}})^{N-M}\\ &\quad - \frac{N!}{(M-1)!(N-M+1)!}p_{\mathrm{D}}^{M-1}(1-p_{\mathrm{D}})^{N-M+1}\\ &= \frac{N!}{(M-1)!(N-M)!}p_{\mathrm{D}}^{M-1}(1-p_{\mathrm{D}})^{N-M}\left[\frac{p_{\mathrm{D}}}{M} - \frac{1-p_{\mathrm{D}}}{N-M+1}\right]\end{aligned} \tag{5.8}$$

となるので，この確率が最大になる M はこの右辺を 0 として与えられ，$M = p_{\mathrm{D}}(N+1)$ である．問題を離散的に取り扱う場合，確率 P_M が最大になる M の周りの和 $\sum_{M=m_1}^{m_2} P_M$ をとらないと確率は 1 に近くはならない．ただし，この和の範囲は非常に狭く $(m_2 - m_1) \ll N$ である．

問 2.2　(1) この粒子のハミルトニアンがある正の実数 E より小さい状態空間の領域の体積を W_{D} とおくと

$$\begin{aligned}W(E, V_{\mathrm{D}}) &= \int_{\mathrm{D}} d^3r \int_{H<E} d^3p = V_{\mathrm{D}} \int_0^{\sqrt{2mE}} dpp^2 \int_0^{\pi} d\theta \sin\theta \int_0^{2\pi} d\varphi\\ &= V_{\mathrm{D}}\frac{4}{3}\pi(2mE)^{\frac{3}{2}}\end{aligned}$$

と求まる．

(2) この粒子がこの領域の中に存在し，$H < E$ である確率を 1 とするから，$0 < H < E/2$ となる確率は

$$\frac{W(E/2, V_{\mathrm{D}}/2)}{W(E, V_{\mathrm{D}})} = \frac{1}{4\sqrt{2}}.$$

(3) 次のように $E < H < E + \Delta E$ で定まる領域の体積は

$$\begin{aligned}W_1(V_{\mathrm{D}}, E) &= \int_{\mathrm{D}} d^3r \int_{E<H<E+\Delta E} d^3p = W(V_{\mathrm{D}}, E+\Delta E) - W(V_{\mathrm{D}}, E)\\ &\simeq V_{\mathrm{D}} 2\pi(2m)^{\frac{3}{2}} E^{\frac{1}{2}} \Delta E.\end{aligned}$$

問 2.3　(1) $N = 1$ のとき，この粒子の運動エネルギーが $E/2$ より小さい確率は

$$\frac{\int_{-\sqrt{mE}}^{\sqrt{mE}} dp}{\int_{-\sqrt{2mE}}^{\sqrt{2mE}} dp} = \frac{2\sqrt{mE}}{2\sqrt{2mE}} = \frac{1}{\sqrt{2}} = \frac{\sqrt{2}}{2}.$$

(2) $N = 2$ のとき，これらの粒子の位置座標が $0 < x_1, x_2 < L$ であり，かつ運動エネルギーが $E < H < E + \Delta E$ となる状態の占める体積は

$$W_2(L^2, E) = \int_0^L dx_1 \int_0^L dx_2 \int_{E<H<E+\Delta E} dp_1 dp_2$$
$$= L^2\pi[2m(E+\Delta E) - 2mE] = 2\pi m L^2 \Delta E.$$

問 2.4　(1) Clausius 等式は $TdS = dE + PdV$ であるからエントロピーを E で偏微分して

$$\frac{1}{T} = \frac{\partial S}{\partial E} = \frac{\partial}{\partial E} k\log[V^N 3ND_{3N}(1)(2mE)^{\frac{3}{2}N-1} m\Delta E]$$
$$= \left(\frac{3}{2}N - 1\right)\frac{k}{E}$$

として温度とエネルギー E の関係は

$$E \simeq \frac{3}{2}NkT.$$

(2) エントロピーを V で偏微分すると

$$P = T\frac{\partial S}{\partial V} = \frac{NkT}{V}.$$

これは理想気体の状態方程式を表している．エントロピーをエネルギー E，粒子数 N，体積 V の関数として表すと

$$S = k\log V^N (E/N)^{\frac{3}{2}N-1} + 定数$$

である．エントロピーがエネルギー E，粒子数 N，体積 V の関数として熱力学の結果と一致するためには Gibbs のパラドックスのところで説明したように $W_N \to W_N/N!$ としなければならない．この置き換えによって

$$S = k\log(V/N)^N (E/N)^{\frac{3}{2}N-1} + 定数$$

と求まる．

問 2.5　(1) 規格化定数 $C = \sqrt{\frac{\beta}{2\pi m}}$.

(2) 粒子の運動量の期待値 $\langle p \rangle = 0$.

(3) 粒子の運動エネルギーの期待値 $\langle \frac{p^2}{2m} \rangle = \frac{1}{2\beta}$.

(4) 運動量 p の標準偏差 $\sqrt{\langle (p - \langle p \rangle)^2 \rangle} = \sqrt{\langle p^2 \rangle - \langle p \rangle^2} = \sqrt{mkT}$.

問 2.6　(1) $N_+ + N_- = N$，$N_+ - N_- = X/a$ であるから，

$$N_\pm = \frac{N \pm X/a}{2}$$

である．このことにより，

$$W_N(X) = \frac{N!}{N_+!N_-!} = \frac{N!}{\frac{N+X/a}{2}!\frac{N-X/a}{2}!}.$$

(2) エントロピーは

$$\begin{aligned} S &= k \log W_N(X) \qquad (5.9) \\ &= k\Big[N \log N - N - \frac{N + X/a}{2} \log \frac{N + X/a}{2} + \frac{N + X/a}{2} \\ &\quad - \frac{N - X/a}{2} \log \frac{N - X/a}{2} + \frac{N - X/a}{2}\Big] \\ &= -k\frac{N + X/a}{2} \log \frac{N + X/a}{2N} - k\frac{N - X/a}{2} \log \frac{N - X/a}{2N} \end{aligned}$$
(5.10)

(3) Clausius 等式 $TdS = -fdX$ を仮定すると外力は次のように求まる．

$$\begin{aligned} f &= -T\frac{\partial S}{\partial X} = \frac{kT}{2a} \log \frac{N + X/a}{2N} - \frac{kT}{2a} \log \frac{N - X/a}{2N} \\ &= \frac{kT}{2a} \log \frac{N + X/a}{N - X/a}. \end{aligned}$$

ゴムの弾性力はこの反対符号となる．

(4) 伸びが小さいとき，$X/(aN) \ll 1$ であるとして，外力は

$$f = \frac{kT}{2a} \log \frac{1 + X/(aN)}{1 - X/(aN)} \simeq \frac{kT}{a^2 N} X.$$

問 2.7　(1) 力学的状態の空間の領域の体積は $y_j = \sqrt{\frac{m\omega^2}{2}}x_j$, $y_{j+N} = p_j/\sqrt{2m}$ と変数変換すると,

$$W_N(E,\Delta E) = \int_{E<H<E+\Delta E} dx_1 \cdots dx_N dp_1 \cdots dp_N$$
$$= \left(\frac{2}{\omega}\right)^N \int_{E<\sum_{j=1}^{2N} y_j^2<E+\Delta E} dy_1 \cdots dy_{2N}$$
$$= \left(\frac{2}{\omega}\right)^N [D_{2N}(E+\Delta E) - D_{2N}(E)] = \left(\frac{2}{\omega}\right)^N \frac{\pi^N}{N!}[(E+\Delta E)^N - E^N]$$
$$= \left(\frac{2}{\omega}\right)^N \frac{\pi^N}{(N-1)!}E^{N-1}\Delta E.$$

エントロピーは

$$S = k\log\left(\frac{2}{\omega}\right)^N \frac{\pi^N}{(N-1)!}E^{N-1}\Delta E.$$

このエントロピーは示量性をもつことに注意せよ.

(2) エントロピーが Clausius 等式を満たすとすると,

$$\frac{1}{T} = \frac{\partial S}{\partial E} = \frac{Nk}{E}.$$

エネルギーの絶対温度依存性が $E = NkT$ と求まる.

問 2.8　$M = E/(\hbar\omega) - N/2$ とおいて

$$W_{N,M} = \frac{(M+N-1)!}{(N-1)!M!},$$

と $W_{N,M} = W_{N+1,M} - W_{N+1,M-1}$ により系のエネルギー固有値が E 以下である固有状態の数は

$$V_N(E) = \sum_{E'\leq E} W_N(E') = \sum_{m=0}^{M} W_{N,m} = W_{N+1,M} - W_{N+1,0} + W_{N,0}$$
$$= \frac{(M+N)!}{N!M!} - 1 + 1 = \frac{1}{N!}\prod_{j=1}^{N}(M+j) = \frac{1}{N!}\prod_{j=1}^{N}[E/(\hbar\omega) - N/2 + j]$$

と表せる. これに対する古典極限は, 次のように半径 $\sqrt{2E}$ の $2N$ 次元球の体積 $D_{2N}(\sqrt{2E})$ に比例し

$$\lim_{\hbar\to 0}(2\pi\hbar)^N V_N(E) = \frac{1}{N!}[2\pi E/\omega]^N = \frac{(2\pi E/\omega)^N}{\Gamma(N+1)} = \omega^{-N} D_{2N}(\sqrt{2E}),$$

となる．古典力学における N 個の 1 次元調和振動子の，エネルギーが E 未満になる力学変数空間の領域の体積は，力学変数を $X_n = \sqrt{m}\omega x_n$, $Y_n = p_n/\sqrt{m}$ と置換することによって

$$\int_{\sum_n^N(\frac{p_n^2}{2m}+\frac{m\omega^2}{2}x_n^2)<E} dx_1\cdots dx_N dp_1\cdots dp_N$$
$$= \omega^{-N}\int_{\sum_n^N(Y_n^2+X_n^2)<2E} dX_1\cdots dX_N dY_1\cdots dY_N = \omega^{-N} D_{2N}(\sqrt{2E}),$$

であるから，上で求めた極限に一致する．

5.3　3 章の問題の解答

問 3.1　(1) M_j に対する拘束条件は 2 つあり，

$$\sum_{j=1}^{n} M_j = M, \quad \sum_{j=1}^{n} E_j M_j = \mathcal{E}.$$

(2) M 個の系からなる全系の状態数は

$$W = M!\prod_{j=1}^{n}\frac{1}{M_j!}.$$

(3) M_1 と M_n は他の M_j $(j = 2, 3, \cdots, n-1)$ の関数であるとして拘束条件を微分すると

$$\frac{\partial M_1}{\partial M_j} + 1 + \frac{\partial M_n}{\partial M_j} = 0, \qquad E_1\frac{\partial M_1}{\partial M_j} + E_j + E_n\frac{\partial M_n}{\partial M_j} = 0.$$

これらを解いて，

$$\frac{\partial M_1}{\partial M_j} = -\frac{E_n - E_j}{E_n - E_1}, \quad \frac{\partial M_n}{\partial M_j} = -\frac{E_j - E_1}{E_n - E_1}.$$

(4) $\log W$ を Stirling の公式を用いてから拘束条件のもとに各 M_j $(j = 2, \cdots, n-1)$ で微分し，極大となる条件を求めると

$$0 = \frac{\partial}{\partial M_j}\log W$$

$$= \frac{\partial}{\partial M_j}[-M_1 \log M_1 + M_1 - M_j \log M_j + M_j - M_n \log M_n + M_n] \tag{5.11}$$

$$= -\frac{\partial M_1}{\partial M_j} \log M_1 - \log M_j - \frac{\partial M_n}{\partial M_j} \log M_n \tag{5.12}$$

$$= \frac{E_n - E_j}{E_n - E_1} \log M_1 - \log M_j + \frac{E_j - E_1}{E_n - E_1} \log M_n \tag{5.13}$$

$$= -\log M_j + \frac{E_j}{E_n - E_1} \log \frac{M_n}{M_1} + C. \tag{5.14}$$

ここで j によらない部分を定数 C とした.

$$C = \frac{E_n}{E_n - E_1} \log M_1 + \frac{-E_1}{E_n - E_1} \log M_n.$$

したがって,

$$\beta = \frac{-1}{E_n - E_1} \log \frac{M_n}{M_1},$$

とおくと,

$$M_j = e^{-\beta E_j + C},$$

と書くことができる.

$$M = \sum_{j=1}^{n} M_j = \sum_{j=1}^{n} e^{-\beta E_j + C},$$

であるから,

$$Z_N = \sum_{j=1}^{n} e^{-\beta E_j},$$

とおけば

$$M_j = \frac{M}{Z_N} e^{-\beta E_j},$$

が得られる.

問 3.2　(1) 分配関数は

$$Z_N(\beta, V) = \frac{V^N}{N!}\Big(\frac{2\pi m}{\beta}\Big)^{\frac{3N}{2}}.$$

(2) エネルギー期待値

$$\langle H\rangle = -\frac{\partial}{\partial\beta}\log Z_N(\beta, V) = \frac{3N}{2\beta} = \frac{3}{2}NkT.$$

(3) エネルギーの分散は,

$$\langle H^2\rangle - \langle H\rangle^2 = \frac{\partial^2}{\partial\beta^2}\log Z_N(\beta, V) = \frac{3N}{2\beta^2}.$$

1 粒子あたりのエネルギー期待値 $\langle H\rangle/N = \frac{3}{2}kT$ に対して

$$\Delta^2 = \langle(H - \langle H\rangle)^2\rangle/N^2 = \frac{3}{2\beta^2 N}.$$

1 粒子あたりのエネルギーがその期待値から外れる確率は, Chebyshev の不等式 (1.1) により

$$P(|H/N - \langle H\rangle/N| > a) \leq \frac{\Delta^2}{a^2} = \frac{3}{2a^2\beta^2 N}$$

であるから, 大数の法則が成り立つ.

問 3.3　(1) $d^3p_1\cdots d^3p_N = \Omega_{3N-1}(2mE)^{\frac{3N-1}{2}}d\sqrt{2mE} = D(E)dE$ より,

$$D(E) = \Omega_{3N-1}(2mE)^{\frac{3N-1}{2}}(2E)^{-1}.$$

(2) 分配関数の運動量による積分をエネルギー E による積分で表すと

$$\begin{aligned} Z_N &= \frac{V^N}{N!}\int d^3p_1\int d^3p_2\cdots\int d^3p_N e^{-\beta E} \\ &= \frac{V^N}{N!}\int_0^\infty dE D(E)e^{-\beta E} = \frac{V^N}{N!}\int_0^\infty \frac{dE}{2E}\Omega_{3N-1}(2mE)^{\frac{3N}{2}}e^{-\beta E}. \end{aligned}$$

ただし, 半径 1 の $3N-1$ 次元球面の面積は

$$\Omega_{3N-1} = \frac{3N\pi^{\frac{3N}{2}}}{\Gamma(\frac{3N}{2}+1)} = \frac{2\pi^{\frac{3N}{2}}}{\Gamma(\frac{3N}{2})}.$$

$x = \beta E$ とおいて,

$$\begin{aligned} Z_N &= \frac{V^N}{N!2}\Omega_{3N-1}\Big(\frac{2m}{\beta}\Big)^{\frac{3N}{2}}\int_0^\infty dx x^{\frac{3}{2}N-1}e^{-x} \\ &= \frac{V^N}{2N!}\Omega_{3N-1}\Big(\frac{2m}{\beta}\Big)^{\frac{3N}{2}}\Gamma\Big(\frac{3N}{2}\Big) = \frac{V^N}{N!}\Big(\frac{2\pi m}{\beta}\Big)^{\frac{3N}{2}}, \end{aligned}$$

となって，前問で得られた分配関数に一致する．

問 3.4　(1) 1 つの状態 $(s_1, \cdots, s_N)$ に対して，$N_\pm$ を $s_j = \pm 1$ となっている j の数とすると，$N_+ + N_- = N$，$N_+ - N_- = X/a$ であるから，

$$N_\pm = \frac{N \pm X/a}{2}$$

である．このことにより，

$$Z_N(X) = \frac{N!}{N_+!N_-!} = \frac{N!}{\frac{N+X/a}{2}!\frac{N-X/a}{2}!}.$$

(2) Helmholtz 自由エネルギーは

$$\begin{aligned} F(T,X) &= -kT\log Z_N(X) \qquad (5.15) \\ &= -kT\Big[N\log N - N - \frac{N+X/a}{2}\log\frac{N+X/a}{2} + \frac{N+X/a}{2} \\ &\quad - \frac{N-X/a}{2}\log\frac{N-X/a}{2} + \frac{N-X/a}{2}\Big] \end{aligned}$$

であるから，エントロピーは

$$\begin{aligned} S = -\frac{\partial F}{\partial T} &= k\Big[N\log N - N - \frac{N+X/a}{2}\log\frac{N+X/a}{2} + \frac{N+X/a}{2} \\ &\quad - \frac{N-X/a}{2}\log\frac{N-X/a}{2} + \frac{N-X/a}{2}\Big] \\ &= -k\frac{N+X/a}{2}\log\frac{N+X/a}{2N} - k\frac{N-X/a}{2}\log\frac{N-X/a}{2N}. \end{aligned}$$

ここで求めたエントロピーは，問 2.6 において，小正準分布から求めたエントロピーに一致している．

(3) 外力は次のように求まる．

$$f = \frac{\partial F}{\partial X} = \frac{kT}{2a}\log\frac{N+X/a}{2} - \frac{kT}{2a}\log\frac{N-X/a}{2} = \frac{kT}{2a}\log\frac{N+X/a}{N-X/a}.$$

ゴムの弾性力はこの反対符号となる．

(4) 伸びが小さいとき，$X/(aN) \ll 1$ であるとして，外力は

$$f = \frac{kT}{2a}\log\frac{1+X/(aN)}{1-X/(aN)} \simeq \frac{kT}{Na^2}X.$$

問 3.5　(1) N 粒子からなる系の分配関数は

$$Z_N(\beta) = (e^{-\beta\epsilon} + 1 + e^{\beta\epsilon})^N.$$

(2) エネルギー期待値は

$$\langle H \rangle = -\frac{\partial}{\partial \beta} \log Z_N(\beta) = N\epsilon \frac{e^{-\beta\epsilon} - e^{\beta\epsilon}}{e^{-\beta\epsilon} + 1 + e^{\beta\epsilon}}.$$

この絶対零度極限は $-N\epsilon$，高温極限は 0 である．

(3) エネルギー期待値を N で割って T で微分すると 1 粒子比熱が計算できる．

$$\begin{aligned} c(T) &= \frac{\partial}{\partial T} \langle H \rangle / N = \frac{\partial}{\partial T} \left(\epsilon \frac{e^{-\epsilon/kT} - e^{\epsilon/kT}}{e^{-\epsilon/kT} + 1 + e^{\epsilon/kT}} \right) \\ &= \frac{\epsilon^2}{kT^2} \frac{e^{\epsilon/kT} + 4 + e^{-\epsilon/kT}}{(e^{\epsilon/kT} + 1 + e^{-\epsilon/kT})^2}. \end{aligned}$$

絶対零度極限を求めるために分母分子に $e^{-2\epsilon/kT}$ をかける

$$c(T) = \frac{\epsilon^2 e^{-\epsilon/kT}}{kT^2} \frac{1 + 4e^{-\epsilon/kT} + e^{-2\epsilon/kT}}{(1 + e^{-\epsilon/kT} + e^{-2\epsilon/kT})^2} = c_1(T) c_2(T).$$

後ろの関数は $T \to 0$ で $c_2(T) \to 1$ となって有限値に収束する．前の関数は再び β で表して l'Hopital の定理を 2 回用いて

$$\lim_{\beta \to \infty} c_1(\beta^{-1}) = \lim_{\beta \to \infty} \frac{k\epsilon^2 \beta^2}{e^{\epsilon\beta}} = \lim_{\beta \to \infty} \frac{(k\epsilon^2\beta^2)''}{(e^{\epsilon\beta})''} = \lim_{\beta \to \infty} \frac{2k}{e^{\epsilon\beta}} = 0,$$

と求まる．したがって, 絶対零度極限 $T \to 0$ で $c(T) = c_1(T) c_2(T) \to 0$ がわかる．高温極限 $T \to \infty$ では，$c_2(\infty) = \frac{2}{3}$ であり，$c_1(\infty) = 0$ であるから $c(\infty) = c_1(\infty) c_2(\infty) = 0$.

問 3.6　(1) 3 次元に拡張するには，3.10.3 項で求めた，1 次元の分配関数の N を $3N$ とすればよく，Helmholtz 自由エネルギーの ω による微分は次のように位置ベクトルの分散と関係づけられる．

$$\sum_{n=1}^{N} m\omega \langle \vec{r}_n^{\,2} \rangle = -\frac{\partial}{\partial \omega} F(T, \omega) = -\frac{\partial}{\partial \omega} 3NkT \log \left(\frac{2\pi}{\beta\omega} \right) = \frac{3NkT}{\omega}.$$

各位置は独立なので，位置の分散は $\langle \vec{r}_n^{\,2} \rangle = \frac{3kT}{m\omega^2}$.

(2) ハミルトニアンの ω による微分の期待値は

$$\left\langle \frac{\partial H}{\partial \omega} \right\rangle = \sum_{n=1}^{N} m\omega \langle \vec{r}_n^{\,2} \rangle = \frac{3NkT}{\omega}$$

である．気体の圧力は

$$P = -\frac{d\omega}{dV}\left\langle \frac{\partial H}{\partial \omega} \right\rangle = -\frac{d\omega}{dV}\frac{3NkT}{\omega} = \frac{NkT}{V}$$

となり，理想気体の状態方程式が得られる．

問 3.7　交換関係 (3.105) は $[Q_l, P_k] = i\hbar\delta_{l,k}$ を与えるので，消滅，生成演算子の定義 (3.106) より

$$\begin{aligned}
[a_k, a_l^{\dagger}] &= \frac{1}{\sqrt{2\hbar m\omega_k}}\frac{1}{\sqrt{2\hbar m\omega_l}}[(m\omega_k Q_k + iP_{N-k}), (m\omega_l Q_{N-l} - iP_l)] \\
&= \frac{1}{2\hbar m\sqrt{\omega_k \omega_l}}(-im\omega_k[Q_k, P_l] + im\omega_l[P_{N-k}, Q_{N-l}]) = \delta_{k,l},
\end{aligned}$$

が得られる．

問 3.8$^{(*)}$ フォノンのハミルトニアン (3.133) を基準座標で表すため，消滅，生成演算子の定義 (3.130) を $a_s(\vec{l})^{\dagger}a_s(\vec{l})$ に代入して展開すると

$$\begin{aligned}
a_s(\vec{l})^{\dagger}a_s(\vec{l}) &= \frac{1}{2\hbar m\omega(\vec{l})}\Big(m\omega(\vec{l})Q_s(-\vec{l}) - iP_s(\vec{l})\Big)\Big(m\omega(\vec{l})Q_s(\vec{l}) + iP_s(-\vec{l})\Big) \\
&= \frac{m\omega(\vec{l})}{2\hbar}|Q_s(\vec{l})|^2 + \frac{1}{2\hbar m\omega(\vec{l})}|P_s(\vec{l})|^2 \\
&\quad + \frac{i}{2\hbar}Q_s(-\vec{l})P_s(-\vec{l}) - \frac{i}{2\hbar}P_s(\vec{l})Q_s(\vec{l}) \\
&= \frac{m\omega(\vec{l})}{2\hbar}|Q_s(\vec{l})|^2 + \frac{1}{2\hbar m\omega(\vec{l})}|P_s(\vec{l})|^2 \\
&\quad + \frac{i}{2\hbar}Q_s(-\vec{l})P_s(-\vec{l}) - \frac{i}{2\hbar}Q_s(\vec{l})P_s(\vec{l}) - \frac{1}{2}.
\end{aligned}$$

これをフォノンのハミルトニアン (3.133) に代入し和をとると $\hbar\omega(-\vec{l}) = \hbar\omega(\vec{l})$ によって交差項は消えるので，

$$H = \sum_{l_1=-M_-}^{M_+}\sum_{l_2=-M_-}^{M_+}\sum_{l_3=-M_-}^{M_+}\sum_{s=1}^{3}\hbar\omega(\vec{l})\left(a_s(\vec{l})^{\dagger}a_s(\vec{l}) + \frac{1}{2}\right)$$

$$= \sum_{l_1=-M_-}^{M_+} \sum_{l_2=-M_-}^{M_+} \sum_{l_3=-M_-}^{M_+} \sum_{s=1}^{3} \hbar\omega(\vec{l}) \left[\frac{m\omega(\vec{l})}{2\hbar} |Q_s(\vec{l})|^2 + \frac{|P_s(\vec{l})|^2}{2\hbar m\omega(\vec{l})} \right.$$

$$\left. + \frac{i}{2\hbar} Q_s(-\vec{l}) P_s(-\vec{l}) - \frac{i}{2\hbar} Q_s(\vec{l}) P_s(\vec{l}) \right]$$

$$= \sum_{s=1}^{3} \sum_{l_1=-M_-}^{M_+} \sum_{l_2=-M_-}^{M_+} \sum_{l_3=-M_-}^{M_+} \left[\frac{|P_s(\vec{l})|^2}{2m} + \frac{m\omega(\vec{l})^2}{2} |Q_s(\vec{l})|^2 \right].$$

これは基準座標で書かれたハミルトニアン (3.129) に一致する.

問 3.9　公式 (3.152)

$$J(\omega) = \frac{\hbar}{4\pi^2 c^2} \frac{\omega^3}{e^{\hbar\omega/kT} - 1},$$

を T について解くと

$$T = \frac{\hbar\omega}{k \log\left[1 + \frac{\hbar\omega^3}{4\pi^2 c^2 J(\omega)}\right]}.$$

この公式に観測値 $\omega = 1.18 \times 10^{14}\ \mathrm{s}^{-1}$ と $J(\omega) = 2.55 \times 10^{-12}$ $\mathrm{J/m^2}$ を代入すると，絶対温度は

$$\begin{aligned} T &= \frac{\hbar\omega}{k \log\left[1 + \frac{\hbar\omega^3}{4\pi^2 c^2 J(\omega)}\right]} \\ &\simeq \frac{1.0546 \times 10^{-34} \times 1.18 \times 10^{14}}{1.3806 \times 10^{-23} \log\left[1 + \frac{1.0546\times10^{-34}(1.18\times10^{14})^3}{4\pi^2(2.9979\times10^8)^2 2.55\times10^{-12}}\right]} \\ &\simeq 3.00 \times 10^2\ \mathrm{K}, \end{aligned}$$

と推定できる.

5.4　4 章の問題の解答

問 4.1　(1) 4.1.2 項例題で求めた大分配関数 (4.7) から次の式

$$\langle (E - \langle E \rangle)^2 \rangle = \frac{\partial^2}{\partial \beta^2} \log \Xi(\alpha, \beta, V) = \frac{5}{2\beta} \frac{3}{2\beta} V \left(\frac{2\pi m}{\beta}\right)^{3/2} e^{-\alpha}$$

$$= \frac{5}{2\beta}\langle E\rangle \tag{5.16}$$

が成り立つので，エネルギーのゆらぎは

$$\frac{\sqrt{\langle(E-\langle E\rangle)^2\rangle}}{\langle E\rangle} = \sqrt{\frac{5}{3\langle N\rangle}} \tag{5.17}$$

である．

(2) 粒子数のゆらぎは

$$\langle(N-\langle N\rangle)^2\rangle = \frac{\partial^2}{\partial\alpha^2}\log\Xi(\alpha,\beta,V) = V\left(\frac{2\pi m}{\beta}\right)^{3/2}e^{-\alpha} = \langle N\rangle \tag{5.18}$$

が成り立つので，

$$\frac{\sqrt{\langle(N-\langle N\rangle)^2\rangle}}{\langle N\rangle} = \frac{1}{\sqrt{\langle N\rangle}} \tag{5.19}$$

となり，粒子数が多くなると「ゆらぎ」が消えることがわかる．

(3) 粒子数 N をもつ確率は

$$P_N = \frac{Z_N(T,V)e^{\frac{\mu N}{kT}}}{\sum_{M=0}^{\infty} Z_M(T,V)e^{\frac{\mu M}{kT}}} = \frac{1}{N!}\frac{\left[V\left(\frac{2\pi m}{\beta}\right)^{3/2}e^{-\alpha}\right]^N}{\exp\left[V\left(\frac{2\pi m}{\beta}\right)^{3/2}e^{-\alpha}\right]} \tag{5.20}$$

である．これを $\langle N\rangle$ で表すと次のような Poisson 分布となる．

$$P_N = \frac{\langle N\rangle^N}{N!}e^{-\langle N\rangle}. \tag{5.21}$$

問 4.2　スピンのない Fermi 粒子の基底状態

$$\frac{1}{\sqrt{2}}[\phi_0(\vec{r}_1)\phi_1(\vec{r}_2) - \phi_0(\vec{r}_2)\phi_1(\vec{r}_1)].$$

スピンのない Fermi 粒子の第 1 励起状態

$$\frac{1}{\sqrt{2}}[\phi_0(\vec{r}_1)\phi_1(\vec{r}_2) - \phi_0(\vec{r}_2)\phi_1(\vec{r}_1)].$$

Bose 粒子の基底状態

$$\phi_0(\vec{r}_1)\phi_0(\vec{r}_2).$$

Bose 粒子の第 1 励起状態

$$\frac{1}{\sqrt{2}}[\phi_0(\vec{r}_1)\phi_1(\vec{r}_2)+\phi_0(\vec{r}_2)\phi_1(\vec{r}_1)].$$

スピン $\frac{1}{2}$ の Fermi 粒子の基底状態は 1 粒子状態のエネルギーがスピンによらないとすると

$$\frac{1}{\sqrt{2}}(|+\rangle_1|-\rangle_2-|-\rangle_1|+\rangle_2)\phi_0(\vec{r}_1)\phi_0(\vec{r}_2).$$

スピン $\frac{1}{2}$ の Fermi 粒子の第 1 励起状態は

$$\frac{1}{2}(|+\rangle_1|-\rangle_2\pm|-\rangle_1|+\rangle_2)[\phi_0(\vec{r}_1)\phi_1(\vec{r}_2)\mp\phi_0(\vec{r}_2)\phi_1(\vec{r}_1)]$$

と

$$\frac{1}{\sqrt{2}}|\pm\rangle_1|\pm\rangle_2[\phi_0(\vec{r}_1)\phi_1(\vec{r}_2)-\phi_0(\vec{r}_2)\phi_1(\vec{r}_1)]$$

が縮退する．

問 4.3　Bose 粒子の基底エネルギーは $N\epsilon_1$.
スピン $\frac{1}{2}$ の Fermi 粒子の基底エネルギーは，N が偶数ならば

$$\sum_{j=1}^{\frac{N}{2}}2\epsilon_j,$$

N が奇数ならば

$$\sum_{j=1}^{\frac{N-1}{2}}2\epsilon_j+\epsilon_N.$$

問 4.4　(1) 化学ポテンシャルの温度依存性 (4.26) に $\mu=0$ を代入しゼータ関数の公式 (4.25) を用いると

$$\begin{aligned}1&=\frac{3}{2}\mu_0^{-3/2}\int_0^\infty d\epsilon\sqrt{\epsilon}f(\epsilon,T,0)=\Gamma\Big(\frac{5}{2}\Big)\Big(\frac{kT}{\mu_0}\Big)^{3/2}F\left(0,\frac{3}{2}\right)\\&=\Gamma\Big(\frac{5}{2}\Big)\Big(\frac{kT}{\mu_0}\Big)^{3/2}(1-2^{-\frac{1}{2}})\zeta\Big(\frac{3}{2}\Big),\end{aligned}\tag{5.22}$$

となるので，$\mu=0$ $(\alpha=0)$ となる温度は

$$T_1 = \frac{\mu_0}{k}\left[\Gamma\Big(\frac{5}{2}\Big)(1-2^{-\frac{1}{2}})\zeta\Big(\frac{3}{2}\Big)\right]^{-\frac{2}{3}}.$$

(2) その温度でのエネルギー期待値は

$$\begin{aligned}\langle E\rangle &= \frac{3}{2}\langle N\rangle\mu_0^{-3/2}\int_0^\infty d\epsilon\sqrt{\epsilon}\epsilon f(\epsilon,T_1,0)\\ &= \frac{3}{2}\Gamma\Big(\frac{5}{2}\Big)\langle N\rangle\Big(\frac{kT_1}{\mu_0}\Big)^{3/2}kT_1F\left(0,\frac{5}{2}\right)\\ &= \frac{3}{2}\Gamma\Big(\frac{5}{2}\Big)\langle N\rangle\Big(\frac{kT_1}{\mu_0}\Big)^{3/2}kT_1(1-2^{-\frac{3}{2}})\zeta\Big(\frac{5}{2}\Big),\end{aligned}$$

であるから，前問の結果を代入すると

$$\langle E\rangle = \frac{3}{2}\langle N\rangle kT_1\frac{1-2^{-\frac{3}{2}}}{1-2^{-\frac{1}{2}}}\frac{\zeta\left(\frac{5}{2}\right)}{\zeta\left(\frac{3}{2}\right)}.$$

(3) Appell のゼータ関数

$$\zeta_\alpha(s)\equiv\sum_{n=1}^\infty\frac{e^{-\alpha n}}{n^s},$$

で表すと

$$F(\alpha,s)=\zeta_\alpha(s)-2^{1-s}\zeta_{2\alpha}(s)$$

と書くことができるので，これを用いて α は次で定まり

$$\begin{aligned}1 &= \frac{3}{2}\mu_0^{-3/2}\int_0^\infty d\epsilon\sqrt{\epsilon}f(\epsilon,T,\alpha)=\Gamma\Big(\frac{5}{2}\Big)\Big(\frac{kT}{\mu_0}\Big)^{3/2}F\left(\alpha,\frac{3}{2}\right)\\ &= \Gamma\Big(\frac{5}{2}\Big)\Big(\frac{kT}{\mu_0}\Big)^{3/2}\Big[\zeta_\alpha\Big(\frac{3}{2}\Big)-2^{-\frac{1}{2}}\zeta_{2\alpha}\Big(\frac{3}{2}\Big)\Big].\end{aligned}$$

α が小さいとき，Appell のゼータ関数の漸近公式 (4.52) を用いると

$$1\simeq\Gamma\Big(\frac{5}{2}\Big)\Big(\frac{kT}{\mu_0}\Big)^{3/2}\Big[(1-2^{-\frac{1}{2}})\zeta\Big(\frac{3}{2}\Big)+(2^{\frac{1}{2}}-1)\zeta\Big(\frac{1}{2}\Big)\alpha\Big].$$

両辺を T で微分して $\alpha=0$ となる温度 T_1 では

$$\begin{aligned}0 &= \Gamma\Big(\frac{5}{2}\Big)\Big(\frac{kT_1}{\mu_0}\Big)^{3/2}\frac{3}{2T_1}\Big[(1-2^{-\frac{1}{2}})\zeta\Big(\frac{3}{2}\Big)+(2^{\frac{1}{2}}-1)\zeta\Big(\frac{1}{2}\Big)\alpha(T_1)\Big]\\ &\quad+\Gamma\Big(\frac{5}{2}\Big)\Big(\frac{kT_1}{\mu_0}\Big)^{3/2}(2^{\frac{1}{2}}-1)\zeta\Big(\frac{1}{2}\Big)\alpha'(T_1).\end{aligned}$$

$\alpha(T_1)=0$ を用いて整理すると

$$0=\frac{3}{2T_1}+\frac{2^{\frac{1}{2}}-1}{1-2^{-\frac{1}{2}}}\frac{\zeta\left(\frac{1}{2}\right)}{\zeta\left(\frac{3}{2}\right)}\alpha'(T_1)=\frac{3}{2T_1}+\sqrt{2}\frac{\zeta\left(\frac{1}{2}\right)}{\zeta\left(\frac{3}{2}\right)}\alpha'(T_1).$$

よって，$\alpha'(T_1)$ を求めると

$$\alpha'(T_1)=-\frac{3}{2\sqrt{2}T_1}\frac{\zeta\left(\frac{3}{2}\right)}{\zeta\left(\frac{1}{2}\right)}.$$

エネルギー期待値は次で定まる

$$\begin{aligned}\langle E\rangle&=\frac{3}{2}\Gamma\left(\frac{5}{2}\right)\left(\frac{kT}{\mu_0}\right)^{3/2}kT\langle N\rangle F\left(\alpha,\frac{5}{2}\right)\\&=\frac{3}{2}\Gamma\left(\frac{5}{2}\right)\left(\frac{kT}{\mu_0}\right)^{3/2}kT\langle N\rangle\left[\zeta_\alpha\left(\frac{5}{2}\right)-2^{-\frac{3}{2}}\zeta_{2\alpha}\left(\frac{5}{2}\right)\right]\\&\simeq\frac{3}{2}\Gamma\left(\frac{5}{2}\right)\left(\frac{kT}{\mu_0}\right)^{3/2}kT\langle N\rangle\left[(1-2^{-\frac{3}{2}})\zeta\left(\frac{5}{2}\right)-(1-2^{-\frac{1}{2}})\zeta\left(\frac{3}{2}\right)\alpha\right].\end{aligned}$$

よって，$T=T_1$ において，1 粒子比熱は

$$\begin{aligned}\frac{\partial}{\partial T}\frac{\langle E\rangle}{\langle N\rangle}&=\frac{15}{4}\Gamma\left(\frac{5}{2}\right)\left(\frac{kT_1}{\mu_0}\right)^{3/2}k(1-2^{-\frac{3}{2}})\zeta\left(\frac{5}{2}\right)\\&\quad-\frac{3}{2}\Gamma\left(\frac{5}{2}\right)\left(\frac{kT_1}{\mu_0}\right)^{3/2}kT_1(1-2^{-\frac{1}{2}})\zeta\left(\frac{3}{2}\right)\alpha'(T_1)\\&=\frac{15}{4}k\frac{1-2^{-\frac{3}{2}}}{1-2^{-\frac{1}{2}}}\frac{\zeta\left(\frac{5}{2}\right)}{\zeta\left(\frac{3}{2}\right)}-\frac{3}{2}kT_1\alpha'(T_1)\\&=\frac{15(3+\sqrt{2})}{8}\frac{\zeta\left(\frac{5}{2}\right)}{\zeta\left(\frac{3}{2}\right)}k+\frac{9\sqrt{2}}{8}\frac{\zeta\left(\frac{3}{2}\right)}{\zeta\left(\frac{1}{2}\right)}k\simeq 1.40k.\end{aligned}$$

古典的理想気体の 1 粒子比熱 $\frac{3}{2}k$ にかなり近いことがわかる.

問 4.5　(1) $0<\alpha\ll 1$ が小さいときの漸近公式 (4.52) を用いて転移点付近の α を求めると

$$2\sqrt{\pi\alpha}\simeq\zeta\left(\frac{3}{2}\right)\left[1-\left(\frac{T}{T_c}\right)^{-\frac{3}{2}}\right]\simeq\frac{3}{2}\zeta\left(\frac{3}{2}\right)\frac{T-T_c}{T_c}.$$

よって，

$$\alpha \simeq \frac{9}{16\pi}\zeta\Big(\frac{3}{2}\Big)^2\Big(\frac{T-T_c}{T_c}\Big)^2.$$

自由 Bose 気体のエネルギー密度の期待値 (4.47) から $D_0 = \frac{m^{3/2}}{\sqrt{2}\pi^2\hbar^3}$ として

$$u = D_0(kT)^{\frac{5}{2}}\Gamma\Big(\frac{5}{2}\Big)\zeta_\alpha\Big(\frac{5}{2}\Big) = D_0(kT)^{\frac{5}{2}}\Gamma\Big(\frac{5}{2}\Big)\Big[\zeta\Big(\frac{5}{2}\Big) - \zeta\Big(\frac{3}{2}\Big)\alpha\Big] \tag{5.23}$$

$$\simeq D_0(kT)^{\frac{5}{2}}\Gamma\Big(\frac{5}{2}\Big)\Big[\zeta\Big(\frac{5}{2}\Big) - \zeta\Big(\frac{3}{2}\Big)^3\frac{9}{16\pi}\Big(\frac{T-T_c}{T_c}\Big)^2\Big]. \tag{5.24}$$

後ろの項が単位体積あたりの熱容量の微分の $T = T_c$ における不連続性を与え

$$\frac{\partial^2 \Delta u}{\partial T^2} = -\frac{3^3}{2^4\pi}\zeta\Big(\frac{3}{2}\Big)^2\frac{kn}{T_c} \simeq -3.67\frac{kn}{T_c},$$

となる．ただし $n = D_0(kT_c)^{\frac{3}{2}}\Gamma\left(\frac{3}{2}\right)\zeta\left(\frac{3}{2}\right)$ を用いた．

(2) 対数関数の $|x| < 1$ に対する Taylor 展開

$$\log(1-x) = -\sum_{n=1}^{\infty}\frac{x^n}{n},$$

を用いて，転移点 T_c 高温側での状態方程式は，

$$P = \frac{kT}{V}\log\Xi = -kTD_0\int_0^\infty d\epsilon\sqrt{\epsilon}\log(1-e^{-\beta\epsilon-\alpha}) \tag{5.25}$$

$$= D_0kT\sum_{n=1}^{\infty}\frac{1}{n}\int_0^\infty d\epsilon\sqrt{\epsilon}e^{-n\beta\epsilon-n\alpha} = D_0(kT)^{\frac{5}{2}}\Gamma\Big(\frac{3}{2}\Big)\sum_{n=1}^{\infty}\frac{e^{-n\alpha}}{n^{\frac{5}{2}}} \tag{5.26}$$

$$= D_0(kT)^{\frac{5}{2}}\Gamma\Big(\frac{3}{2}\Big)\zeta_\alpha\Big(\frac{5}{2}\Big). \tag{5.27}$$

転移点 T_c の低温側では無限体積極限で $\alpha = 0$ となるので，次のようになる

$$P = D_0(kT)^{\frac{5}{2}}\Gamma\Big(\frac{3}{2}\Big)\zeta\Big(\frac{5}{2}\Big).$$

(3) 古典極限 $\hbar \to 0$ で転移温度 (4.44) は $T_c \to 0$ に収束する．粒子

数密度 n は定数であることと式 (4.46) より，古典極限 $\hbar \to 0$ ではあらゆる温度で $\alpha \to \infty$ となる．その漸近の仕方は 4.3.4 項で Fermi 気体の高温の振る舞いを調べた方法によって，次のように $\Gamma\left(\frac{3}{2}\right)\zeta_\alpha\left(\frac{3}{2}\right)$ の上界と下界を評価する．

$$
\begin{aligned}
\Gamma\left(\frac{3}{2}\right)e^{-\alpha} &= \int_0^\infty \frac{x^{1/2}dx}{e^{x+\alpha}} \leq \int_0^\infty \frac{x^{1/2}dx}{e^{x+\alpha}-1} \leq \int_0^\infty \frac{x^{1/2}dx}{e^{x+\alpha}-e^x} \\
&= \Gamma\left(\frac{3}{2}\right)\frac{e^{-\alpha}}{1-e^{-\alpha}} \leq \Gamma\left(\frac{3}{2}\right)(e^{-\alpha}+Ce^{-2\alpha}),
\end{aligned}
$$

と評価でき，同様に $\Gamma\left(\frac{5}{2}\right)\zeta_\alpha\left(\frac{5}{2}\right)$ は

$$
\begin{aligned}
\Gamma\left(\frac{5}{2}\right)e^{-\alpha} &= \int_0^\infty \frac{x^{3/2}dx}{e^{x+\alpha}} \leq \int_0^\infty \frac{x^{3/2}dx}{e^{x+\alpha}-1} \leq \int_0^\infty \frac{x^{3/2}dx}{e^{x+\alpha}-e^x} \\
&= \Gamma\left(\frac{5}{2}\right)\frac{e^{-\alpha}}{1-e^{-\alpha}} \leq \Gamma\left(\frac{5}{2}\right)(e^{-\alpha}+Ce^{-2\alpha}),
\end{aligned}
$$

たとえば右辺で $C = 2$ としても，$\alpha > 1$ ならば，この不等式は成り立つので，$\zeta_\alpha\left(\frac{3}{2}\right) \simeq e^{-\alpha} \simeq \zeta_\alpha\left(\frac{5}{2}\right)$ となる．この漸近形と粒子数密度 (4.41) において $n' = n$ とすることにより

$$
\begin{aligned}
e^{-\alpha} &\simeq \zeta_\alpha\left(\frac{3}{2}\right) = \Gamma\left(\frac{3}{2}\right)^{-1}\int_0^\infty \frac{x^{1/2}dx}{e^{x+\alpha}-1} = \frac{n}{D_0\Gamma\left(\frac{3}{2}\right)(kT)^{\frac{3}{2}}} \\
&= n\left(\frac{2\pi\hbar^2}{mkT}\right)^{\frac{3}{2}}.
\end{aligned}
$$

これと，エネルギー密度の期待値 (4.47) により

$$
\begin{aligned}
u &= D_0(kT)^{\frac{5}{2}}\int_0^\infty \frac{x^{3/2}dx}{e^{x+\alpha}-1} \simeq D_0(kT)^{\frac{5}{2}}\Gamma\left(\frac{5}{2}\right)e^{-\alpha} \simeq \frac{\Gamma\left(\frac{5}{2}\right)}{\Gamma\left(\frac{3}{2}\right)}nkT \\
&= \frac{3}{2}nkT, \qquad (5.28)
\end{aligned}
$$

となって，古典理想気体のエネルギー密度の期待値に一致する．$\hbar \to 0$ では，$c_V = \frac{1}{h}\frac{\partial u}{\partial T} = \frac{3}{2}k$ となって，図 4.7 で表される．Bose 凝縮転移は消失する．

(4) 高温 の領域 $\frac{2\pi\hbar^2}{mkT} \ll 1$ では，前問で得られた $e^{-\alpha}$ の漸近形から $e^{-\alpha} \ll 1$ となる．

$$
\begin{aligned}
\log \Xi &= -VD_0 \int_0^\infty d\epsilon \sqrt{\epsilon} \log(1 - e^{-\beta\epsilon-\alpha}) \simeq VD_0 \int_0^\infty d\epsilon \sqrt{\epsilon} e^{-\beta\epsilon-\alpha} \\
&\simeq VD_0 \beta^{-\frac{3}{2}} \int_0^\infty dx e^{-x-\alpha} \simeq VD_0 \beta^{-\frac{3}{2}} \Gamma\Big(\frac{3}{2}\Big) e^{-\alpha} \simeq \frac{V}{h^3}\Big(\frac{2\pi m}{\beta}\Big)^{\frac{3}{2}} e^{-\alpha}
\end{aligned}
\tag{5.29}
$$

となって，古典理想気体の大分配関数 (4.7) の対数を h^3 で割ったものが得られる．

$$
\Xi \simeq \exp\Big[\frac{V}{h^3}\Big(\frac{2\pi m}{\beta}\Big)^{\frac{3}{2}} e^{-\alpha}\Big].
$$

参考文献

[1] 吉田伸生（2006）.『ルベーグ積分入門』，遊星社.

[2] NIST (https://webbook. nist. gov/chemistry/fluid/)

[3] Landau, Lifshitz（1974）.『ランダウ＝リフシッツ理論物理学教程 力学（増訂第 3 版)』，東京図書.

[4] Salinas. *et al.*（2001）. Introduction to Statistical Physics, Springer.

[5] Kittel（2005）.『キッテル固体物理学入門 上（第 8 版)』，丸善.

[6] 田崎晴明（2008）.『統計力学 I』，培風館.

[7] 森口繁一，宇田川銈久，一松 信（1987）.『岩波数学公式 III 特殊函数』，岩波書店.

[8] 国立天文台編（2022）.『理科年表 2023』，丸善.

[9] S. Corak, M. P. Gartunkel, C. B. Satterthwaite and A. Wexler.（1955）. Atomic Heats of Copper, Silver and Gold from 1°K to 5°K, *Physical Review*, **98**, pp.1699-1707.

索　引

【た　行】

【な　行】

【は　行】

【ま　行】

【や　行】

【ら　行】

〈著者紹介〉

糸井千岳（いとい　ちがく）
1985 年　日本大学大学院理工学研究科物理学専攻博士後期課程修了
現　在　日本大学理工学部物理学科 特任教授，理学博士
専　門　統計物理学，数理物理学
主　著　『明解 熱力学』（共著，共立出版，2023）

糸井充穂（いとい　みほ）
2004 年　東京大学大学院総合文化研究科広域科学専攻博士後期課程修了
現　在　東京都市大学理工学部自然科学科 教授，博士（学術）
専　門　物質科学
主　著　『明解 熱力学』（共著，共立出版，2023）

鈴木 正（すずき　せい）
2002 年　東北大学大学院理学研究科物理学専攻博士後期課程修了
現　在　埼玉医科大学医学部教養教育物理学教室 准教授，博士（理学）
専　門　統計物理学，物性理論
主　著　『明解 熱力学』（共著，共立出版，2023）

明解 統計力学

Understanding Statistical Mechanics

2023 年 11 月 30 日　初版 1 刷発行

著　者　糸井千岳　糸井充穂
　　　　鈴木 正

発行者　南條光章

発行所　**共立出版株式会社**

〒112–0006
東京都文京区小日向 4–6–19
電話　03–3947–2511（代表）
振替口座　00110–2–57035
URL www.kyoritsu-pub.co.jp

印　刷
製　本　藤原印刷

一般社団法人
自然科学書協会
会員

検印廃止
NDC 426.56

ISBN 978–4–320–03627–7

Printed in Japan